电力电子与电机系统实时仿真技术

毕大强　郭瑞光　汪新星　编著

清華大學出版社
北　京

内容简介

本书是作者近年从事电力电子与电机系统实时仿真技术研究与开发的总结，围绕电力电子与电机系统开发过程介绍实时仿真技术。全书共9章，主要内容包括仿真与实验技术概述、实时仿真技术原理、实时仿真软硬件系统、非实时模型仿真、实时模型仿真、模型在环实时仿真、硬件在环实时仿真测试、快速控制原型技术以及全实物系统实验。

本书面向电力电子、电机控制、新能源发电和微电网等领域的广大工程技术人员和科研工作者，可为电力电子与电机系统的研究人员提供研究、测试与开发的手段和方法，也可以作为高等院校高年级本科生及研究生的实验教学参考书。

图书在版编目（CIP）数据

电力电子与电机系统实时仿真技术/毕大强，郭瑞光，汪新星编著. —北京：清华大学出版社，2023.2(2024.8重印)
ISBN 978-7-302-61898-0

Ⅰ. ①电… Ⅱ. ①毕… ②郭… ③汪… Ⅲ. ①电机—系统仿真 ②电力电子技术—系统仿真
Ⅳ. ①TM1 ②TM3

中国版本图书馆CIP数据核字(2022)第178342号

责任编辑：王 欣 赵从棉
封面设计：常雪影
责任校对：赵丽敏
责任印制：宋 林

出版发行：清华大学出版社
网 址：https://www.tup.com.cn，https://www.wqxuetang.com
地 址：北京清华大学学研大厦A座 **邮 编**：100084
社 总 机：010-83470000 **邮 购**：010-62786544
投稿与读者服务：010-62776969，c-service@tup.tsinghua.edu.cn
质量反馈：010-62772015，zhiliang@tup.tsinghua.edu.cn
印 装 者：三河市人民印务有限公司
经 销：全国新华书店
开 本：185mm×260mm **印 张**：12 **字 数**：288千字
版 次：2023年2月第1版 **印 次**：2024年8月第2次印刷
定 价：48.00元

产品编号：097815-01

前 言

随着电力电子技术在电机控制、新能源发电和微电网领域的广泛应用，对电力电子装置的功能和可靠性要求越来越高，直接在软硬件条件完备的情况下进行研究和验证的开发过程，越来越不适应当今科学研究和产品研发所需快速、可靠、全面的要求。实时仿真技术的出现与成熟，为电力电子技术与电机控制相关领域的研究和开发提供了一种便捷和高效的途径。

本书是作者近年从事实时仿真技术在电力电子、电机控制、新能源发电、微电网等领域应用的研究与开发总结，基于清华大学电机系电力电子与电机控制实验室开发的 DSP 控制器、DC/AC 变换器以及上海远宽能源科技有限公司的 MT 实时仿真器和原型控制器，组合实现电力电子与电机系统在不同开发阶段的测试平台，以三相并网逆变器、永磁同步电机控制的 V 流程开发为例，展示实时仿真技术在电力电子与电机系统研发中的应用。

全书共 9 章。第 1 章仿真与实验技术概述，介绍 V 流程开发模式、非实时模型仿真、实时模型仿真、模型在环仿真、快速控制原型、硬件在环测试及全实物实验等技术环节及优势。第 2 章实时仿真技术原理，主要介绍电力电子与电机系统实时仿真的特点和基于 FPGA 的实时仿真技术原理。第 3 章实时仿真软硬件系统，主要介绍 MT 系列实时仿真器与原型控制器的硬件系统、软件系统以及软硬件系统快速起步。第 4 章非实时模型仿真，主要介绍 Simulink 仿真、永磁同步电机控制和三相并网逆变器控制的 Simulink 模型及仿真。第 5 章实时模型仿真，主要介绍实时模型仿真结构与功能、永磁同步电机控制和三相并网逆变器控制的实时模型仿真。第 6 章模型在环实时仿真，主要介绍模型在环实时仿真的结构与功能、永磁同步电机调速控制和三相并网逆变器控制的模型在环实时仿真。第 7 章硬件在环实时仿真测试，主要介绍硬件在环实时仿真测试系统的结构与功能、永磁同步电机调速控制和三相并网逆变器控制的硬件在环实时仿真测试。第 8 章快速控制原型技术，主要介绍快速控制原型实时仿真的结构与功能、永磁同步电机和三相并网逆变器的快速控制原型。第 9 章全实物系统实验，主要介绍全实物实验平台结构、永磁同步电机控制和三相并网逆变器控制的全实物实验。

本书由毕大强、郭瑞光和汪新星共同撰写完成，其中毕大强编写第 1 章、第 4 章和第 5 章，郭瑞光编写第 6～9 章，汪新星编写第 2 章和第 3 章。全书由毕大强统稿。

由于作者水平有限，书中难免存在错误和不当之处，恳请广大读者批评指正。

作者

2022 年 10 月

目　　录

第1章

仿真与实验技术概述

本章通过电力电子与电机系统的 V 流程开发模式介绍仿真与实验技术的概念，阐述各开发环节的作用及之间的关系。

1.1 V 流程开发模式

随着先进控制技术及智能技术的飞速发展，各类控制器性能不断提升，产品的控制代码也越来越多，导致传统产品全实物开发模式的周期长、成本高、可靠性低等问题愈来愈突出，已很难适应产品快速开发需求。电力电子与电机控制领域的开发不仅存在上述开发问题，而且还需满足实验安全、极端或故障工况控制算法验证等要求。

V 流程开发模式是在快速应用开发(rapid application development，RAD)模型基础上演变而来的，因将整个开发过程构造成一个 V 字形而得名。V 流程开发模式强调软件开发的协作和速度，将软件实现和验证有机地结合起来，在保证较高的软件质量情况下缩短开发周期。作为近几年新发展起来的一种产品开发模式，V 流程开发模式可以减少设计的反复过程，快速查找漏洞并及时完善，缩短开发周期，节省成本，提升产品设计的质量，已成功应用到汽车、航空、医疗设备、工业过程控制等领域。电力电子与电机控制领域的开发模式也在向 V 流程开发模式转换，一些先进算法得到快速实现及应用，V 流程开发模式的优势和作用正不断显现。

电力电子与电机系统典型控制器的 V 流程开发模式如图 1-1-1 所示。经过项目需求分析和项目设计方案阶段后，其开发流程主要包括非实时模型仿真、实时模型仿真、模型在环(model-in-loop，MIL)仿真、快速控制原型(rapid control prototype，RCP)、硬件在环(hardware-in-loop，HIL)测试和全实物实验六部分。在设计与开发过程中，自动代码生成是关键技术，利用自动代码生成技术可以实现仿真控制算法与实际控制算法的一致性、精准性。

表 1-1-1 中给出 V 流程开发模式中各个阶段控制器与被控对象实现方式的关系。可以看出各个阶段控制器和被控对象的实现方式，其中除了非实时仿真和实时仿真外，其余阶段验证方法均采用实际 I/O 信号进行信号交互，各个阶段之间逐步相互验证，最终完成全实物测试，达到性能与技术指标要求。

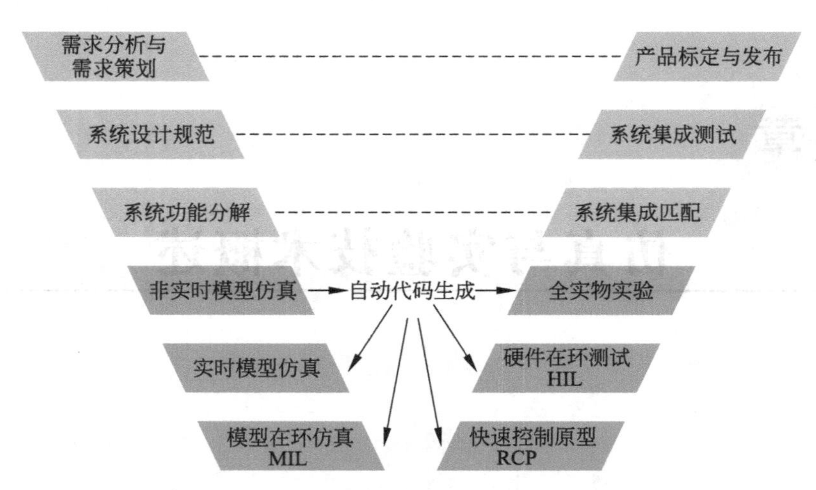

图 1-1-1 电力电子与电机系统典型控制器的 V 流程开发模式

表 1-1-1 V 流程开发模式各环节实现方式

流程	名 称	控制器	被控对象	信号交互方式
1	非实时模型仿真	计算机 CPU	计算机 CPU(模型)	内部存储器
2	实时模型仿真	实时仿真器 CPU 部分	实时仿真器 FPGA 部分(模型)	内部存储器
3	模型在环仿真	原型控制器	实时仿真器(模型)	模拟传感器及 I/O 信号
4	快速控制原型	原型控制器	实际被控对象	实际传感器及 I/O 信号
5	硬件在环测试	实际控制器	实时仿真器(模型)	模拟传感器及 I/O 信号
6	全实物实验	实际控制器	实际被控对象	实际传感器及 I/O 信号

1.2 非实时模型仿真

非实时模型仿真是指实际系统的数值仿真模型为模拟实际系统的变化过程,数值仿真模型每个时间步长所需的数值计算时间比实际系统变化过程对应的自然时间要长,比如用模型观测实际系统运行 1 ms 的状态变化,模型所需要仿真计算的时间往往远超过 1 ms。非实时仿真软件一般运行在普通的计算机上,其仿真运行需要的时间远超实际系统的原因,一方面是普通计算机本身的操作系统以及硬件性能差,另一方面是在建模和计算时没有基于实时运行进行优化,因此导致时间确定性比较差。

非实时模型仿真的软件环境包括仿真建模软件,硬件环境包括计算机。

在电力电子与电机控制领域中,常用 MATLAB/Simulink 软件建模,并运行在 Windows 操作系统上,属于非实时数字仿真。在设计目标系统的被控对象拓扑及其控制原理的基础上,如图 1-2-1 所示,利用非实时仿真软件建立系统数值仿真模型(包括主电路和控制算法),在一台计算机上运行,通过非实时仿真计算过程可以观察控制效果,优化主电路的结构和参数、控制算法及参数,研究与验证控制算法与系统性能指标。非实时仿真具有节省资源、修改灵活等特点,并可以为自动生成控制代码奠定基础。

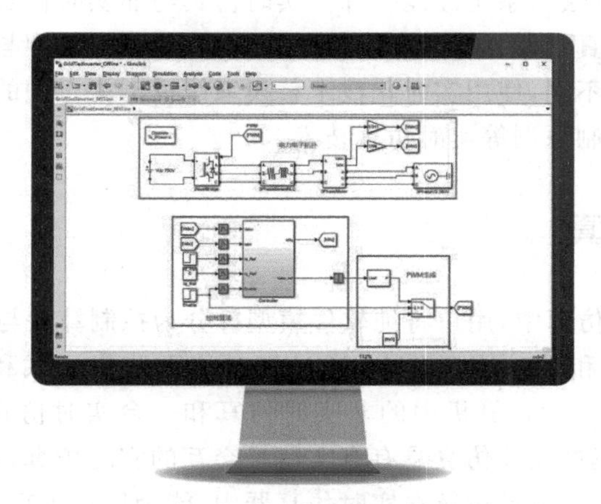

图 1-2-1 非实时模型仿真

1.3 实时模型仿真

实时模型仿真是指实际系统的数值仿真模型运行在实时仿真器中，如图 1-3-1 所示，数值仿真模型每个时间步长的仿真解算时间与实际系统的自然时间相同，比如模型仿真运行 1 ms 就对应实际系统 1 ms 运行状态的变化。由于电力电子与电机系统模型的计算量非常大、状态变化非常快，所以往往需要借助运算能力强大的多核 CPU 或者 FPGA 硬件来进行运算，再对实时仿真建模和计算进行一些等效与优化，才使实时的系统仿真得以实现。因此，在实时仿真系统中，仿真器是一个重要的组成部分，实时仿真系统的仿真规模和计算能力取决于仿真器硬件资源的多少、建模过程解算方法的优劣。

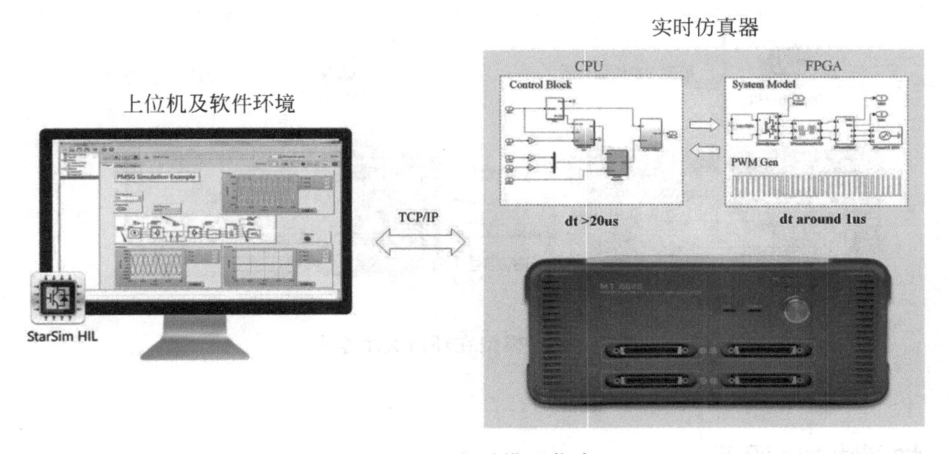

图 1-3-1 实时模型仿真

实时模型仿真的软件环境包括仿真建模软件、StarSim HIL 上位机软件，硬件环境包括计算机、实时仿真器。

通过实时仿真计算过程，可以实时观察控制效果，优化主电路的结构和参数、控制算法及参数，快速验证控制算法与系统性能指标。实时仿真与非实时仿真相比，其显著特点就是运行速度快。在数值仿真中，系统模型一般可以分为控制算法模型与被控对象模型两部分，由于不同研究的侧重点不同，使用实时化技术替换系统模型中不同的部分，就衍生出了模型在环、硬件在环、快速控制原型等实时仿真技术。

1.4 模型在环仿真

在模型在环（MIL）仿真中，用户将纯软件模型拆分为控制算法与被控对象两个部分，并分别运行在原型控制器和实时仿真器中，通过实时仿真器来测试和验证原型控制器。如图 1-4-1 所示，与运行在一台计算机中的非实时仿真和一台实时仿真器中的实时仿真两种纯软件仿真不同的是，模型在环仿真是有真实信号交互的实时仿真，其中控制算法部分运行在原型控制器中，被控对象模型运行在实时仿真器中，能为用户进行大型和复杂系统的控制策略的开发与测试提供环境。模型在环仿真测试的优点在于能将 I/O 通道的实时性等控制因素考虑进来，快速验证控制原理和观察控制效果，完成对原型控制器的测试验证，并指导实际控制器资源设计，可以有效地缩短开发周期。

模型在环仿真所需软件环境是仿真建模软件、StarSim HIL 上位机软件和 StarSim RCP 上位机软件，所需硬件环境是计算机、实时仿真器、快速原型控制器、转接板及线缆。

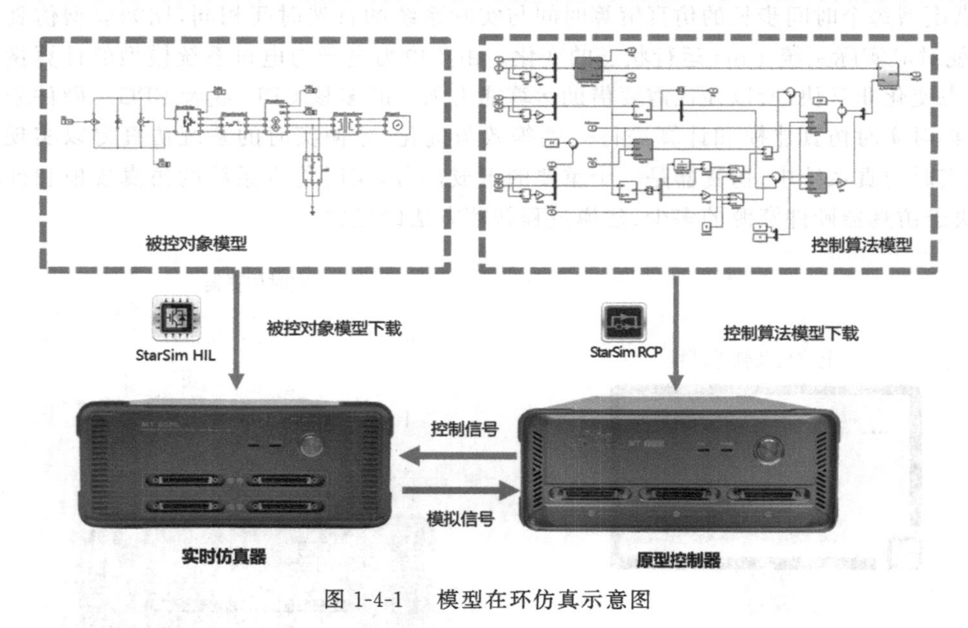

图 1-4-1 模型在环仿真示意图

1.5 快速控制原型

快速控制原型（RCP）是利用运算功能强大、I/O 接口资源丰富的原型控制器控制实际被控对象，即将仿真控制算法与实际被控对象的硬件结合，进行控制算法调试，从而对实际被控对象进行改进。与此同时，可以根据实际被控对象的硬件结构，在算法中加入保护与继电器驱动等逻辑控制，完善控制算法。

如图 1-5-1 所示，原型控制器软件可以帮助用户把用图形化高级语言编写的控制算法(如 Simulink 或 LabVIEW)下载到原型控制器上，节省在嵌入式芯片上重新编写和实现算法过程的时间；同时将现成的硬件 I/O 和实际被控对象（如电机和变频器等）对接起来，进行闭环控制，既可以加快项目周期，在一个验证过的硬件平台上开发，也容易定位开发过程中的软硬件问题；另外，原型控制器软件可以让用户很方便地在上位机观测实时控制器上的各种变量和波形，可以节省用户编写上位界面的时间与精力，让用户把精力放在核心的控制算法的实现和调试上。

快速控制原型所需的软件环境是仿真建模软件、StarSim RCP 上位机软件，所需硬件环境是计算机、实物硬件平台、快速原型控制器、转接板及线缆。

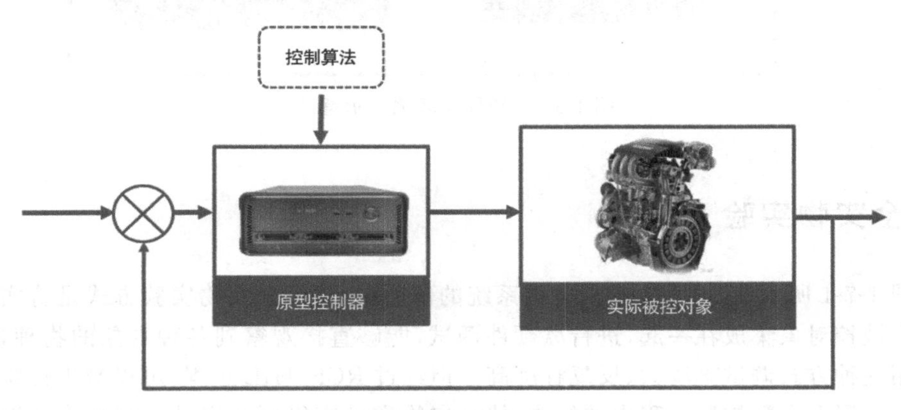

图 1-5-1　快速控制原型示意图

1.6　硬件在环测试

如图 1-6-1 所示，硬件在环(HIL)测试是利用实时仿真器将被控系统电路运行特性、传感器信号输出等进行准确、实时的模拟，并与待测实际控制器对应的信号 I/O 接口对接起来构成闭环，即用一个实际的控制器控制运行在实时仿真器中的被控对象模型，这样就可以在实物硬件测试平台集成好之前，为待测实际控制器提供一个信号级的系统模拟和实时响应的测试环境，对实际控制器进行全方位的、系统的测试，包括正常工况和异常工况。RCP 设计完成后，通过 HIL 测试将控制算法在实际控制器中实现并加以完善，进而减少实际控制器中可能存在的控制缺陷。

随着电力电子与电机系统的功率增大、功能增多、危险性加大、复杂程度提高，其控制器研发和测试的难度也越来越大，使用 HIL 的方式进行研发与测试，比传统实物系统测试速度更快、效率更高、实验更安全，能够极大地节省用户在控制器开发与测试中需要花费的时间与资源。

硬件在环测试所需的软件环境是仿真建模软件、StarSim HIL 上位机软件，所需硬件环境是计算机、实时仿真器、实际控制器、转接板及线缆。

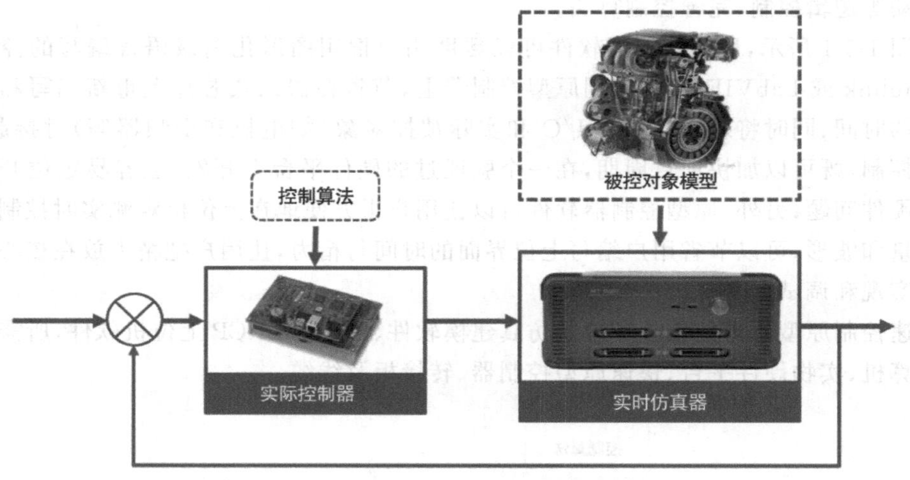

图 1-6-1　硬件在环测试示意图

1.7　全实物实验

如图 1-7-1 所示,在电力电子与电机系统的研究中,传统全实物实验方式是将实际控制器和实际被控对象集成在一起,进行软硬件调试,能够直接观察到各种现象的物理过程,若直接采用这种方式调试难度大、反复程度高。但经过 RCP、HIL 过程,可以减少传统设计流程中控制代码在实际控制过程中的修改,使全实物实验变得更加容易达到技术和性能指标要求,同时系统的安全性和可靠性也得到提高。

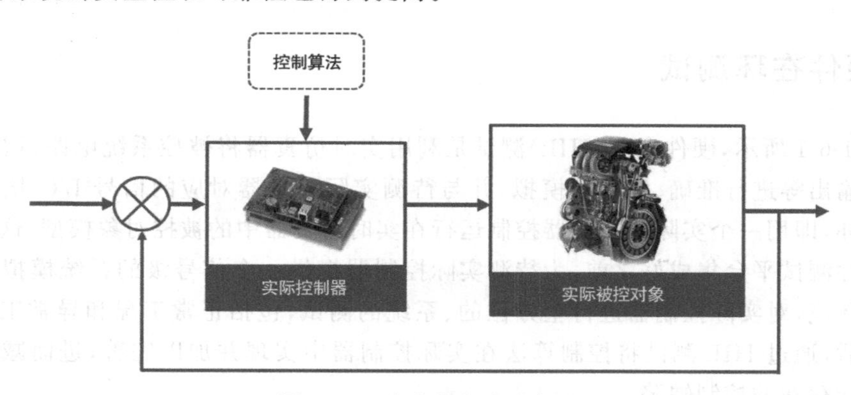

图 1-7-1　全实物实验示意图

第2章

实时仿真技术原理

本章主要结合数值计算方法，介绍在实时仿真中电力电子开关的建模方式及影响模型准确度的因素。

2.1 电力电子与电机系统实时仿真要求

电力电子与电机系统一般都含有电力电子开关器件，电力电子开关器件需要在脉冲宽度调制(pulse width modulation，PWM)脉冲的控制下快速进行开通和关断切换(开关频率一般在 kHz 级别)，为了准确地仿真这样的系统，仿真步长需要达到 PWM 周期的 1/50 或 1/100，这意味着仿真步长的大小需要在数百纳秒和数微秒之间。如果是 1 μs 的仿真步长，等价于 1 s 就要计算 100 万次，这是非常大的计算量，对硬件的计算能力提出了很大的挑战，传统的 CPU 实时系统很难满足这样的快速计算要求。目前工业界基本上采用可编程门阵列(field programmable gate array，FPGA)，利用其强大的并行计算能力来实现 1 μs 这样短的时间周期内的高性能实时运算；同时随着芯片技术的发展，单个 FPGA 上提供的逻辑资源和乘法器不断增加，给电力电子实时仿真提供了更大更强的并行计算能力。

2.2 电力电子开关 $R_{on}R_{off}$ 建模方式

传统的离线电力电子仿真软件中，电力电子开关一般采用大小电阻的建模方式，即关断时建模为一个很大的电阻，导通时建模为一个很小的电阻，如图 2-2-1 所示。

开关大小电阻建模方式的优点是关断状态电阻和导通状态电阻的比值很大(这个比值越大，代表对开关特性模拟越好)。如式(2-2-1)所示，对于典型的关断电阻 R_{off} ($10^5\,\Omega$)和导通电阻 R_{on} ($10^{-3}\,\Omega$)的取值，这个阻抗比值为 10^8，而且这个比值和信号的频率无关。

$$\frac{R_{off}}{R_{on}}=\frac{10^5}{10^{-3}}=10^8 \tag{2-2-1}$$

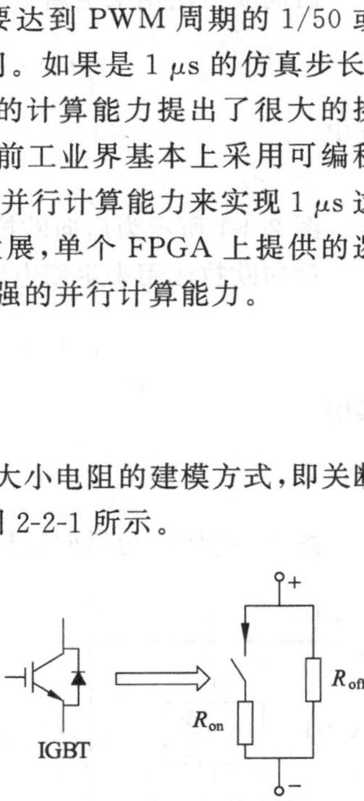

图 2-2-1 电力电子开关大小电阻建模原理

由式(2-2-2)可知，$R_{on}R_{off}$ 建模的另外一个优点是无论开关在关断状态还是在导通状态，开关消耗的功率都是很小的，且和开关频率没有关系。

$$E_{loss} \approx \frac{V_{s-off}^2}{R_{off}} + I_{s-on}^2 R_{on} \tag{2-2-2}$$

正是由于开关 $R_{on}R_{off}$ 建模的良好特性，它在离线仿真软件中被广泛采用。但是 $R_{on}R_{off}$ 建模应用于实时仿真是具有一定难度的，因为这个时候开关相当于一个变化的电阻；开关状态改变时，电路对应的导纳阵也发生变化，则不同的开关状态组合对应的就是不同的导纳阵，遇到新的拓扑需要重新生成对应的导纳阵，并进行导纳阵求逆的操作来得到对应的仿真时需要的数学模型；对于电力电子实时仿真来说，要在 1 μs 左右的步长内完成复杂的导纳阵生成和导纳阵求逆计算是有难度的(离线仿真因为没有仿真时间的硬约束，可以进行这样的更新)。

2.3 后向欧拉法

后向欧拉法主要适用于小步长(几微秒或几百纳秒)的仿真，是在 FPGA 上实现电力电子系统模型实时仿真广泛采用的数值计算方法。

后向欧拉法利用如下两个步骤来进行仿真：

1. *后向欧拉法离散化储能元件(电感或电容)*

后向欧拉法用来更新电感的公式为

$$i_L(t) = \frac{u_L(t)}{L/\Delta t} + i_L(t-\Delta t) = u_L(t)\frac{\Delta t}{L} + i_{L\_history} \tag{2-3-1}$$

其中

$$i_{L\_history} = i_L(t-\Delta t) \tag{2-3-2}$$

图 2-3-1 所示为后向欧拉法的电感等效电路。

后向欧拉法用来更新电容的公式为

$$i_C(t) = \frac{u_C(t)}{\Delta t/C} - \frac{u_C(t-\Delta t)}{\Delta t/C} = u_C(t)\frac{C}{\Delta t} + i_{C\_history} \tag{2-3-3}$$

其中

$$i_{C\_history} = -u_C(t-\Delta t)\frac{C}{\Delta t} \tag{2-3-4}$$

图 2-3-2 所示为后向欧拉法的电容等效电路。

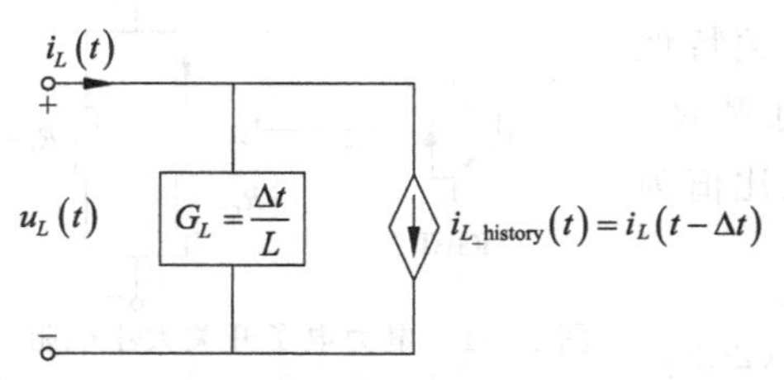

图 2-3-1　后向欧拉法的电感等效电路

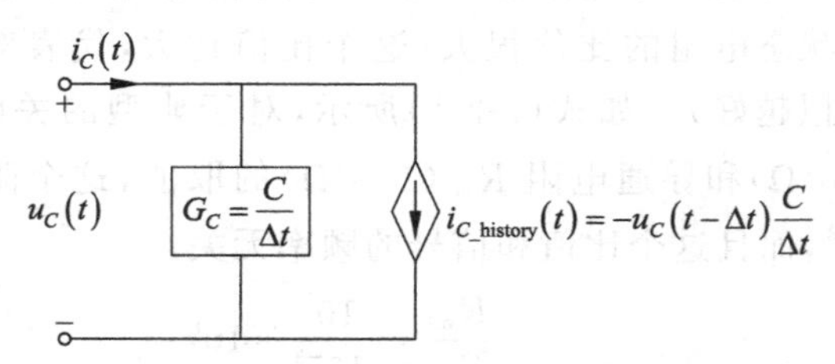

图 2-3-2　后向欧拉法的电容等效电路

2. 利用改进节点分析法形成系统方程

为了便于理解，以图 2-3-3 所示的 LC 电路为例进行介绍，利用前文介绍的后向欧拉法离散化图中的储能元件（电感、电容），可得到如图 2-3-4 所示的后向欧拉法的等效电路。

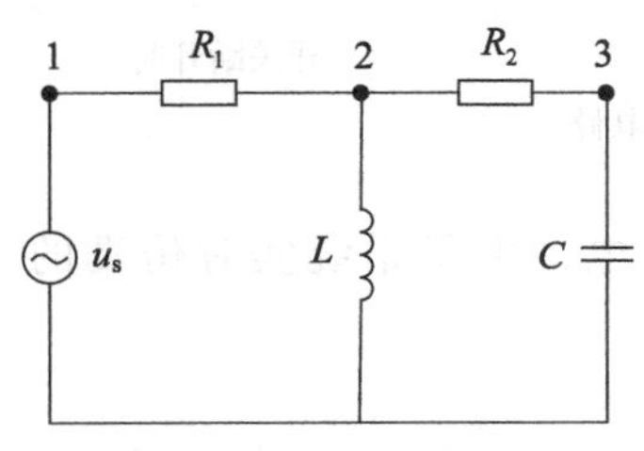

图 2-3-3　LC 电路拓扑

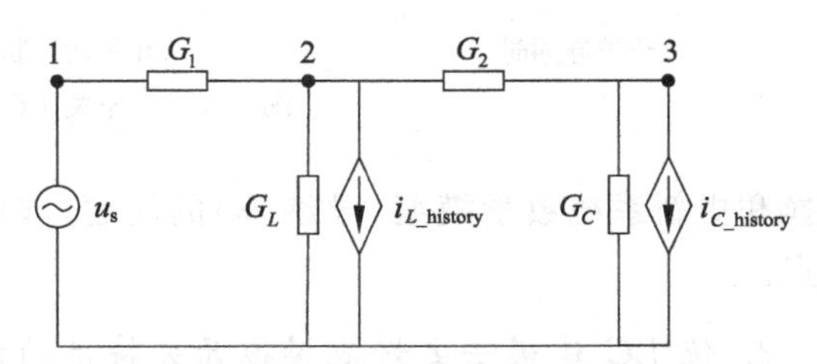

图 2-3-4　后向欧拉法的等效电路

根据图 2-3-4 所示的后向欧拉法的等效电路，利用改进节点分析法形成的系统方程为

$$\begin{bmatrix} 1 & 0 & 0 \\ -G_1 & G_1+G_2+G_L & -G_2 \\ 0 & -G_2 & G_2+G_C \end{bmatrix} \begin{bmatrix} u_1 \\ u_2 \\ u_3 \end{bmatrix} = \begin{bmatrix} 0 & 0 & 1 \\ -1 & 0 & 0 \\ 0 & -1 & 0 \end{bmatrix} \begin{bmatrix} i_{L\_history} \\ i_{C\_history} \\ u_s \end{bmatrix} \tag{2-3-5}$$

式中，G_1、G_2 分别为 R_1、R_2 的导纳，G_L、G_C 分别为后向欧拉法离散化后的电感、电容导纳。取电压源的负端为参考节点，u_1、u_2、u_3 分别为 1、2、3 三个节点相对参考节点的电压，$i_{L\_history}$、$i_{C\_history}$ 为电流源电流，u_s 为电压源电压。

归纳地说，在离散化电感电容后的任意电路中，利用改进节点分析法形成的系统方程可统一表达为

$$\boldsymbol{Y}[\boldsymbol{U}_{\text{node}}] = \boldsymbol{B}\begin{bmatrix} \boldsymbol{i}_s \\ \boldsymbol{U}_s \end{bmatrix} \tag{2-3-6}$$

式中，$\boldsymbol{Y}$ 和 $\boldsymbol{B}$ 为系数矩阵，$\boldsymbol{U}_{\text{node}}$ 为节点电压向量，$\boldsymbol{i}_s$ 为电流源向量，$\boldsymbol{U}_s$ 为电压源向量。在形成如上方程后，在每一个仿真步，可用下式计算节点电压：

$$[\boldsymbol{U}_{\text{node}}] = \boldsymbol{Y}^{-1}\boldsymbol{B}\begin{bmatrix} \boldsymbol{i}_s \\ \boldsymbol{U}_s \end{bmatrix} \tag{2-3-7}$$

2.4 电力电子开关 LC 建模方法

1. 建模假设

电力电子开关的 LC 建模方法即当开关闭合时建模为一个很小的电感，当开关断开时建模为一个很小的电容。在后向欧拉法中，无论电感还是电容都建模为一个电导并联一个注入电流源。一般会选择合适的 L 和 C 的数值使得式(2-4-1)的条件满足，即无论开关是闭合还是断开，其对应的电导 G_s 数值不变，只是注入电流的计算方法不同。G_s 可表示为

$$G_s = \frac{\Delta t}{L} = \frac{C}{\Delta t} \tag{2-4-1}$$

开关 LC 建模等效电路如图 2-4-1 所示。

开关恒导纳的好处是不管系统中的开关状态如何切换，系统拓扑如何变化，电路对应的导纳矩阵是不变的，只是注入电流源的计算方法不同，这样就避免了大小电阻建模所需要的

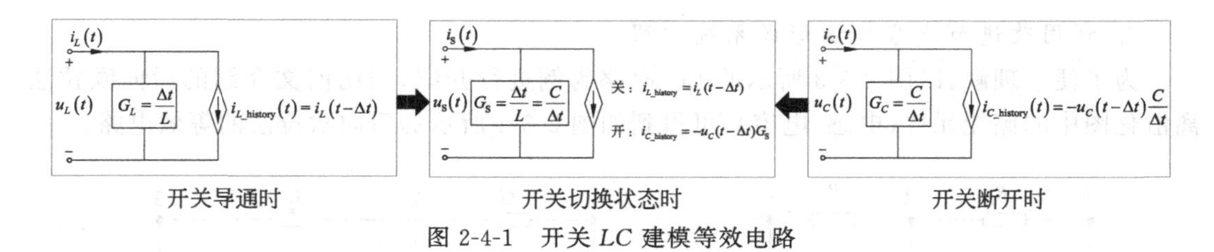

图 2-4-1　开关 LC 建模等效电路

切换和更新系统数学模型(导纳阵)的问题,非常适合于电力电子系统实时仿真的小步长特点。

2. 使 LC 建模法更好地模拟开关特性的方法

小的电感和小的电容对于更好地模拟开关的特性(闭合的时候短路,断开的时候开路)是必要的,由式(2-4-1)可得

$$L=\frac{\Delta t}{G_s},\quad C=G_s\Delta t \tag{2-4-2}$$

其中,L 和 C 的数值都与仿真步长成正比,小的仿真步长对于开关特性的模拟是有好处的。由于 L 的数值和 G_s 成反比,C 的数值和 G_s 成正比,因此 1 是 G_s 数值的一个较好的初始选择,它体现了 G_s 对于 L 和 C 值的影响的一个折中。

开关的 off 状态阻抗和 on 状态阻抗的比例如下:

$$\frac{X_{off}}{X_{on}}=\frac{1/\omega C}{\omega L}=\frac{1}{\omega^2 LC}=\frac{1}{\omega^2\Delta t^2} \tag{2-4-3}$$

可以看出,小的仿真步长可以有利于对开关特性的模拟(可以得到较大的 off/on 阻抗比)。

3. 使后向欧拉法的开关损耗和实际电力电子系统的开关损耗一致的方法

当开关用 LC 方法建模时(闭合时建模为小电感,断开时建模为小电容),在开关状态改变的时候会有能量的损失:

当开关从闭合变为断开时,原先存储在电感中的能量会消失;

当开关从断开变为闭合时,原先存储在电容中的能量会消失。

可推导出采用 LC 方法建模时开关状态切换产生的能量损失为

$$E_{loss}\approx E_L+E_C=\frac{1}{2}LI_s^2+\frac{1}{2}CU_s^2=\frac{1}{2}\Delta t\left(\frac{I_s^2}{G_s}+G_sU_s^2\right) \tag{2-4-4}$$

因此,在使用 LC 方法来进行开关建模时存在一个缺陷:实时仿真产生的开关损耗会超过实际电力电子系统的开关损耗。

可采用如下这些方法来减小仿真产生的开关损耗:

(1) 选择小的仿真步长。从式(2-4-4)可以看出,仿真步长和开关损耗是成正比的。所以小的仿真步长有利于减小由于建模方法引起的开关损耗,小的仿真步长也有利于得到更准确的仿真结果。

(2) 选择合适的参数 G_s:从电感和电容存储能量的公式可以看出,大的 G_s 会减小由于电感带来的损耗,小的 G_s 会减小由于电容带来的损耗。所以对于 G_s 的选择需要做一个权衡。

对于 DC/AC 类型的变流器来说,开关损耗可以表达如式(2-4-5),其中 I_{rms} 为交流电流

的有效值，U_{dc} 为开关在断开时承受的电压(通常是直流侧电压)。

$$E_{loss} \approx \frac{1}{2}\Delta t\left(\frac{I_{rms}^2}{G_s}+G_sU_{dc}^2\right) \tag{2-4-5}$$

可以推导得到，最小化的开关损耗条件为

$$G_s=\frac{I_{rms}}{U_{dc}} \tag{2-4-6}$$

(3) 选择合适的初始电压：对于在DC/AC型变流器中的开关来说，开关电压一般是在0和某个固定的数值(一般是直流侧的电压)之间随着PWM控制信号而跳变；可以利用这个特点来给off状态的开关设置一个合适的初始电压(直流电容电压)，这样可以减少给模拟关断状态的电容充电消耗的能量。

用户通过如上所述的这些设置，可以减轻 *LC* 方法建模开关带来的能量损耗过大问题。

当然，随着现代FPGA芯片运算能力的提高和资源增长，目前也有学者和公司通过合理地利用开关的大小电阻建模来应对高开关频率的挑战。当采用开关大小电阻建模时，为了减少拓扑的个数，需要合理地减少仿真中不可能出现的拓扑，比如上下管直通对应的拓扑(这可以通过检测上下管的PWM信号判断，如果同时为高，就会报错)，以及预先生成可能的拓扑对应的系数矩阵，将它们存储在FPGA上，这样就避免了需要在线进行导纳阵求逆的操作。这些优化的方法不再详细讨论，本书主要介绍目前实时仿真中应用较多的基于开关 *LC* 建模的实时仿真方法。

实时仿真软硬件系统

本章主要结合上海远宽能源科技有限公司(ModelingTech,简称 MT)研制的典型实时仿真器、原型控制器及配套软件,介绍实时仿真的软硬件系统及使用快速起步。

3.1 硬件系统

3.1.1 MT6020 HIL 实时仿真器

MT6020 HIL 实时仿真器主要用于电力电子开关组成的系统实时仿真,其外观如图 3-1-1 所示,技术参数见表 3-1-1。它基于 XILINX 的 ZYNQ-7100 SoC 芯片,具有双核 ARM CPU 和超大容量 FPGA,搭配电力电子小步长实时仿真 Solver,单机可支持含 230 个关键元器件(开关器件、电感、电容、电源)的电力电子系统,配有光纤接口,可实现多机并行。

前面板

背面板

图 3-1-1 MT6020 HIL 实时仿真器外观

表 3-1-1 MT6020 HIL 实时仿真器技术参数

内存	2GB DDR3 SDRAM	
FPGA	芯片逻辑单元 444 KB,芯片内存资源 26.5 MB,芯片含 2 020 个 DSP Slice	
模拟输出	通道数	24 路
	分辨率	16 位
	更新率	1 MSPS
	电压范围	±10 V

续表

模拟输入	通道数	16 路
	分辨率	16 位
	采样率	1 MSPS
	电压范围	±10 V
数字 I/O	数字输入	64 路
	数字输出	16 路
	更新率	10 MSPS
	电压范围	0～3.3 V LVTTL
通信接口	Ethernet	2 个
	光纤	4 路光纤互联拓展口
尺寸	310 mm×135 mm×295 mm(宽×高×深)	

3.1.2 MT1050 RCP 原型控制器

MT1050 RCP 原型控制器主要用于电力电子与电机系统的控制开发，其外观如图 3-1-2 所示，技术参数见表 3-1-2。它基于 XILINX 的 ZYNQ-7100 SoC 芯片，具有高性能双核 ARM CPU 以及超大容量的 FPGA 资源，可以给算法开发人员提供通用的、高性能的快速控制原型工具。

MT1050 的特点之一是在 ARM CPU 其中一个核上采用了 Bare-Metal 技术(裸核技术)，也就是这个 CPU 核上没有实时操作系统，全部资源都用于控制算法运算，可以实现快达 20 μs(50 kHz)的实时控制。

同时，平台配置更加丰富的测量点，支持用户多样化信号监测和采集分析，完成先进算法的创新和快速实现，支持算法模型的一键下载，支持自定义的运行监测界面，可以监测算法中每一个关键环节并方便地在线调参。

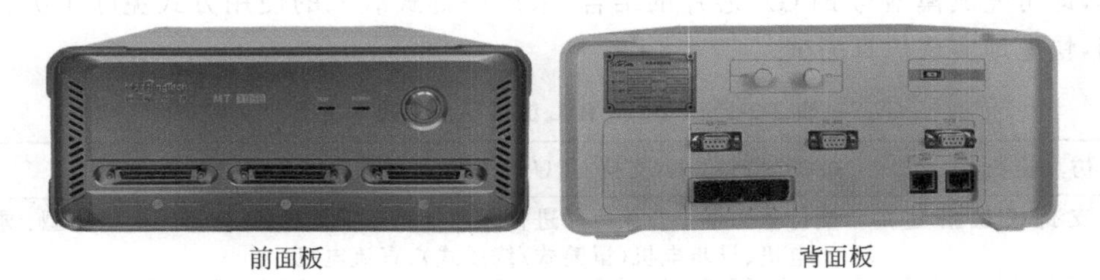

前面板　　背面板

图 3-1-2　MT1050 RCP 原型控制器外观

表 3-1-2　MT1050 RCP 原型控制器技术参数

内存	2GB DDR3 SDRAM
FPGA	芯片逻辑单元 444 KB，芯片内存资源 26.5 MB，芯片含 2 020 个 DSP Slice

续表

模拟输出	通道数	6 路
	分辨率	16 位
	更新率	1 MSPS
	电压范围	±10 V
模拟输入	通道数	16 路
	分辨率	16 位
	采样率	1 MSPS
	电压范围	±10 V
数字 I/O	数字输入	16 路
	数字输出	48 路
	更新率	10 MSPS
	电压范围	0～3.3 V LVTTL
通信接口	Ethernet	2 个
	光纤	4 路光纤互联拓展口
尺寸	310 mm×135 mm×295 mm(宽×高×深)	

3.2 软件系统

3.2.1 StarSim HIL 和 StarSim FPGA Solver

StarSim HIL 是一款实时仿真系统的上位机程序，它配合 StarSim FPGA Solver 等软件可以用来搭建基于 FPGA 的 HIL 仿真系统。表 3-2-1 给出了 StarSim HIL 仿真平台的技术特点，其使用步骤如图 3-2-1 所示。StarSim HIL 是配置型软件，无须用户进行任何编程工作，即可完成模型与 FPGA 芯片的结合，采用一键式载入的使用方式免除了编译的等待时间，快速地实现仿真测试。

表 3-2-1 StarSim HIL 仿真平台的技术特点

FPGA 仿真步长	0.25～1.25 μs，支持 CPU 和 FPGA 的大小步长联合仿真
FPGA 支持模型搭建的方式	支持基于单个开关元件进行任意电路拓扑搭建，支持多种电机模型：永磁同步电机、异步电机(鼠笼式/绕线式)、直流电机
FPGA 仿真规模	单台设备最大支持包含 230 个关键器件的电路(开关、电感、电容、电源)，设备可并联拓展
模型兼容性	兼容 Simulink 模型，对于软件版本要求低，兼容性强
使用方式	支持直接载入至 FPGA，无须编译过程

基于 StarSim HIL 的应用整体架构如图 3-2-2 所示，除了 FPGA 上的小步长实时仿真

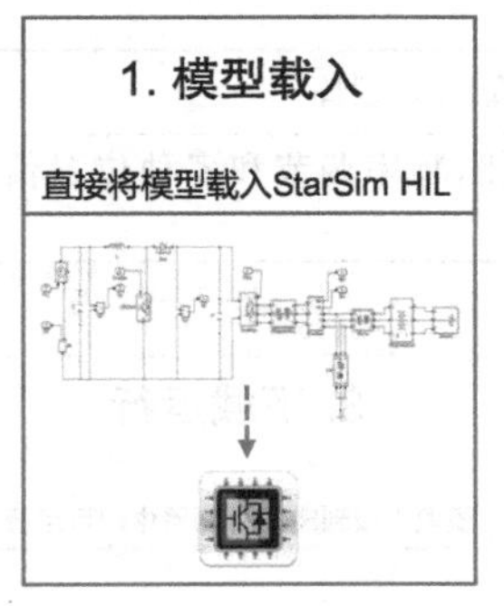

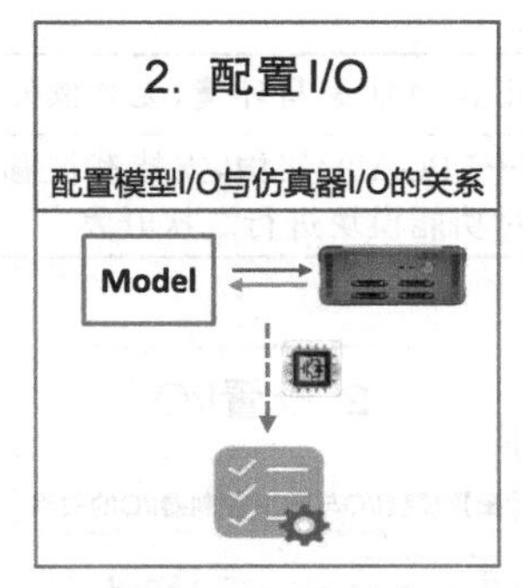

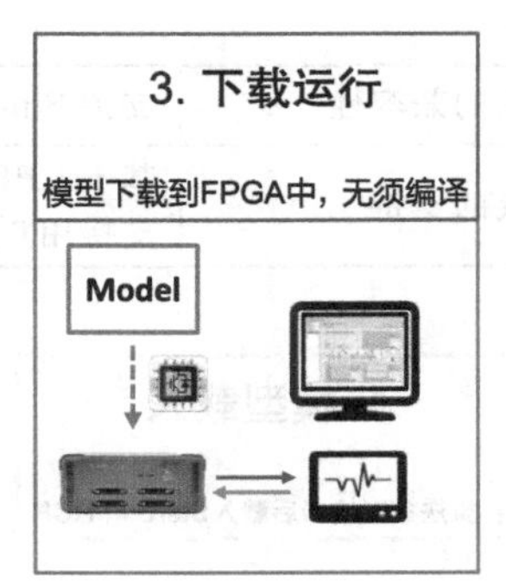

图 3-2-1 StarSim HIL 实时仿真器使用步骤

的电力电子模型，StarSim HIL 也支持用户在 CPU 上实时运行自定义 Control Block。Control Block 可以是控制算法，用来和 FPGA 上的电力电子模型实现闭环控制，也可以是光伏电池、风机、蓄电池等用户自定义的运行在 CPU 上的模型。CPU 上的 Control Block 和 FPGA 上的电力电子部分一起构成实时仿真系统。

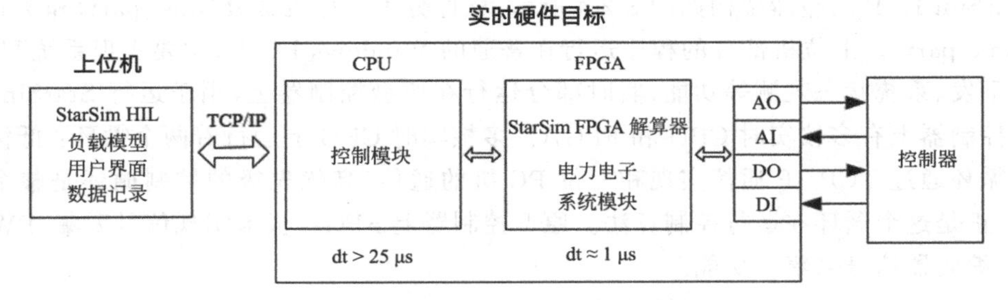

图 3-2-2 基于 StarSim HIL 的应用整体架构

3.2.2 StarSim RCP

StarSim RCP 是一款快速控制原型系统的上位机程序，配合相应的被控对象硬件可以作为原型控制器来使用。表 3-2-2 给出了 StarSim RCP 原型控制器平台的技术特点，其使用步骤如图 3-2-3 所示。StarSim RCP 是一款配置型的软件，用户只需通过配置系统参数和 I/O 之间的映射，就可以把 Simulink 编写的控制算法模型下载到实时硬件处理器上实时运行，同时 FPGA 上有固化好的常用电力电子控制模块(PWM 波发生器、旋变编码器、正交编码器等模块)，用户只需进行配置和通道映射即可使用。然后通过自定义的运行监测界面进行调试，快速验证控制算法的有效性。对于一些复杂应用，底层的 FPGA 也可以根据用户需求进行自定义开发，利用 StarSim RCP 调用自定义的 FPGA 模块来满足需求，快速实现电力电子或者电机驱动系统的控制器设计与验证。

表 3-2-2 StarSim RCP 原型控制器平台的技术特点

I/O 口数量与拓展性	在标准 I/O 口配置的同时，支持基于光纤同步接口拓展
算法运算的速率	两电平桥双闭环算法运行速率不低于 20 kHz，具备控制算法运行延时的监测功能

续表

控制算法的兼容性	支持 Simulink 算法编写环境，无须额外安装模型库
功能模块的支持	基于 CPU+FPGA 的架构，支持载波移相、频率调节和多种位置信号解码，支持用户对功能模块进行二次开发

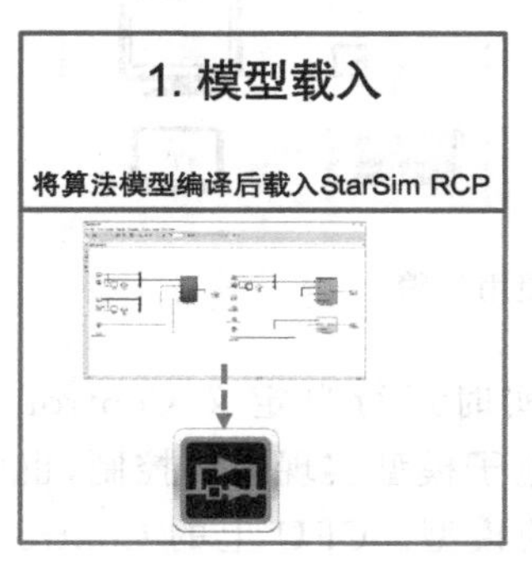

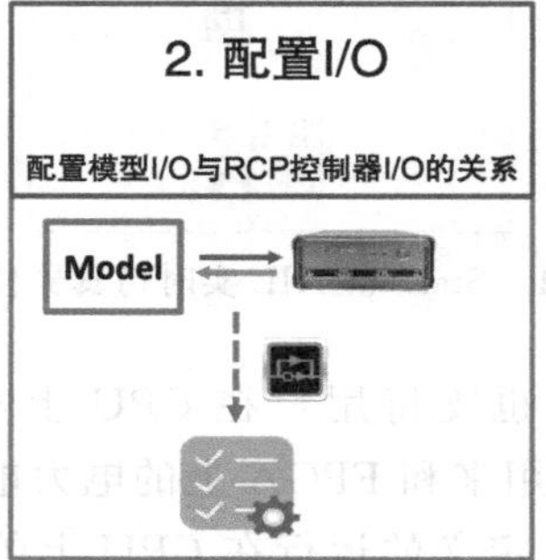

图 3-2-3　StarSim RCP 原型控制器的使用步骤

StarSim RCP 的整体架构如图 3-2-4 所示，软件分为上位机部分(host part)和实时部分(real-time part)。上位机部分的程序运行在普通的 Windows PC 上，主要实现系统配置、控制指令下发、系统状态观测等功能；实时部分运行在原型控制器上，用于运行 StarSim RCP 的原型控制器上有多核实时 CPU 和 FPGA。多核实时 CPU 上运行着两个循环：低优先级的通信循环通过 TCP/IP 通信实现和上位 PC 机的通信；高优先级的控制循环是整个系统的核心，正是这个循环在运行控制算法。原型控制器上 FPGA 板卡实现信号采集、PWM 脉冲发生、编码器信号采集等功能。

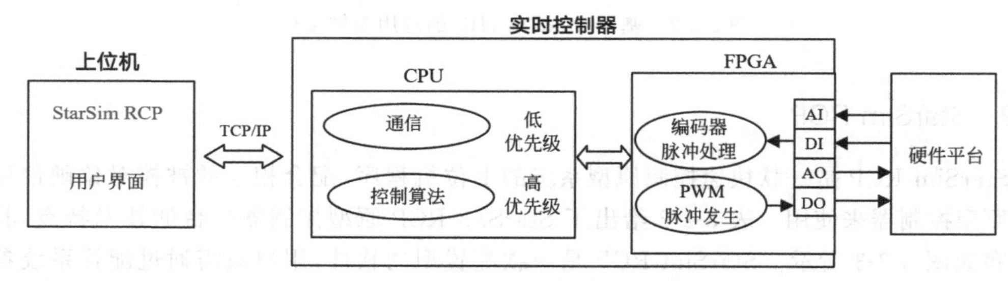

图 3-2-4　StarSim RCP 的整体架构

3.3　软硬件系统快速起步

3.3.1　仿真准备

本节以并网逆变器为例介绍 StarSim 软硬件的使用步骤，在使用之前需要完成以下准备工作：

1. 设置离线仿真的大小步长

在 MATLAB/Simulink 中建立并网逆变器离线仿真模型，设置两个仿真步长，拓扑部分按小步长运行，控制部分按大步长运行。具体在 Simulink 中按照 Menu→Simulation→Solver→Fixed-step size 步骤将电力电子拓扑步长设置为 1e-6 s，将控制算法中各运算模块 Sample time 均设置为 1e-4 s，然后运行 Simulink 非实时仿真，保证仿真结果正确，如图 3-3-1 所示。

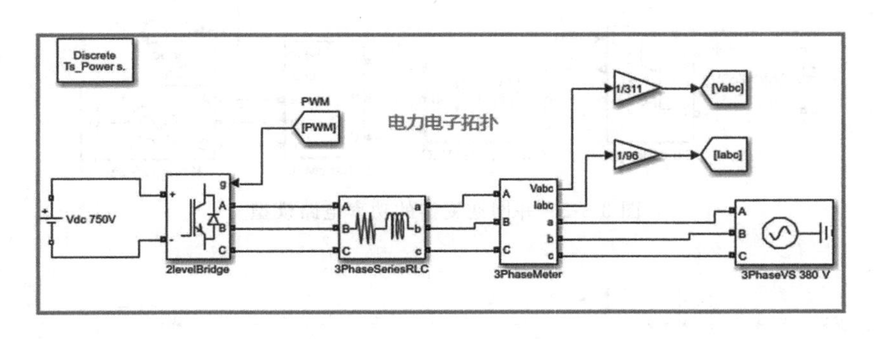

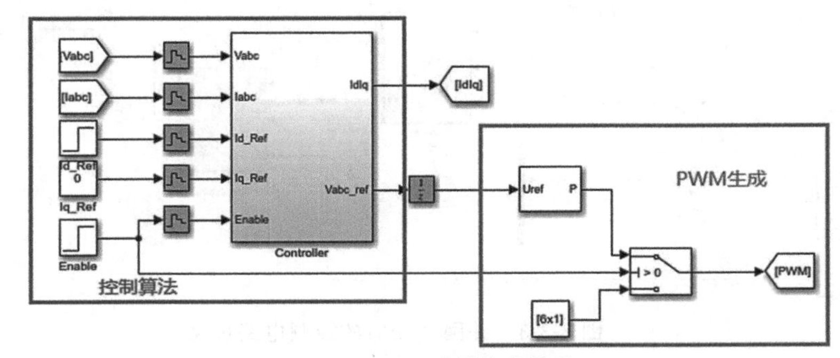

(a) MATLAB/Simulink离线仿真模型

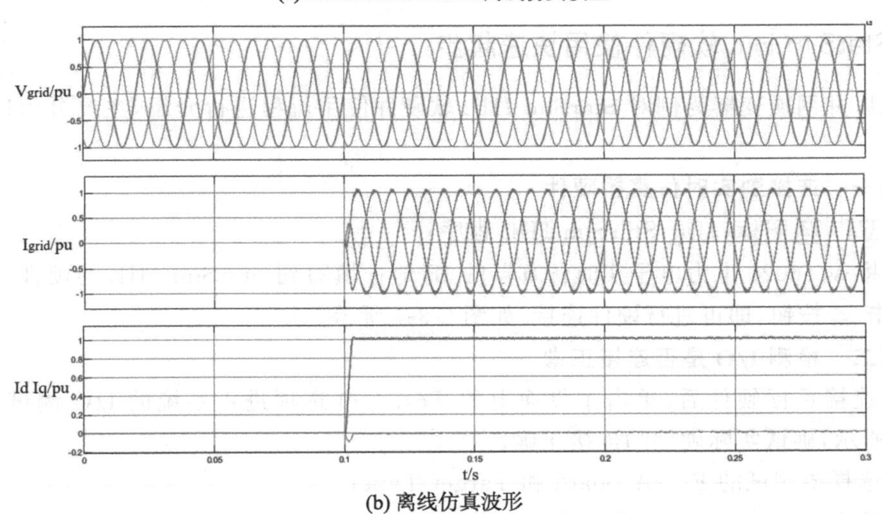

(b) 离线仿真波形

图 3-3-1 并网逆变器离线仿真模型与仿真波形

2. 大小步长拆分

将上一步骤中并网逆变器的非实时仿真模型拆分为图 3-3-2 中的功率电路（被控对象）

与图 3-3-3 中的控制电路(控制算法)两个模型文件,其中功率电路将应用在 StarSim HIL 软硬件使用快速起步中,控制电路将应用在 StarSim RCP 软硬件使用快速起步中。

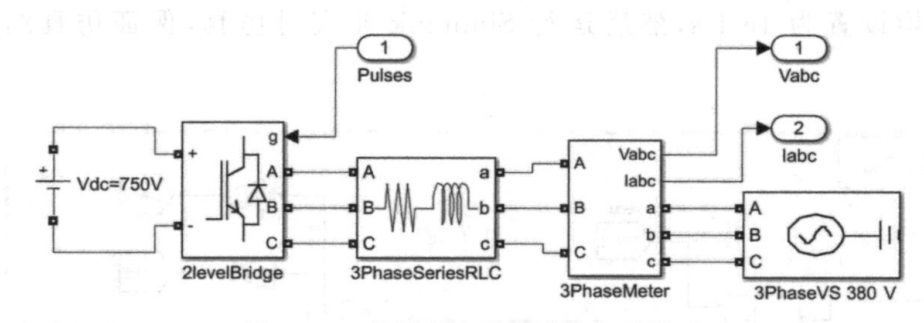

图 3-3-2　并网逆变器的功率电路模型

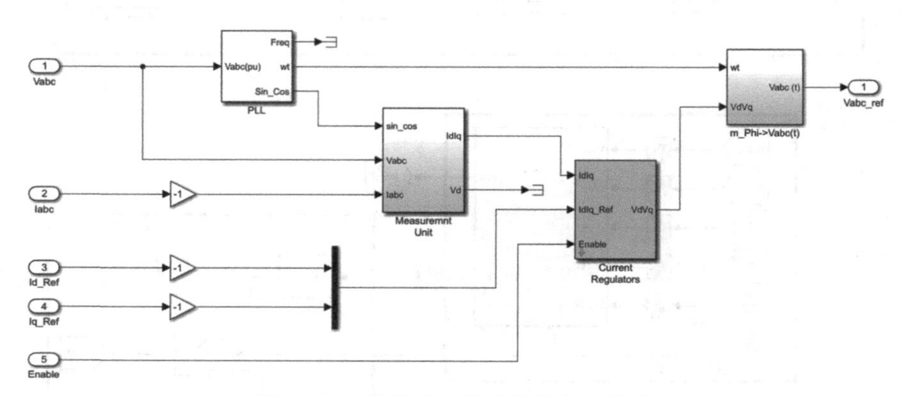

图 3-3-3　并网逆变器的控制电路模型

3.3.2　StarSim HIL 软硬件使用快速起步

这里以并网逆变器为例对 StarSim HIL 软硬件使用流程进行介绍,主要分为以下 6 个步骤。

步骤一　连接到实时仿真器硬件

(1) 双击图标,打开 StarSim HIL 程序;

(2) 将 MT6020 电力电子实时仿真器的 IP 地址填写到 StarSim HIL 的硬件设置界面上,再单击按钮,即可进行硬件连接,如图 3-3-4 所示。

步骤二　检测 I/O 是否连接正常

成功连接目标硬件后,单击主界面上的 Test I/O 选项进入系统的 I/O 测试界面,如图 3-3-5 所示,确认实际硬件的连接正确。

(1) 选择要测试的 FPGA Board 和 Target Type;

(2) 单击 Start 按钮开始测试;

(3) 可以利用相连的控制器给出模拟和数字信号,并在 I/O 测试界面观察输入信号是否正常,来检测硬件的工作情况以及接线是否正确;

(4) 单击 Stop 按钮停止测试。

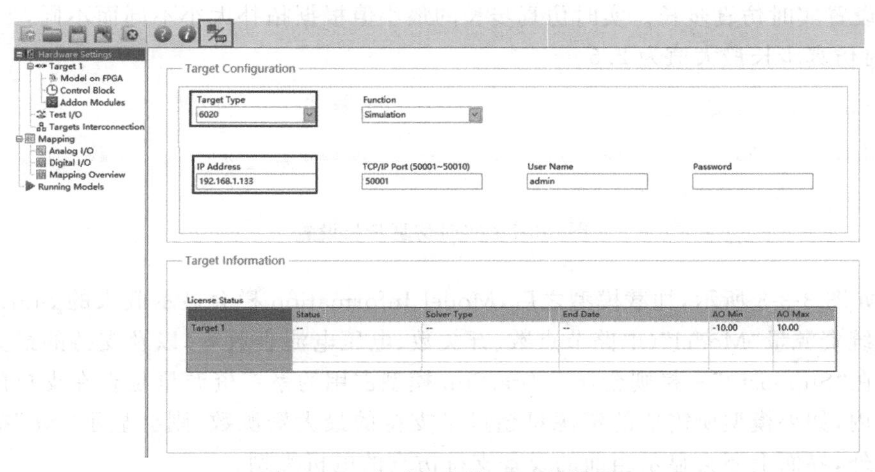

图 3-3-4　实时仿真器 IP 连接设置

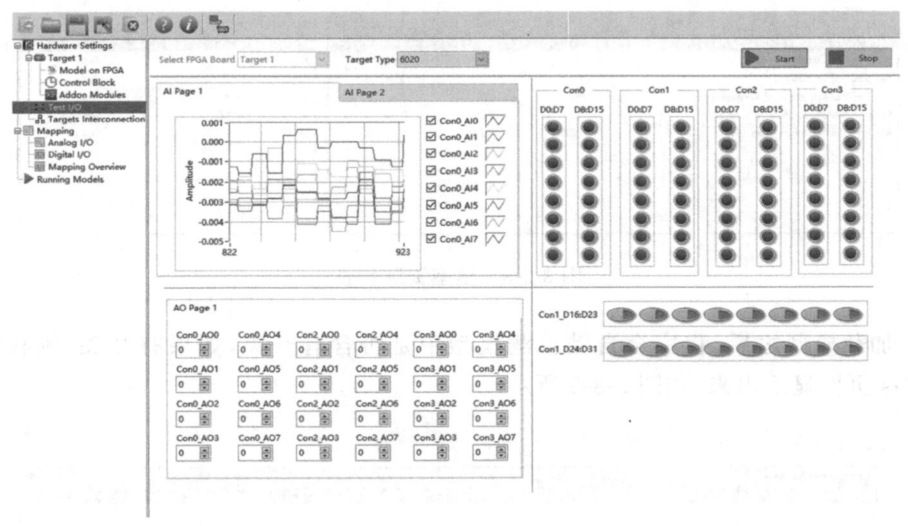

图 3-3-5　检测 I/O 连接

步骤三　加载电力电子模型

(1) 进入 Model on FPGA 界面之后，单击小文件夹图标 ，选择加载被控对象功率电路模型(例如图 3-3-2 所示文件)，加载成功后，在 Load Circuit Model 页面上将显示相应文件的路径，如图 3-3-6 所示。如果该路径下的功率电路模型文件已经更新，单击 Reload 按钮即可重新加载文件，无须再重新选择文件。

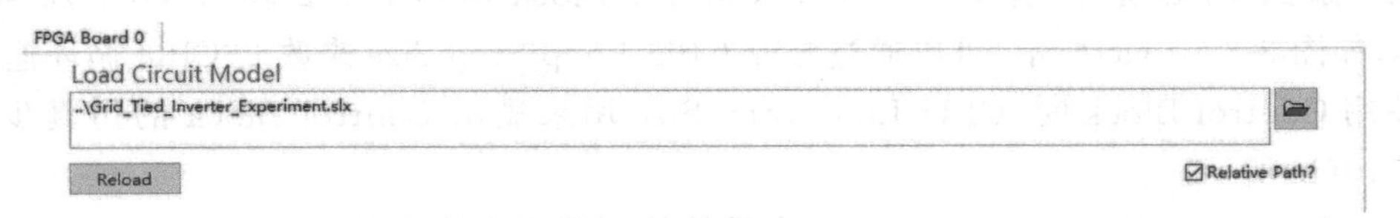

图 3-3-6　加载被控对象功率电路模型

(2) 设置实时仿真步长。实时仿真步长的最小值根据拓扑大小不同而不同，如图 3-3-7 所示，实时仿真步长最大值为 2.5 μs。

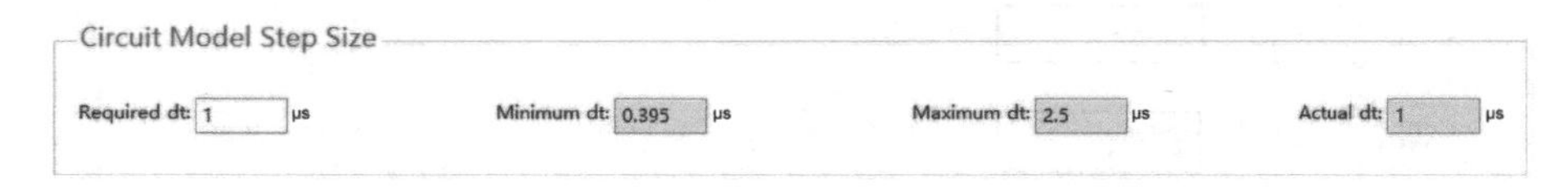

图 3-3-7　实时仿真步长设置

(3) 如图 3-3-8 所示，加载模型之后，Model Information 栏会显示载入的 StarSim 模型占用的系统资源量“Model”(电路节点数、开关数、电压电流表数等)以及支持的最大资源量“Max”。在“Support?”一栏则会显示 StarSim 模型占用的系统资源量是否在支持的最大资源量范围内，如果模型所需要的资源量超过了支持的最大资源数，则会显示“No”提示资源超出。另外，界面上还会显示当前的设备支持仿真的电机类型。

Model Information | Switch Gs | PWM | Gen HWPWM- | Model Para

Items	Model	Max	Support?
Number of Switch Inputs	6	160	Yes
Number of Circuit Inputs	4	48	Yes
Number of Machines	0	1	Yes
Sum of Voltmeters and Ammeters	6	128	Yes
Sum of Switches, L/C and Sources	13	230	Yes
Minimum Simulation Step (μs)	0.395	2.25	Yes

Machine Type	Support?
DC	Yes
BLDC	Yes
PMSM	Yes
Squirrel-cage AC	Yes
Wound-rotor AC	Yes
DFIG	Yes

图 3-3-8　模型资源列表

(4) 加载模型之后，程序会自动检测模型中是否含有开关，如果有开关，则程序会把 Switch Gs 页面显示出来，如图 3-3-9 所示。

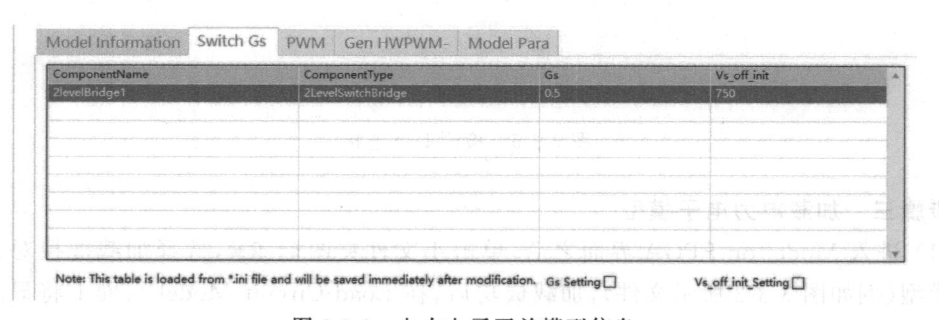

图 3-3-9　电力电子开关模型信息

(5) 添加 CPU 运行模型。不使用 Control Block 时，CPU Loop Step Size 默认为 100 μs，如图 3-3-10 (a)所示，可以通过修改 CPU Loop Step Size 来改变 CPU 循环速率。

使用 Control Block 时，CPU Loop Step Size 用来显示 Control Block 的仿真步长，如图 3-3-10(b)所示。

Step Size from File 显示为 100 μs，表示从控制程序中读出的 Step Size 为 100 μs，当用户在 Control Block on CPU 中载入控制编译文件时，通常 Step Size from File 中显示的值

(a) 不使用Control Block时设置

(b) 使用Control Block时设置

图 3-3-10　CPU 运行模型设置

就是 CPU Loop Step Size。如果用户需要更改 Step Size，则在原 Simulink 控制程序中重新设置 Step Size 再进行编译，然后将编译的文件载入 Control Block on CPU 中即可。

StarSim HIL 允许用户配置的 Control Block 为空，即当前系统只有仿真模型，没有 CPU 模型或控制算法。

步骤四　电力电子模型的输入/输出映射

在运行 HIL 实时仿真之前，需要通过 Mapping 界面将实时仿真模型和实时仿真器硬件的输入/输出端口建立起映射关系，然后才能正确运行仿真。以被控对象为并网逆变器的仿真模型为例，需要将模型里面测量的电网电压、电流发送给控制侧；然后控制侧根据控制算法和测量量计算生成 PWM 波，再发送给仿真侧。这里需要根据实际物理 I/O 的定义（接线），把仿真侧模型参数和需要采集的 PWM 波与硬件 I/O 一一映射，映射结果如图 3-3-11 所示。

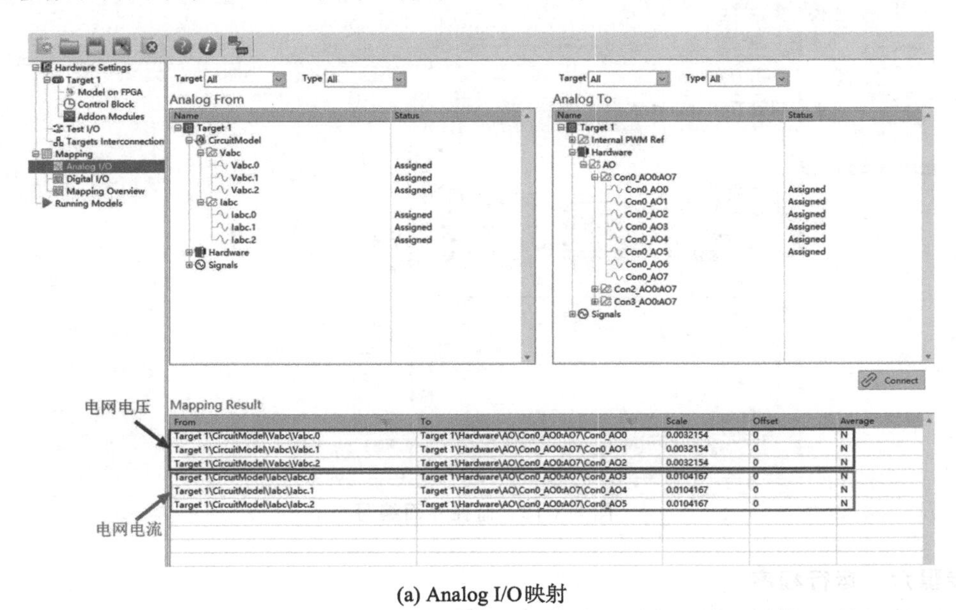

(a) Analog I/O映射

图 3-3-11　仿真模型变量与实时仿真器之间的映射

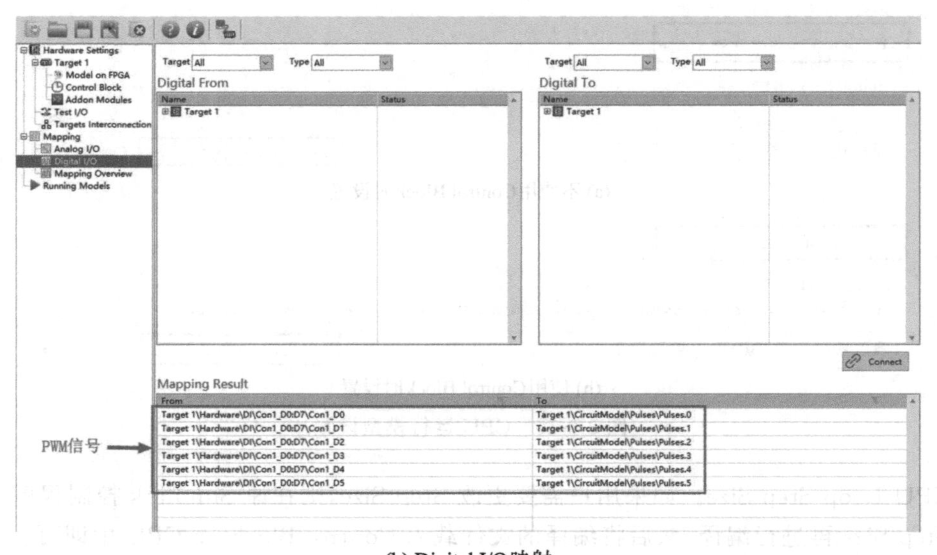

(b) Digital I/O映射

图 3-3-11 （续）

步骤五 编写仿真程序的上位界面

在 Running Models 界面编写控制程序的监控界面。在监控界面上可放置输入控件和显示控件。具体对于并网逆变器 HIL 仿真来说，由于并未使用 Control Block 模块且并网逆变器硬件无须控制输入，因此用户只需在 UI Page 1 上放置两个 Waveform chart（波形图），选择电网的电压和电流进行观测，修改完成后如图 3-3-12 所示。

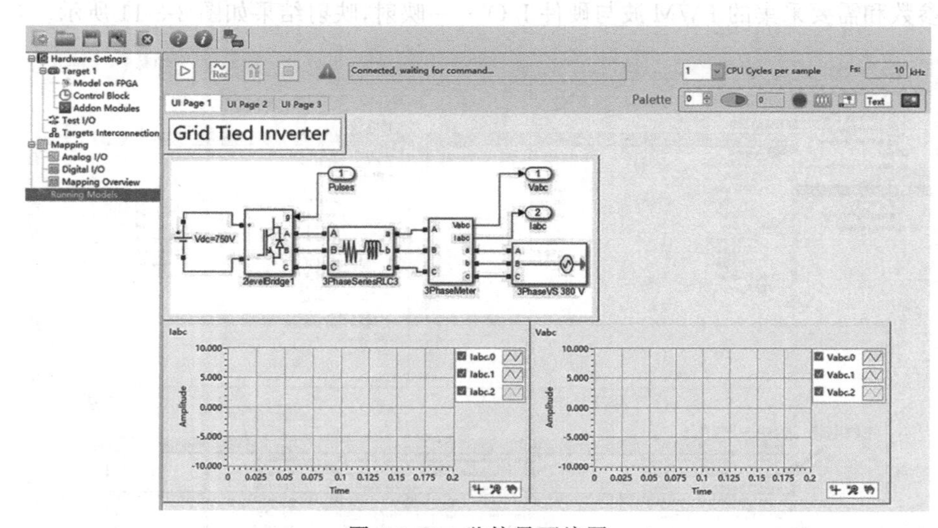

图 3-3-12 监控界面编写

步骤六 运行程序

经过前面的设置后，可以开始运行仿真程序。

(1) 设置显示采样刷新速率。在图 3-3-12 中，CPU Cycles per sample 框用于设置经过几个 CPU 循环才采集一次要向上位机传输的数据；Fs 为显示界面实际采样率。若不使用 Control Block 功能，通常 CPU 的循环速率默认为 10 kHz，因此这里 Fs 最大为 10 kHz。

(2) 运行程序。上位界面编辑好之后，单击▷按钮即可开始运行仿真程序。运行程序后在 Waveform chart(波形图)中可以看到选中电流、电压数据的波形如图 3-3-13 所示。

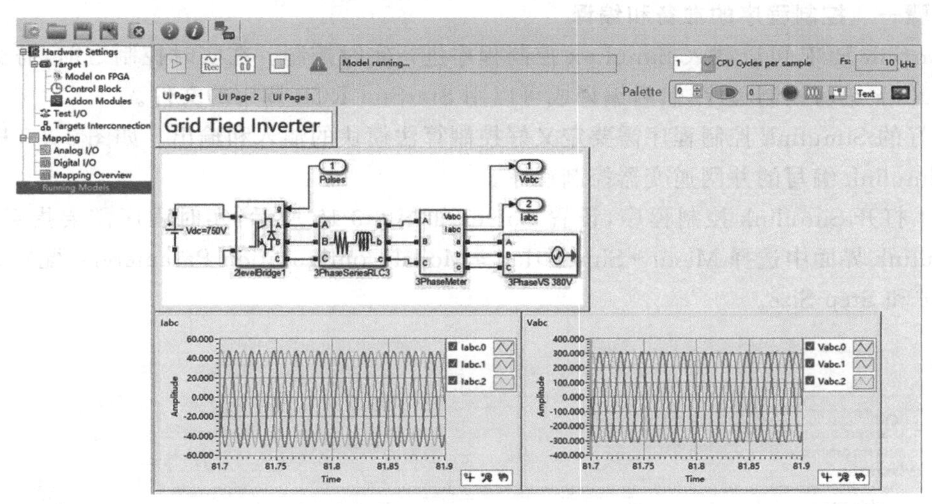

图 3-3-13　观测运行结果

(3) 录制波形。单击运行界面上的[Rec]按钮进行波形的录制。单击该按钮之后会弹出一个对话框，如图 3-3-14 所示，选择好需要保存的录波文件的名称及存储路径，单击 Start 按钮即可开始录制波形。录波过程中，录波按钮会一直闪烁；再次单击[Rec]按钮即可停止录波。注意：录波文件中记录的波形是从录波功能启动时开始的波形，并不是程序运行的所有时间段的波形。如果用户需要在程序运行的最开始就进行录波，可以在程序运行前启动录波功能；录波过程中无法停止运行程序，如果要停止运行程序需要先停止录波。

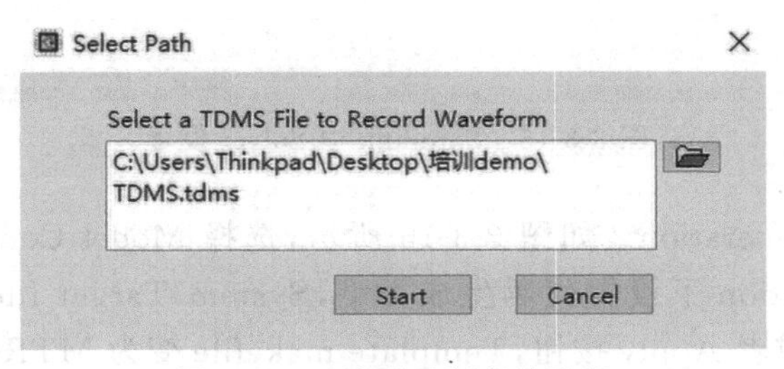

图 3-3-14　波形录制存储路径

(4) 停止运行。再次单击[Rec]按钮即可停止运行。如果无法停止运行，应检查是否在录波中，如果是，则先关闭录波再停止仿真。

StarSim HIL 除了能利用外部控制器控制外，还能利用 Control Block 在 CPU 上运行模型或者实现实时仿真器内部闭环控制。

3.3.3 StarSim RCP 软硬件使用快速起步

这里以并网逆变器控制为例对 StarSim RCP 软硬件使用流程进行介绍，可分为以下 8 个步骤。

步骤一　控制程序的准备和编译

StarSim RCP 可以载入 Simulink 控制程序进行实时控制。在实时控制之前，需要先利用 Simulink 编写控制程序，然后编译成可以用 StarSim RCP 调用的文件。

写好的 Simulink 控制程序需要定义好控制算法模块的输入和输出。如图 3-3-3 中模型是用 Simulink 编写的并网逆变器控制程序。

(1) 打开 Simulink 控制程序，设置 Solver 如图 3-3-15 所示，实时程序需要指定步长。在 Simulink 界面中选择 Menu→Simulation→Model Configuration Parameters，配置 Solver 的 Type 和 Step Size。

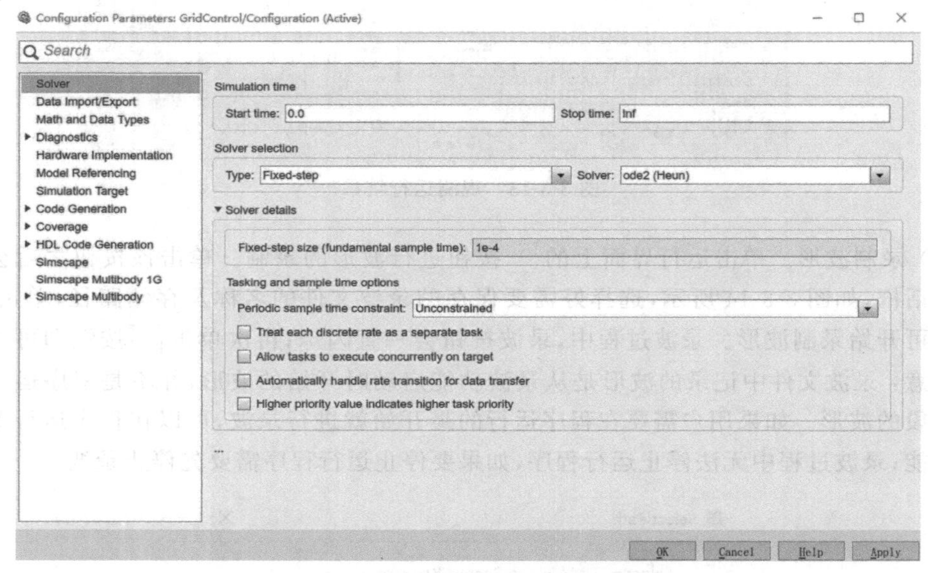

图 3-3-15　Simulink 中 Solver 设置

(2) 配置 Code Generation。如图 3-3-16 所示，选择 Model Configuration Parameters 进一步在 Code Generation 下设置代码生成类型，System Target file 选择 MTRealTime_ZYNQ.tlc，单击 OK 或者 Apply 按钮，Template makefile 变为 MTRealTime_ZYNQ.tmf。

(3) 退出 Model Configuration Parameters 界面后，单击 Build Model 图标，如图 3-3-17 所示。

(4) Build 过程开始后会在 MATLAB 工作目录创建一个 model_MTRealTime_ZYNQ_rtw 文件夹，Build 完成后该文件夹下面会生成一个 libGridControl.a 文件。

步骤二　连接到硬件

(1) 双击图标，打开 StarSim RCP 程序。

(2) 将 MT1050 RCP 原型控制器的 IP 地址填写到 StarSim RCP 的硬件设置页面上，再单击按钮，即可进行硬件连接，如图 3-3-18 所示。

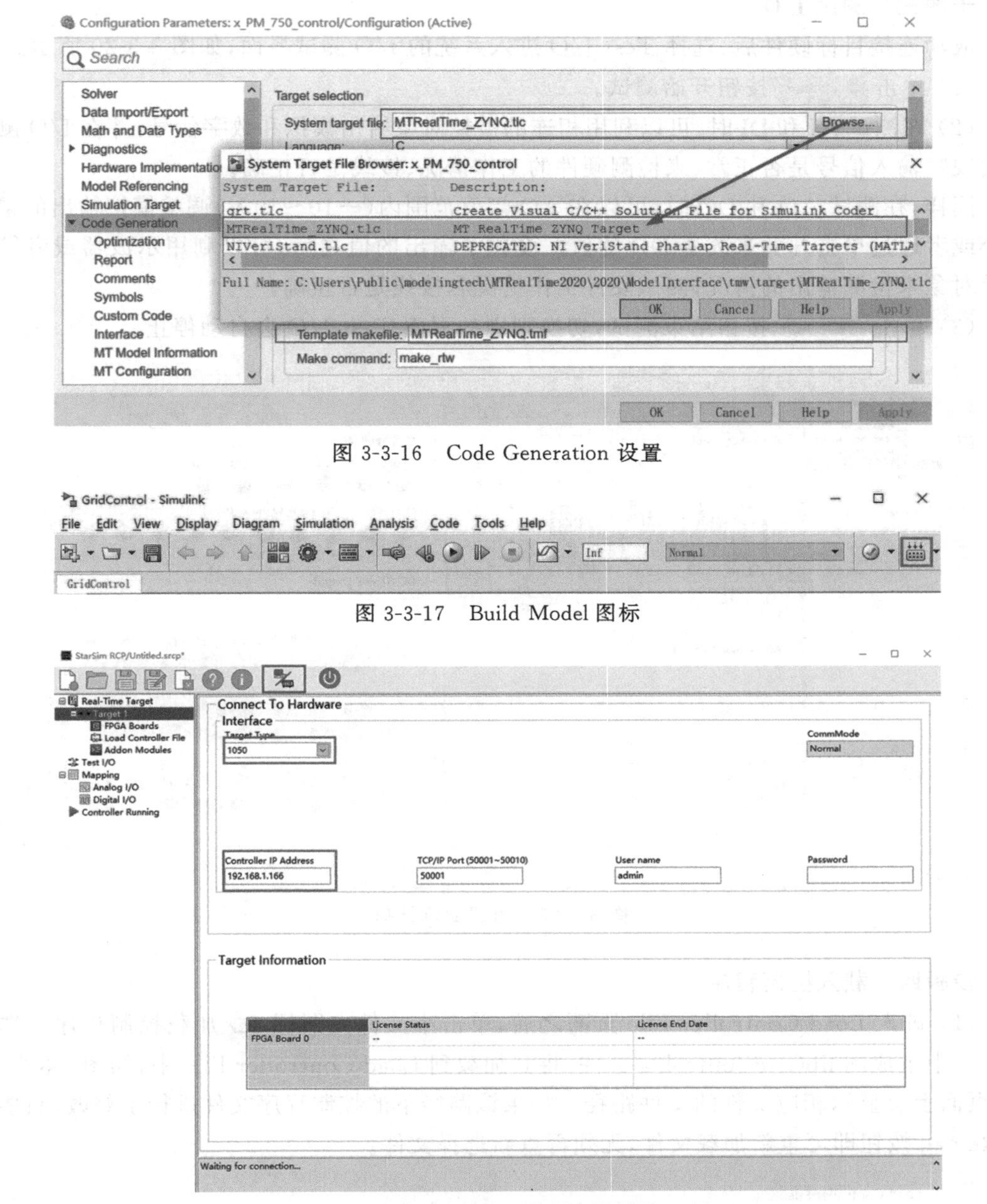

图 3-3-16　Code Generation 设置

图 3-3-17　Build Model 图标

图 3-3-18　MT1050 RCP 原型控制器的 IP 设置

(3) 设备连接成功之后，在 Real-Time Target 界面的最下面会提示以下信息："＊Got target information correctly."，如图 3-3-19 所示。

图 3-3-19　设备连接成功信息提示

步骤三　测试 I/O

成功连接目标硬件后，选择 Test I/O 进入系统的 I/O 测试界面，如图 3-3-20 所示。

(1) 单击 Start 按钮开始测试。

(2) 在测试 AI 和 DI 时，可以利用相连的被控对象给出模拟和数字信号，并在 I/O 测试界面观察输入信号是否正常，来检测硬件的工作情况、接线是否正确。

同样，在测试 AO 和 DO 时，可以在 AO 幅值范围内(−10～10 V)调整模拟输出的幅值大小或者通过单击开关来改变 DO 的值。设置了输出的值之后，可以利用示波器或者结合被控对象来检测输出的情况，测试硬件工作情况和接线是否正确。

(3) 单击 Stop 按钮结束测试，切换到别的页面 Test I/O 会自动停止。

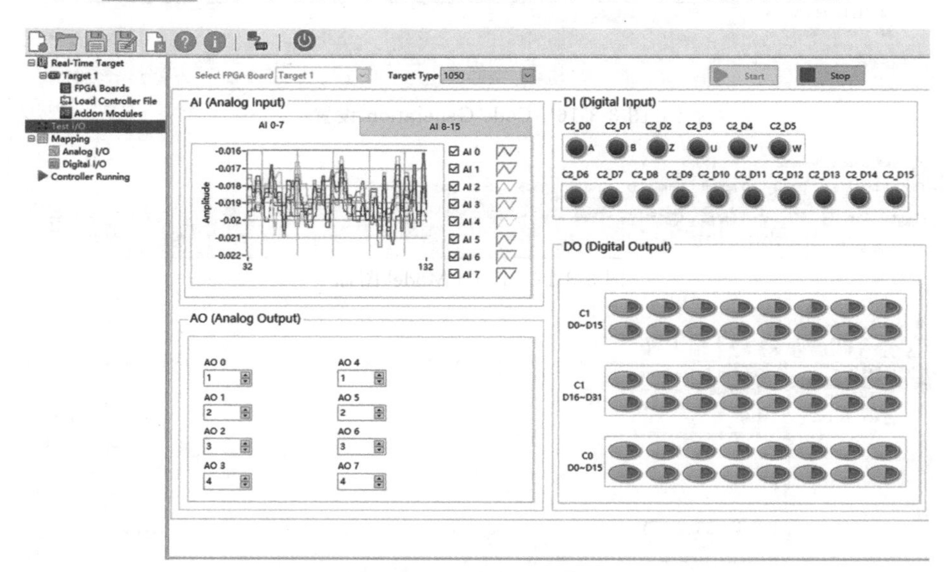

图 3-3-20　测试 I/O 接口

步骤四　载入控制程序

(1) 进入 Load Controller File 页面之后，单击小文件夹图标加载控制程序。选择步骤一中生成的 libGridControl. a 文件，将其加载到 Load Controller File 中，如图 3-3-21 所示，页面上会显示相应文件的文件路径。如果该路径下的控制程序文件进行了修改，只要单击 Reload 按钮即可重新加载文件，无须再重新选择文件。

图 3-3-21　加载 RCP 控制程序

(2) 单击 Build 按钮，开始实时程序编译，如图 3-3-22 所示。编译成功后会提示“Build succeeded”。

(3) 设置仿真控制步长。成功加载 libGridControl. a 文件后，Step Size from File 处将显示出 libGridControl. a 文件的仿真步长为 100 μs，则 Step Size 也会显示为 100 μs。这里的 Step Size 由 Step Size from File 中读出的仿真步长决定，如图 3-3-23 所示。

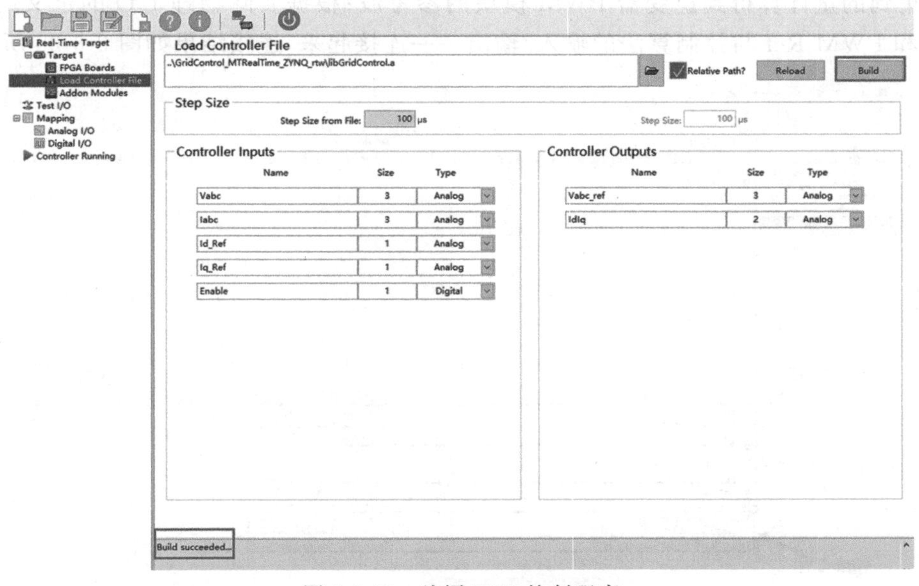

图 3-3-22　编译 RCP 控制程序

图 3-3-23　设置控制步长

(4) 载入程序后可以在 Controller Inputs 和 Controller Outputs 区域看到控制程序的输入和输出控件的名称、数据维度和输入/输出类型。其中输入/输出类型都默认为 Analog，将使能信号 Enable 修改为 Digital，如图 3-3-24 所示。

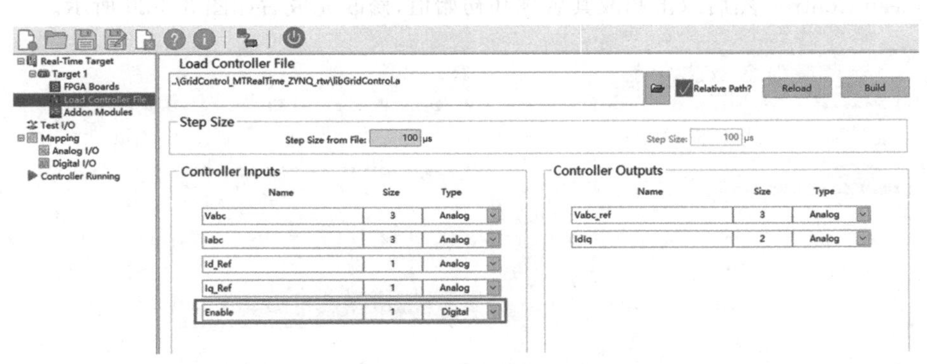

图 3-3-24　输入/输出量

步骤五　实际被控对象硬件 I/O 和原型控制器的输入/输出映射

在运行控制之前，需要通过 Mapping 界面把原型控制器和实际被控对象硬件的输入/输出端口对应映射。原型控制器需要由实际被控对象硬件 I/O 采集电压、电流以及编码器等信息；然后把计算出来的控制量，如 PWM 的参考波，发送到 PWM 脉冲模块或被控对象硬件 I/O 上。以并网逆变器 RCP 控制为例，需要采集电网的电压和电流；然后根据控制算法和采集到的量计算得到逆变器 PWM 模块的参考波;根据实际物理 I/O 的定义(接线),把 I/O 和 PWM Ref 与控制算法的输入/输出一一连接起来,连接结果如图 3-3-25 所示。

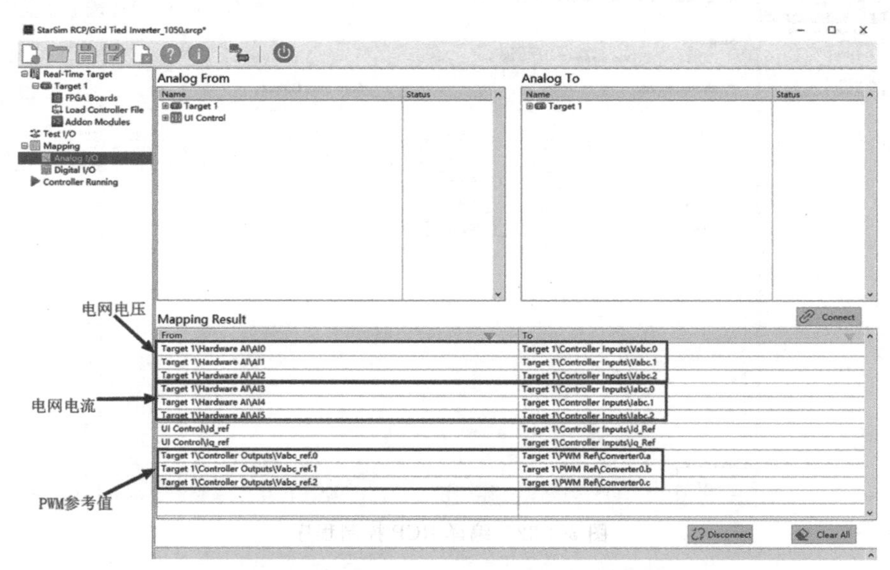

图 3-3-25 实际被控对象硬件 I/O 和原型控制器的输入/输出映射

步骤六 编写控制程序的监控界面

在 Controller Running 界面编写控制程序的监控界面,监控界面可放置输入控件和显示控件。

对于并网逆变器控制来说,需要的输入量有有功、无功电流参考量 Id_ref 和 Iq_ref 参数,逆变器的使能信号 Enable_Converter。我们在 UI Page 1 上分别放置两个 Numeric Control 和一个 Boolean Control,然后双击修改其名称和初始值,修改完成后如图 3-3-26 所示。

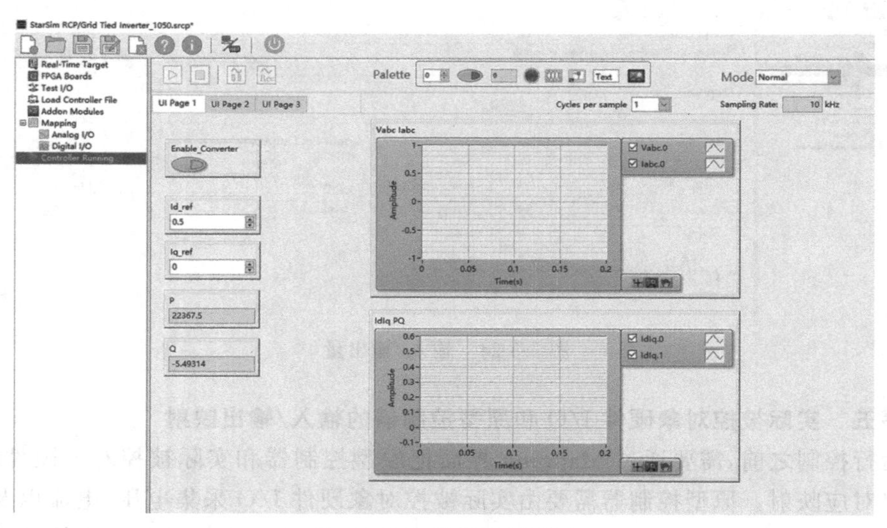

图 3-3-26 监控界面编写

需要观察网侧电压、电流，在 UI Page 1 上放置显示控件，两个 Numeric indicator 和两个 Waveform chart，然后选择相应的 Signal source，修改完成后如图 3-3-26 所示。

步骤七　Mapping 界面上的控件和控制程序的输入/输出

Mapping 页面下的 UI Control（用户界面控制参数设置）列表会随着 Controller Running 界面上用户添加的 Control 动态变化。

在监控界面添加输入控件之后，将 UI Control 和原型控制器的输入/输出进行映射，结果如图 3-3-27 所示。

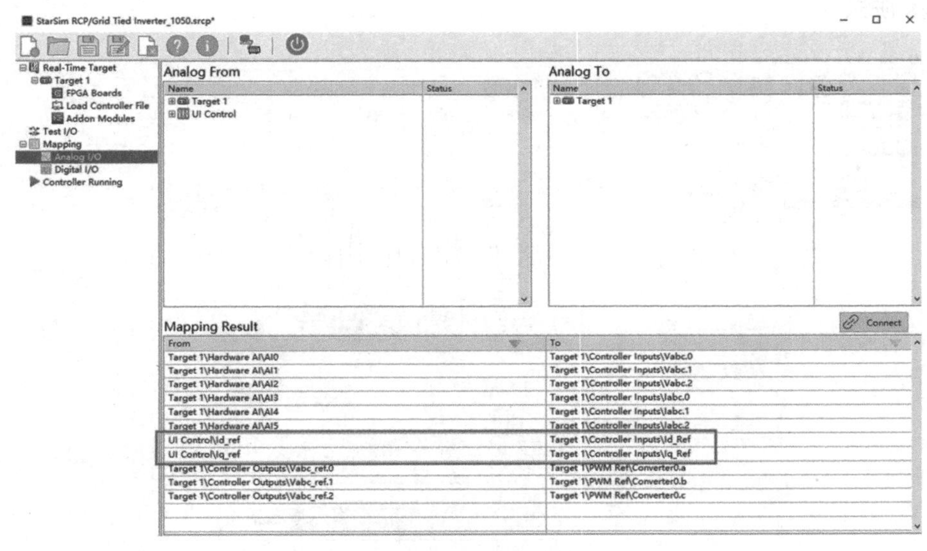

(a) Analog I/O之间映射

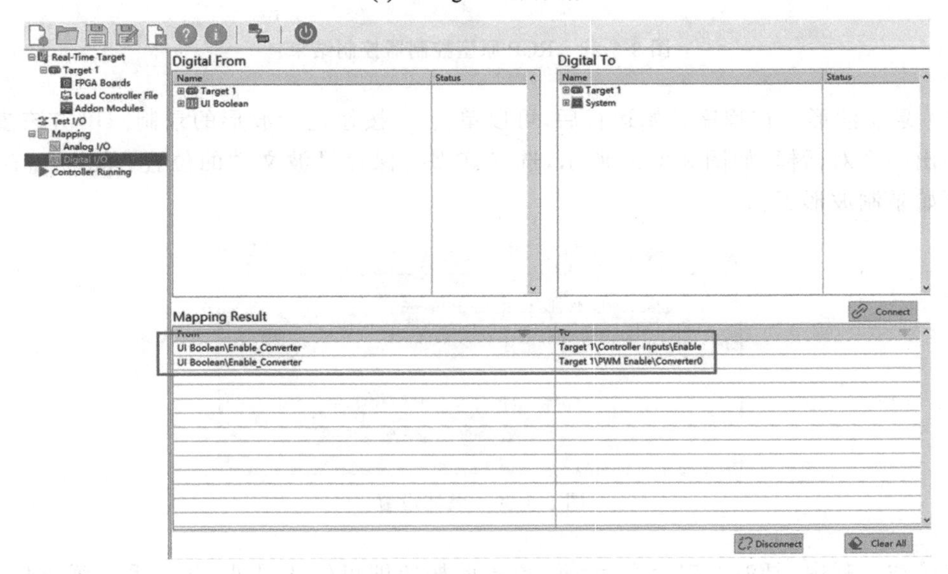

(b) Digital I/O之间映射

图 3-3-27　UI Control 和原型控制器的输入/输出映射

步骤八　运行控制程序

经过前面的设置工作后，可以开始运行控制程序。

(1) 设置循环速率和采样速率。Cycles per sample 选项设置每几个控制 Step Size 采集一次要向上位机传输的数据；Sampling Rate 为显示界面实际采样率。并网逆变器控制程序的 Step Size 设置为 100 μs，这里的 Sampling Rate 最大为 10 kHz。

(2) 运行程序。监控界面编辑好之后，单击▷按钮即可运行控制程序，再单击 Enable_Converter 按钮使能逆变器控制，在 Waveform chart 中可以看到选中数据的波形如图 3-3-28 所示。

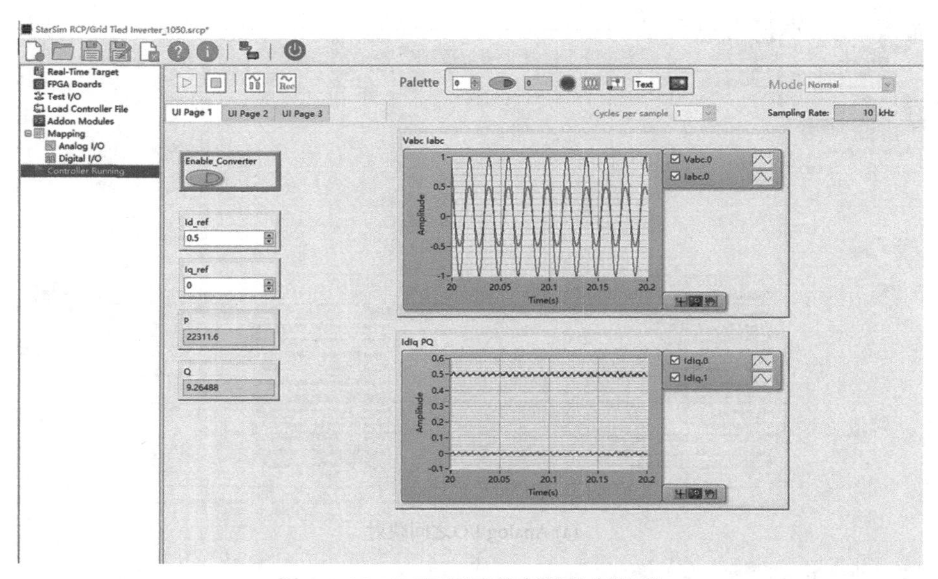

图 3-3-28　RCP 原型控制器控制结果

(3) 录制波形。在程序开始运行后，可以单击按钮进行波形的录制。单击该按钮之后会弹出一个对话框，如图 3-3-29 所示，选择好需要保存录波文件的位置，单击 Start 按钮即可开始录制波形了。

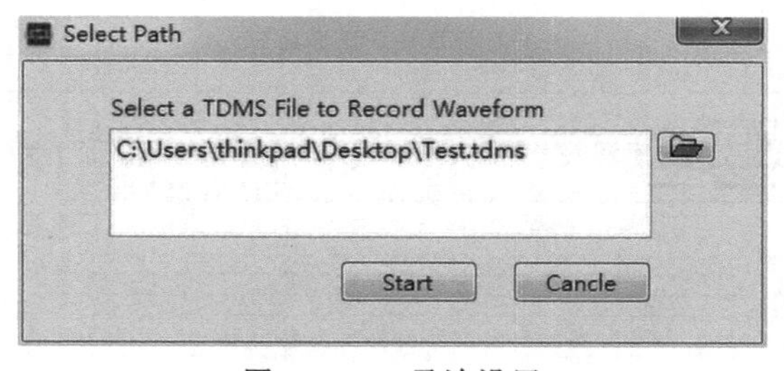

图 3-3-29　录波设置

在录波过程中，录波按钮会变为，单击此按钮即可停止录波，此时系统弹出提示框，如图 3-3-30 所示，单击“确定”按钮即可。

请注意，录波文件中记录的波形是从录波功能启动时开始的波形，并不是程序运行的所有时间段的波形；如果用户需要在程序运行的最开始就进行录波，可以在程序运行前启动录

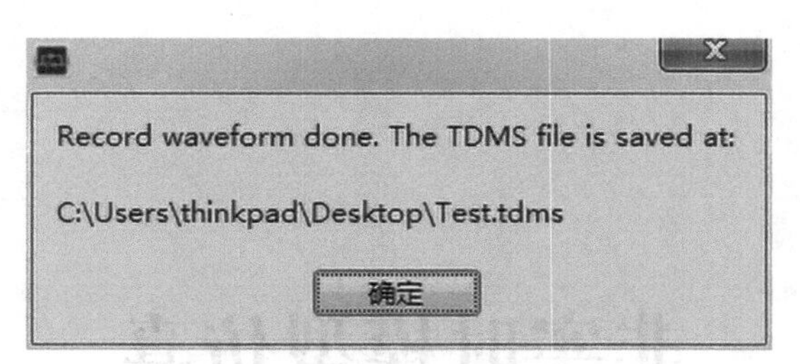

图 3-3-30　录波停止

波功能。

(4) 停止运行。单击 ▢ 按钮即可停止运行，如果无法停止运行，应检查是否在录波中，如果是则先关闭录波再停止运行。

第4章

非实时模型仿真

本章主要介绍 MATLAB/Simulink 在电力电子与电机系统仿真中的建模基础，并以永磁同步电动机和三相并网逆变器控制为例进行说明。

4.1 电力电子与电机系统 Simulink 仿真基础

4.1.1 Simulink 仿真环境

1. MATLAB/Simulink

MATLAB/Simulink 仿真环境是用软件基于框图的仿真平台，以模块为功能单位，模块之间通过信号线连接，用户可通过图形用户界面(graphic user interface，GUI)修改模块的参数，也可自定义模块库，仿真结果以数值、曲线和图像的方式呈现。

Simulink 可进行数学模型和物理模型的仿真，也可针对嵌入式硬件生成产品级代码。Simulink 仿真能够描述线性或非线性系统，能够支持单速率和多速率任务，并可以对连续系统和离散系统或混合系统建模和仿真。

2. 进入 Simulink 的工作环境

进入 Simulink 工作环境有三种方式，如图 4-1-1 所示。第一种方式是单击菜单栏 Simulink 图标进入，第二种方式是在命令窗口输入 Simulink 进入，第三种方式是在菜单栏新建图标中查找 Simulink Model 进入。

进入 Simulink Start Page 界面后，单击 Blank Model 图标，打开一个新建 Simulink 空工程文件，如图 4-1-2 和图 4-1-3 所示。

3. Simulink 模块库

单击图标打开 Simulink 模块库浏览器(Simulink Library Browser)，如图 4-1-4 所示。Simulink 模块库为多级树状目录，电力电子与电机控制仿真主要使用 Simulink 模块库和专业电力系统模块库，如图 4-1-5 与图 4-1-6 所示。

4.1.2 搭建模型

模型搭建主要分为三个部分：电路搭建、测量设置、解算器设置。

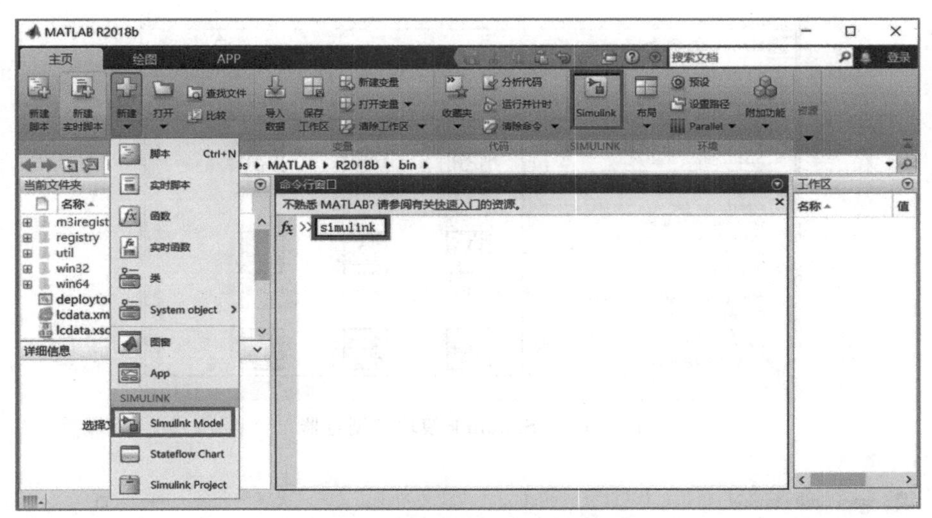

图 4-1-1　进入 Simulink 工作环境

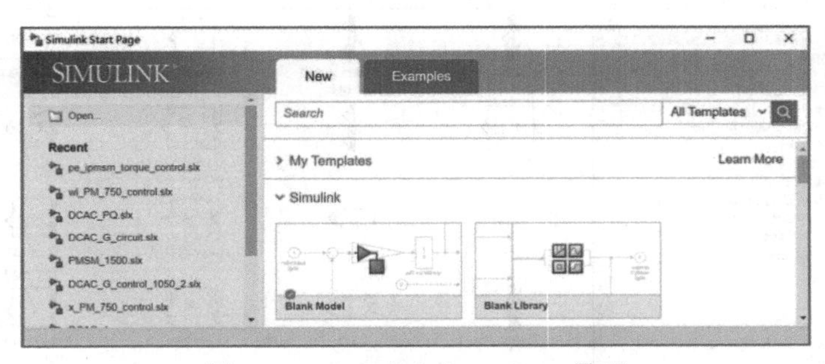

图 4-1-2　Simulink Start Page 界面

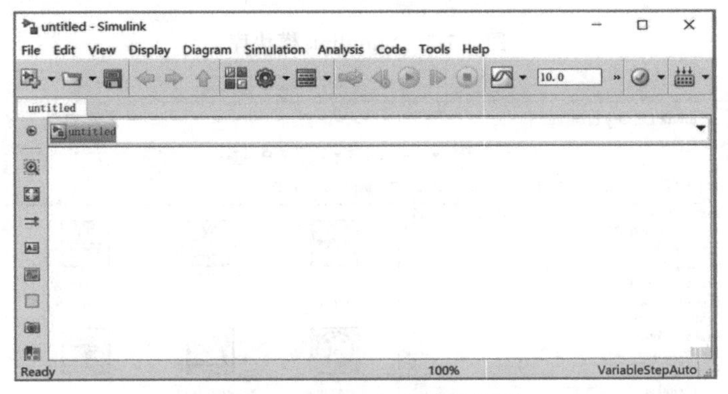

图 4-1-3　Simulink 工程界面

下面以降压(buck)变换器仿真电路为例进行说明，其中输入电压为 200 V，滤波电感为 2.5 mH，输出滤波电容为 100 μF，负载为 5 Ω，输出电压为 100 V。

1. 电路搭建

(1) 选择元件。打开 Simulink 仿真平台，在专业电力系统模块库中选取电路元件模

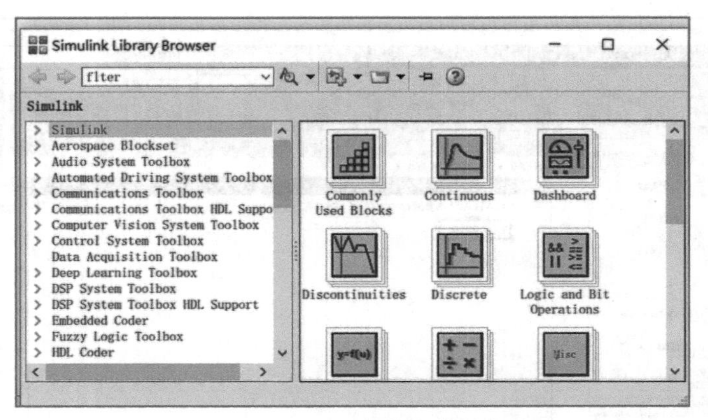

图 4-1-4　Simulink 模块库浏览器

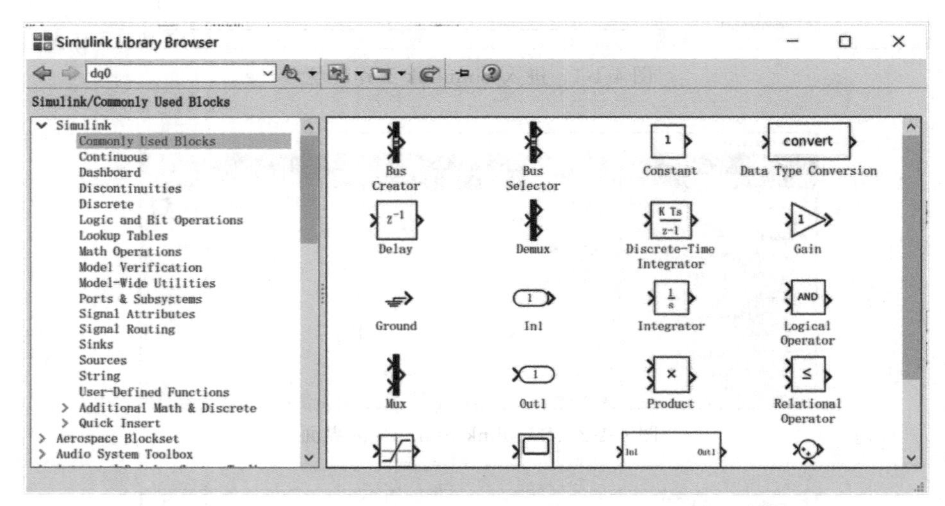

图 4-1-5　Simulink 模块库

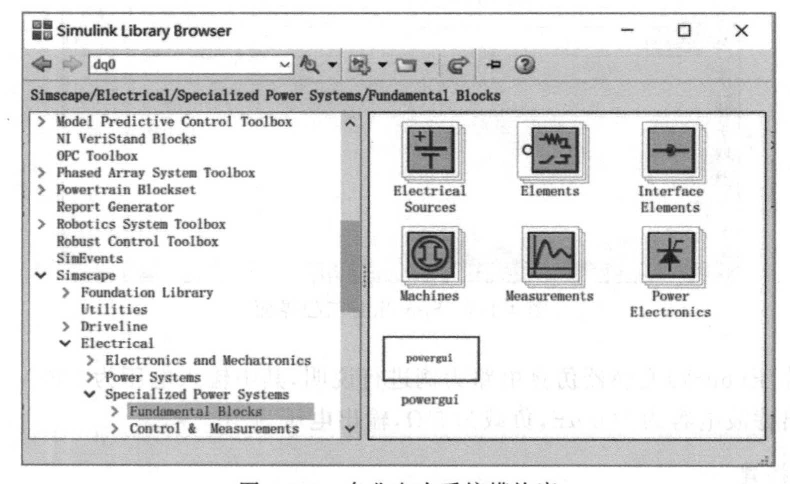

图 4-1-6　专业电力系统模块库

块,如图 4-1-7 所示。

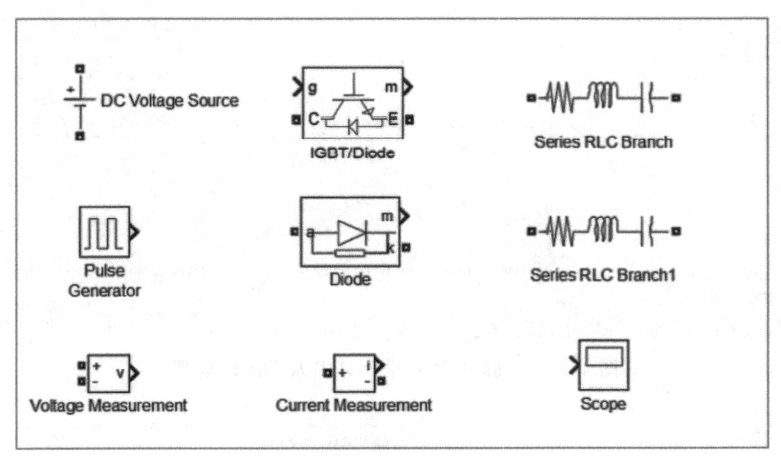

图 4-1-7 选取电路元件模块

(2) 连线。将电路元器件按 buck 电路结构连接成仿真电路,并根据需要加入电压、电流测量模块,如图 4-1-8 所示。另外,在用专业电力系统模块库搭建的电路中,模块 powergui 是必需的,建议一开始就在模型中添加。

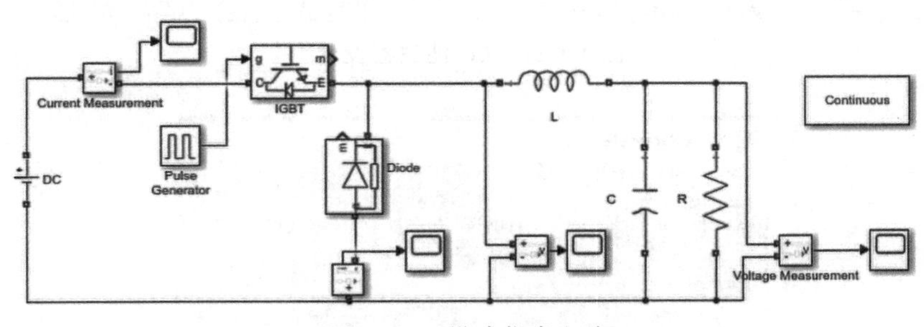

图 4-1-8 搭建仿真电路

(3) 模块参数设置。设置直流源 DC、开关器件 IGBT、脉冲发生器(Pulse Generator)、二极管(Diode)和电容 C、电感 L、电阻 R 的参数,分别如图 4-1-9～图 4-1-12 所示。

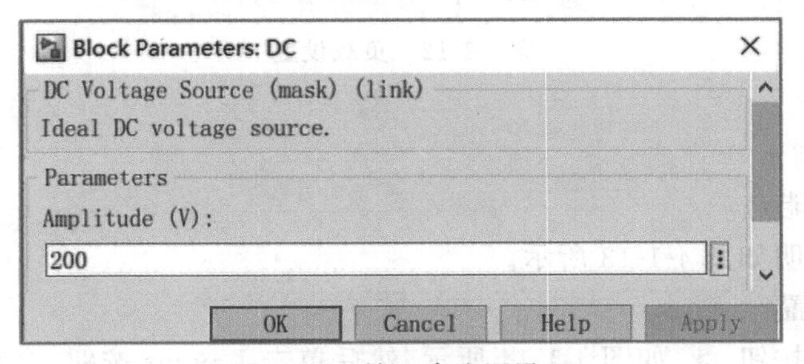

图 4-1-9 输入直流源设置

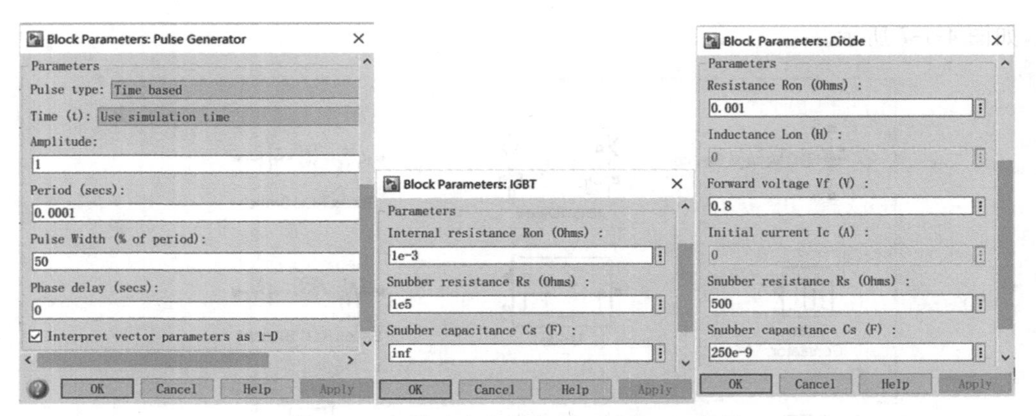

图 4-1-10 脉冲发生器、IGBT 及 Diode 设置

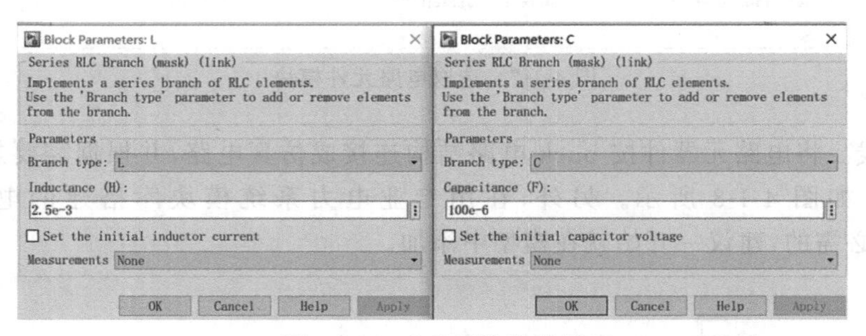

图 4-1-11 *LC* 滤波器设置

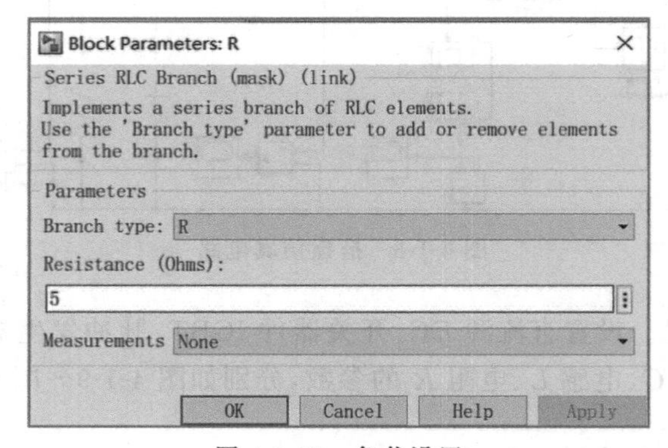

图 4-1-12 负载设置

2. 测量设置

(1) 示波器功能

示波器功能说明如图 4-1-13 所示。

(2) 示波器设置

单击参数设置按钮 ，如图 4-1-14 所示，然后单击 Layout 按钮，会在该选项的后面出现布局设置选项卡，也可在示波器功能菜单中选择 View→Layout 命令调出布局设置选项卡，设置所需显示坐标系窗口的数量和布局。

图 4-1-14 中各选项的含义如下：

Sample time：按设定的采样时间间隔提取数据进行显示。默认为－1，表示继承前段的采样时间。

Input processing：输入信号的处理方式。

Maximize axes：在窗口中最大化坐标轴。

Axes scaling：坐标轴缩放。指定何时对坐标轴进行缩放，以完全显示输入的所有波形。默认为仿真停止后完成坐标轴缩放。

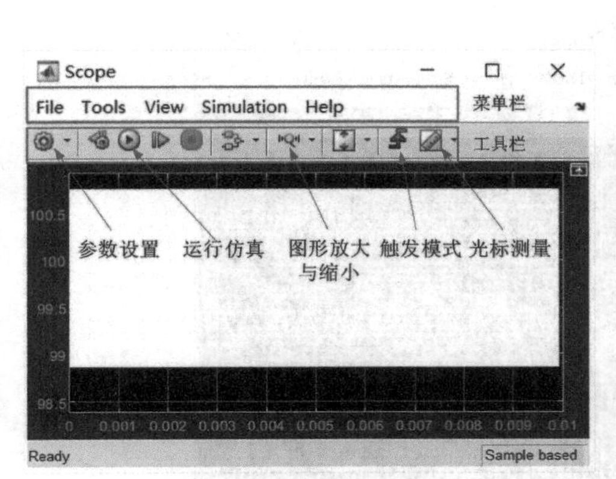

图 4-1-13　示波器功能

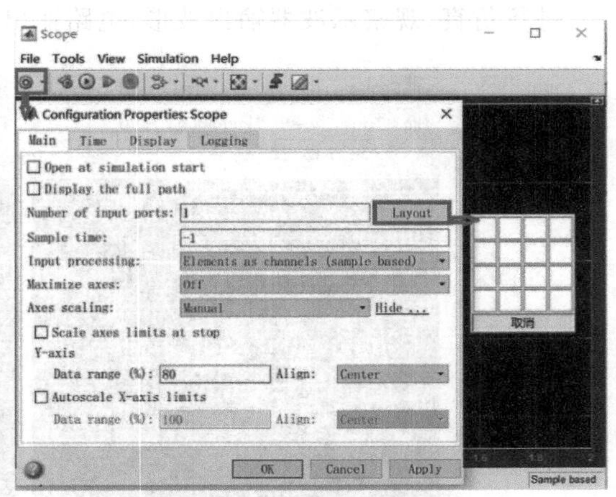

图 4-1-14　Scope 参数设置

3. 解算器设置

解算器设置包括：算法设置、步长设置和仿真时间设置。

Solver(解算器)的参数设置是 Simulink 仿真中必需的步骤，包括 Simulation time(仿真时间)、Solver selection(解算器选择)和 Solver details(解算器细节)三组参数。

Simulation time 在仿真之前必须进行修改和确认。其中，Start time 为仿真的起始时间，连续系统一般从零开始；Stop time 为仿真的停止时间，单位为 s。

Solver selection 为解算器选择设置，如图 4-1-15 所示。在 Type 下拉列表框中可选择变步长算法(Variable-step)或者固定步长算法(Fixed-step)。在 Solver 下拉列表框中选择具体的数值解算方法。

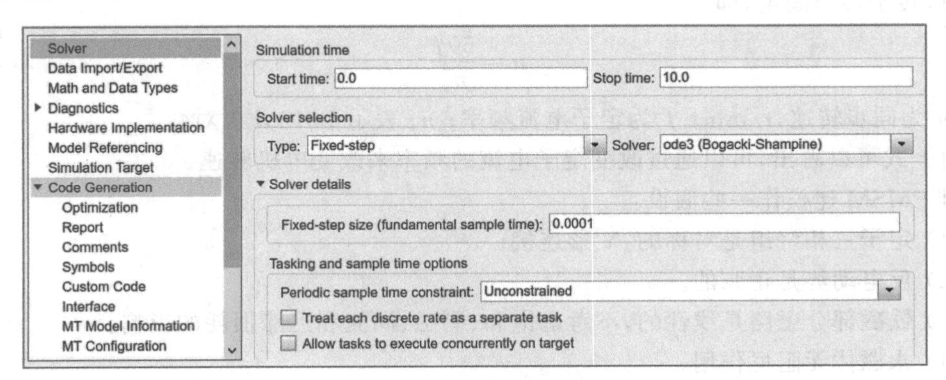

图 4-1-15　解算器设置

变步长算法在解算模型时可以自动调整步长，变量变化缓慢时增加步长，变量变化太快时减小步长来提高计算精度。定步长算法在解算模型时采用固定步长进行计算，考虑电力电子换流过程快、开关频率高，步长要设得足够小。为简单起见，建议直接设置成固定步长，因为在后续实时仿真过程中需要采用定步长仿真。

4.1.3 启动仿真

进行仿真，观察示波器输出波形，电路输出电压及其放大波形如图 4-1-16 所示。

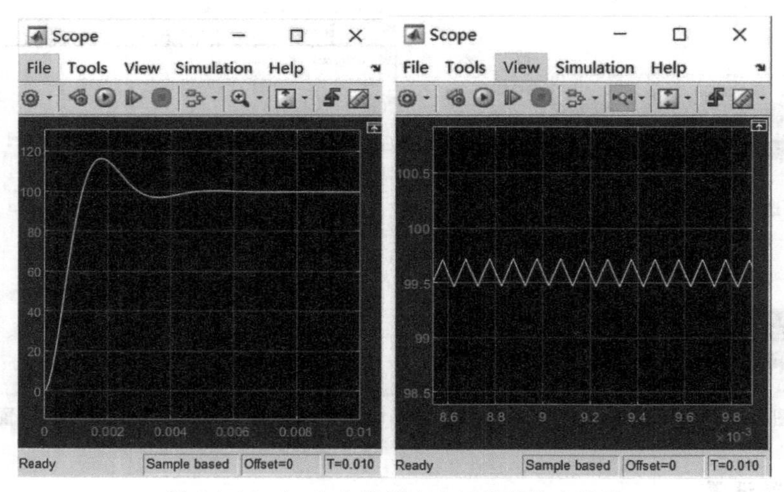

图 4-1-16 buck 电路输出电压及其放大波形

4.2 Simulink 模型——永磁同步电机调速控制

4.2.1 永磁同步电机工作原理

永磁同步电机(permanent magnet synchronous motor，PMSM)利用转子的永磁体磁场和定子的三相交流电产生的磁场相互作用产生电磁转矩来驱动转子旋转。当定子电流频率固定时，转子转速固定，即

$$n=\frac{60f}{n_{\mathrm{p}}} \tag{4-2-1}$$

式中，n 为同步转速，r/min；f 为定子电流频率；n_{p} 表示 PMSM 极对数。

由上式可以看出，可以通过改变定子电流的频率来改变电机转速。

对 PMSM 建模作一些假设：

(1) 定子三相绕组是对称的，Y 形连接。

(2) 反电动势是正弦的。

(3) 铁磁部分磁路是线性的，不考虑饱和、剩磁、涡流和迟滞损耗的影响。

(4) 永磁体无阻尼作用。

PMSM 在 abc 静止坐标系中的电压方程为

$$\begin{cases} u_a = R_s i_a + \dfrac{d\psi_a}{dt} \\ u_b = R_s i_b + \dfrac{d\psi_b}{dt} \\ u_c = R_s i_c + \dfrac{d\psi_c}{dt} \end{cases} \tag{4-2-2}$$

式中，u_a、u_b、u_c 为定子绕组端电压瞬时值；i_a、i_b、i_c 为定子绕组电流的瞬时值；R_s 为定子绕组电阻。

磁链方程为

$$\begin{cases} \psi_a = L_{aa} i_a + M_{ab} i_b + M_{ac} i_c + \cos\theta\psi_f \\ \psi_b = M_{ba} i_a + L_{bb} i_b + M_{bc} i_c + \cos\left(\theta - \dfrac{2\pi}{3}\right)\psi_f \\ \psi_c = M_{ca} i_a + M_{cb} i_b + L_{cc} i_c + \cos\left(\theta - \dfrac{4\pi}{3}\right)\psi_f \end{cases} \tag{4-2-3}$$

式中，L_{aa}、L_{bb}、L_{cc} 为定子绕组自感；M_{ab}、M_{bc}、M_{ca} 为定子绕组间互感；ψ_f 为转子磁链；θ 为转子轴线和 a 轴夹角。

电磁转矩方程为

$$T_e = -n_p\psi_f\left[i_a\sin\theta + i_b\sin\left(\theta - \frac{2\pi}{3}\right) + i_c\left(\theta - \frac{4\pi}{3}\right)\right] \tag{4-2-4}$$

4.2.2　永磁同步电机矢量控制方法

1. 矢量控制理论

PMSM 模型是一个多变量、非线性、强耦合的系统。矢量控制的基本思想是将三相交流电机模拟为直流电机控制方式，将电流矢量分解为产生磁通的励磁电流分量和产生转矩的转矩电流分量。这种对交流电机的转矩控制具有直流电动机的特点，其关键是电流矢量的幅值和空间位置的控制。

为了实现解耦，d、q 轴固定在转子的旋转坐标系上。其中 d 轴和转子磁通方向重合，q 轴超前 d 轴 90°电角度，如图 4-2-1 所示。

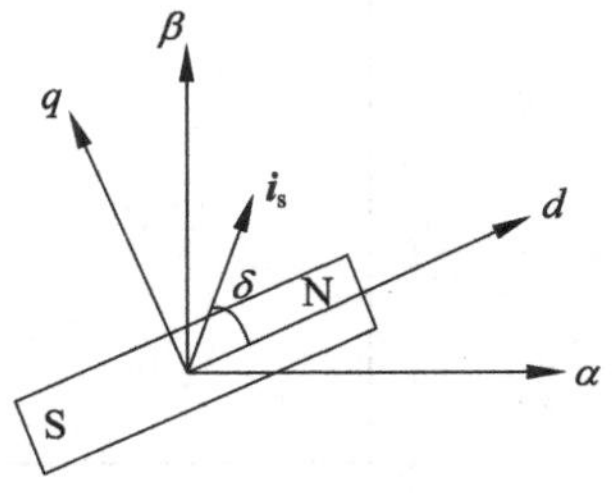

图 4-2-1　PMSM 解耦

图 4-2-1 表示了转子磁场定向，定子的静态坐标 α、β 与转子位置 d、q 同步旋转坐标系的关系。$\alpha\beta$ 坐标系中定子电流矢量 $\boldsymbol{i}_s$ 的投影可由 Park 变换确定。

PMSM 的转矩方程为

$$T_e = \frac{3}{2}n_p(\psi_d i_q - \psi_q i_d) = \frac{3}{2}n_p[\psi_f i_q + (L_d - L_q)i_d i_q] \tag{4-2-5}$$

式中，ψ_f 为转子磁链。

式(4-2-5) 中的第一项为 PMSM 的永磁转矩：

$$T_m = \frac{3}{2}n_p\psi_f i_q \tag{4-2-6}$$

式(4-2-5)中的第二项为磁阻转矩：

$$T_{\mathrm{r}}=\frac{3}{2}n_{\mathrm{p}}(L_d-L_q)i_d i_q \tag{4-2-7}$$

当转子的 $L_d<L_q$ 时,永磁转矩和磁阻转矩同时存在。

当转子的 $L_d=L_q$ 时,只有电磁转矩,没有磁阻转矩,转矩方程为

$$T_{\mathrm{m}}=\frac{3}{2}n_{\mathrm{p}}\psi_{\mathrm{f}}i_q=\frac{3}{2}n_{\mathrm{p}}\psi_{\mathrm{f}}i_{\mathrm{s}}\sin\delta \tag{4-2-8}$$

由式(4-2-8)可以看出,当电角 δ 为 90°时转矩最大,即 i_{s} 和 q 轴重合时可以获得最大转矩。由于转子是永磁体,因此只要 i_{s} 和 d 轴垂直,就可以通过调节直流量来控制 PMSM 转矩。

2. *磁场定向控制(field oriented control,FOC)基本原理*

通过位置传感器检测转子的位置和转速。通过电流传感器检测电流信号,利用 Clark 变换和 Park 变换将交流电流分解为两个直流电流,分别是励磁电流 i_d 和转矩电流 i_q。给定转速与实际转速间的误差通过转速 PI 控制器(转速环)调节,得到 q 轴上转矩电流参考值 $i_{q\,\mathrm{ref}}$。转子为永磁体,所以设置 d 轴的励磁电流参考值 $i_{d\,\mathrm{ref}}=0$。$i_{q\,\mathrm{ref}}$ 与 i_q 的误差、$i_{d\,\mathrm{ref}}$ 与 i_d 的误差通过电流 PI 控制器(电流环)将得到控制电压参考值 V_d、V_q,然后通过反 Park 变换,变换到 $\alpha\beta$ 静止坐标系,再通过空间矢量脉宽调制 SVPWM 产生所有 PWM 脉冲信号给逆变器,控制电机运行,如图 4-2-2 所示。

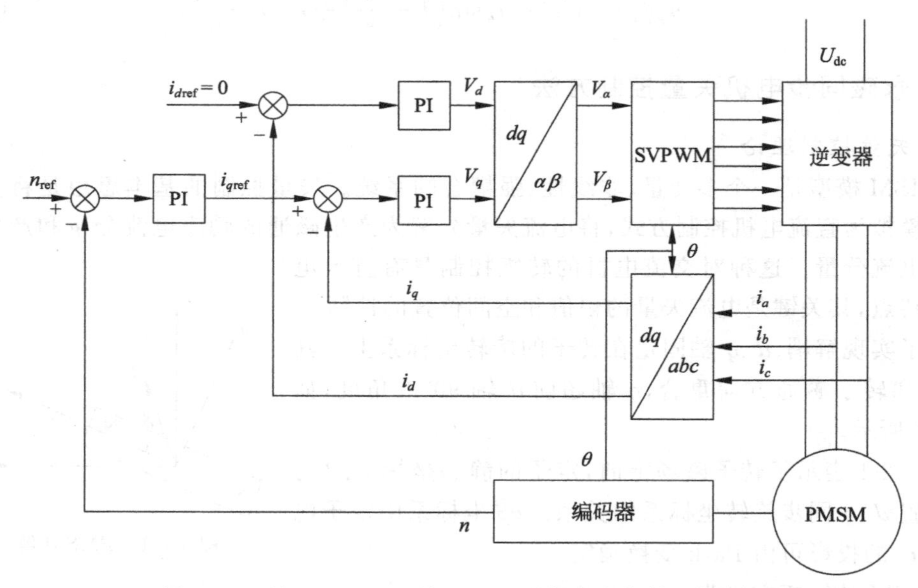

图 4-2-2 基于 SVPWM 的 PMSM 磁场定向控制系统结构

4.2.3 永磁同步电机控制建模与仿真

永磁同步电机控制系统仿真模型主要包括两部分,分别为**主电路仿真模型**和**控制算法模型**。

1. 搭建主电路及确定系统运行步长

根据需求分析结果，在 Simulink 仿真环境下找到与实物相符合的仿真元件并搭建电路模型。为了在仿真环境下模拟主电路的真实运行情况，尽量选择小步长仿真，但是考虑到仿真时间问题，需要选择较为合适的系统步长，且最好是离散定步长。仿真主电路及电机参数如图 4-2-3 及图 4-2-4 所示。

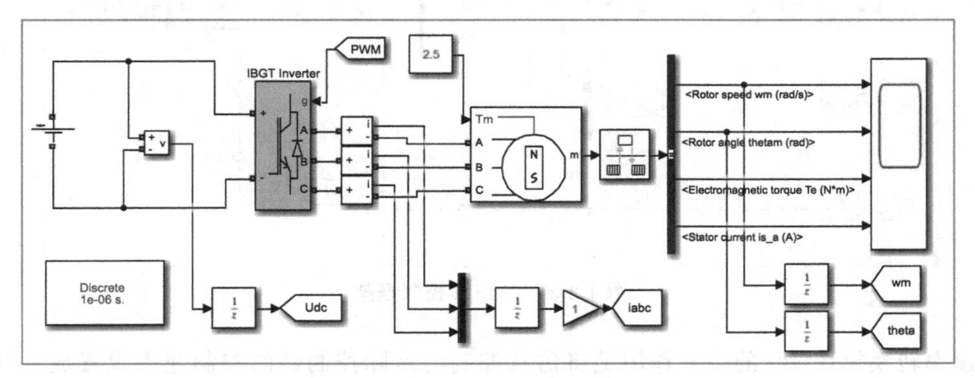

图 4-2-3　PMSM 主电路

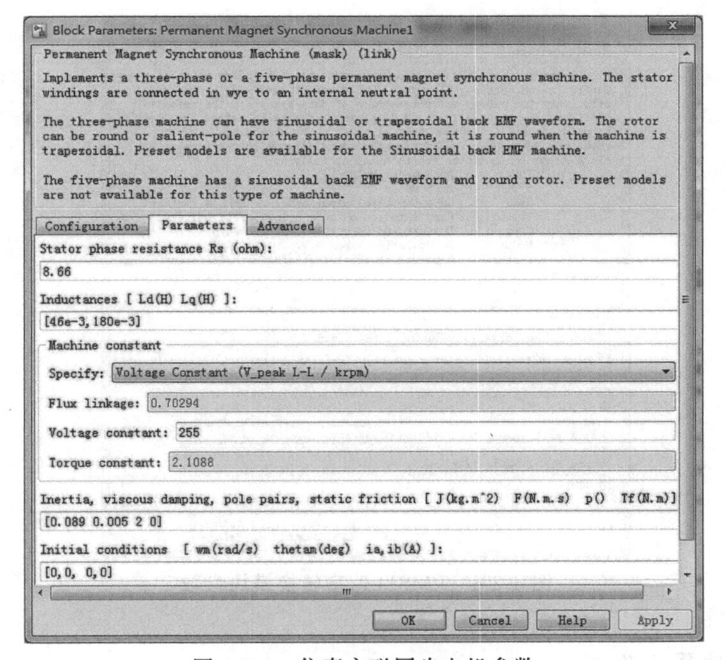

图 4-2-4　仿真永磁同步电机参数

2. 选择控制仿真框架及设置控制速率

控制框架采用转速外环、电流内环的双环控制方式，本仿真的转速环和电流环均采用 PI 控制，也可以根据需求及控制效果采用其他控制方法。产生 PWM 脉冲驱动 IGBT 的算法采用 SVPWM 控制方法，也可以根据需要采用其他 PWM 控制方法，如 SPWM 控制方法。控制部分的仿真算法采用离散化形式，可方便后续自动代码生成时代码移植。PMSM

控制框架如图 4-2-5 所示。

仿真控制需要和实际控制的控制环境尽量一致，首先要使仿真控制速率和控制器的控制速率保持一致。

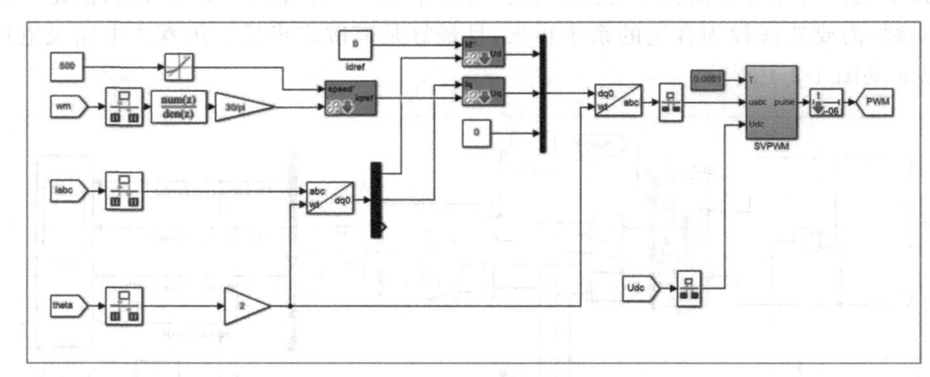

图 4-2-5　PMSM 控制框架

速率转换模块 的主要作用是将仿真控制与实际控制器的控制速率设置成一样，比如实际控制器的控制速率是 0.000 1 s。仿真速率转换模块的参数如图 4-2-6 所示。

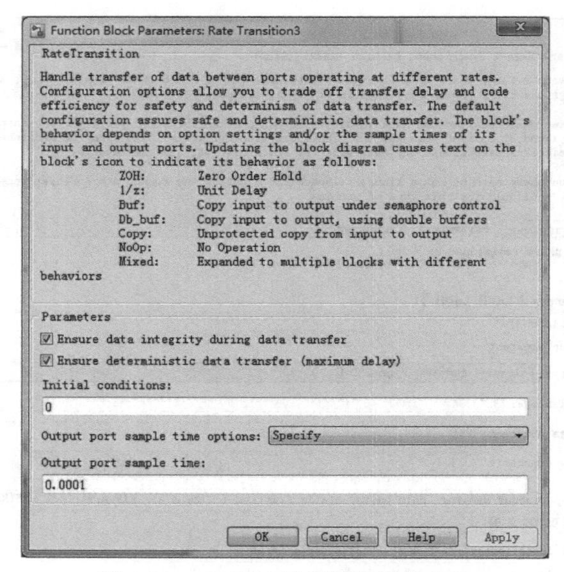

图 4-2-6　PMSM 速率转换模块参数

3. *仿真环境算法验证*

仿真时长为 4 s，转速控制在 500 r/min，动态加载电机负载转矩 Tm 设置如图 4-2-7 所示，仿真结果如图 4-2-8 所示。

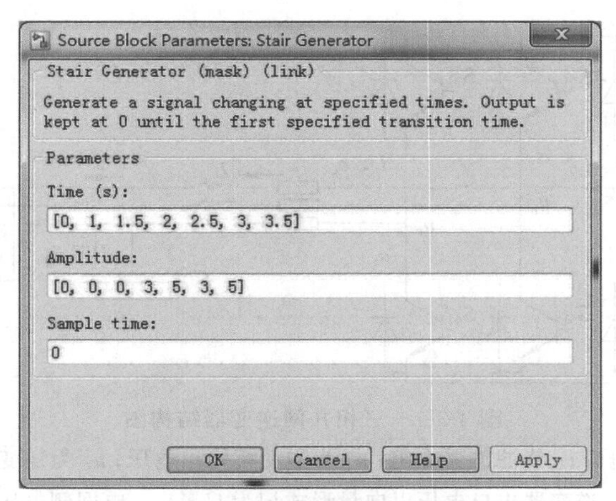

图 4-2-7 动态加载电机负载转矩 Tm 设置

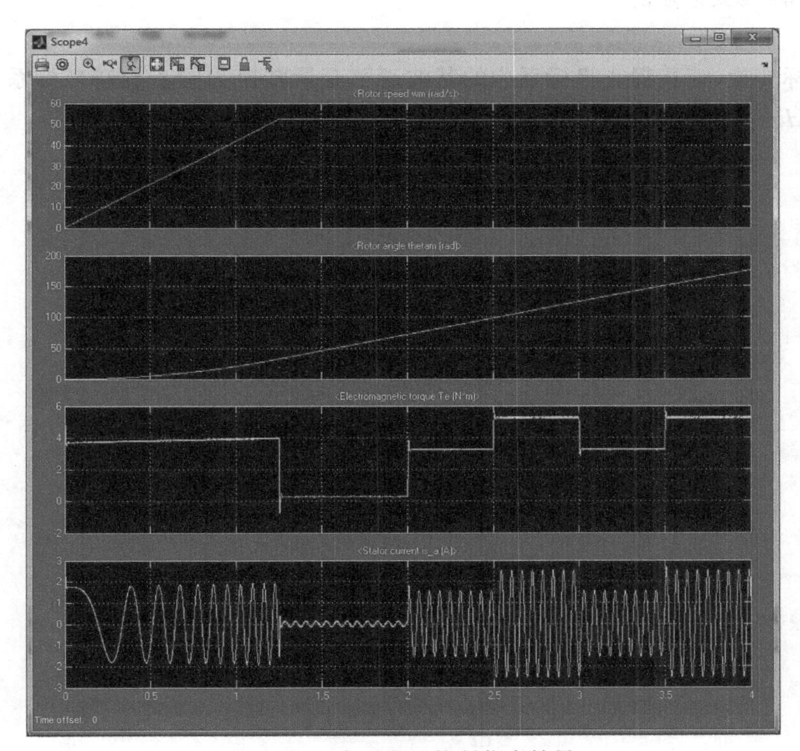

图 4-2-8 永磁电机控制仿真结果

4.3 Simulink 模型——三相并网逆变器控制

4.3.1 三相并网逆变器工作原理

三相并网逆变器系统电路结构如图 4-3-1 所示，该电路由直流源、逆变器、*LC* 滤波器、负载和电网组成。

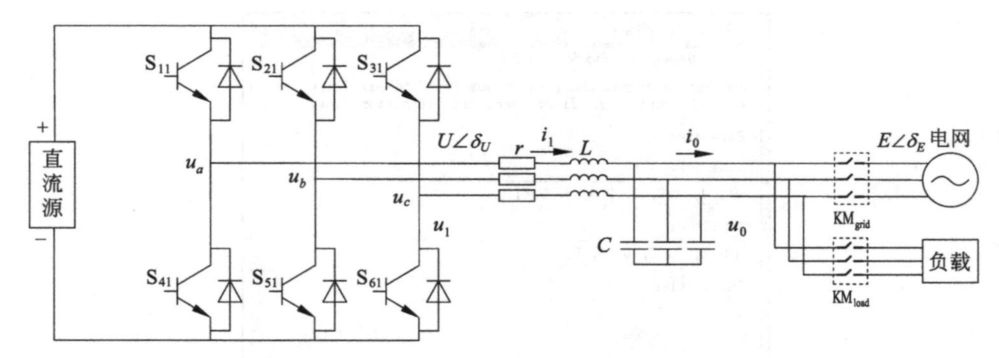

图 4-3-1 三相并网逆变器结构图

L 为滤波电感；C 为滤波电容；r 为滤波器电阻；u_1 为逆变桥输出电压；u_0 为逆变器输出电压；i_1 为逆变桥输出电流；i_0 为负荷电流。逆变器出口电压以向量形式记为 $U\angle\delta_U$；电网侧电压以向量形式记为 $E\angle\delta_E$；滤波器阻抗以向量形式记为 $Z\angle\theta$

通过坐标变换，三相静止坐标系中的基波正弦变量转换为同步旋转坐标系中的直流变量。逆变器 dq 坐标系下的状态方程为

$$\begin{cases} L\dfrac{\mathrm{d}i_{1d}}{\mathrm{d}t}=u_{1d}-u_{0d}+\omega Li_{1q}-ri_{1d} \\ L\dfrac{\mathrm{d}i_{1q}}{\mathrm{d}t}=u_{1q}-u_{0q}-\omega Li_{1d}-ri_{1q} \\ C\dfrac{\mathrm{d}u_{0d}}{\mathrm{d}t}=i_{1d}-i_{0d}+C\omega u_{0q} \\ C\dfrac{\mathrm{d}u_{0q}}{\mathrm{d}t}=i_{1q}-i_{0q}-C\omega u_{0d} \end{cases} \tag{4-3-1}$$

从而得到：

$$\begin{cases} u_{1d}=u_{0d}-\omega Li_{1q}+ri_{1d}+L\dfrac{\mathrm{d}i_{1d}}{\mathrm{d}t} \\ u_{1q}=u_{0q}+\omega Li_{1d}+ri_{1q}+L\dfrac{\mathrm{d}i_{1q}}{\mathrm{d}t} \\ i_{1d}=C\dfrac{\mathrm{d}u_{0d}}{\mathrm{d}t}+i_{0d}-\omega Cu_{0q} \\ i_{1q}=C\dfrac{\mathrm{d}u_{0q}}{\mathrm{d}t}+i_{0q}+\omega Cu_{0d} \end{cases} \tag{4-3-2}$$

由式(4-3-2)得到逆变器 dq 坐标下的系统模型如图 4-3-2 所示。

1. PQ 控制策略

PQ 控制是指三相逆变器在并网状态下能够根据电网的指令要求输出或者吸收相应的有功或者无功功率。在保持系统稳定的情况下逆变器输出的电压即电网电压，在电网电压处于理想的不变状态时，控制输出功率实质上就是控制输出电流。

根据瞬时无功理论和等幅坐标变换原理，可得 dq 坐标系下的功率控制方程如

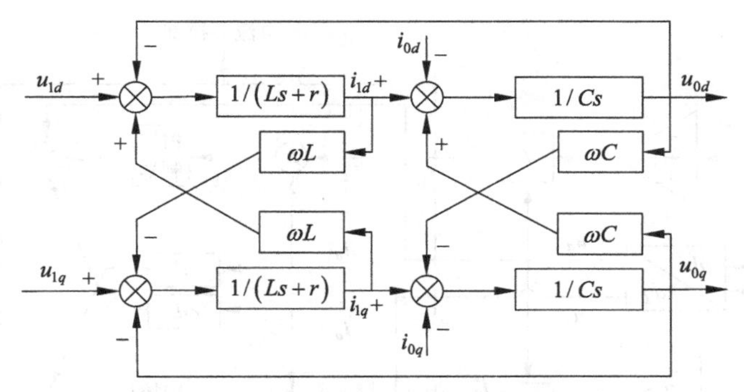

图 4-3-2　dq 坐标系三相逆变器系统模型

式(4-3-3)和式(4-3-4)所示：

$$P=\frac{3}{2}(u_d i_d+u_q i_q) \tag{4-3-3}$$

$$Q=\frac{3}{2}(u_d i_q+u_q i_d) \tag{4-3-4}$$

式中，u_d、u_q 分别为电网电压的 d、q 轴分量；i_d、i_q 分别为逆变器输出电流的 d、q 轴分量。当功率给定值为 P_{ref}、Q_{ref} 时，可以得到 dq 坐标系下的电流给定值 i_d^*、i_q^* 分别为

$$i_d^*=\frac{2(P_{\mathrm{ref}}u_d-Q_{\mathrm{ref}}u_q)}{3(u_d^2+u_q^2)} \tag{4-3-5}$$

$$i_q^*=\frac{2(P_{\mathrm{ref}}u_q-Q_{\mathrm{ref}}u_d)}{3(u_d^2+u_q^2)} \tag{4-3-6}$$

将输出电压 d 轴分量定向于电网电压空间矢量方向，则有 $u_q=0$，可得

$$i_d^*=\frac{2P_{\mathrm{ref}}}{3u_d} \tag{4-3-7}$$

$$i_q^*=-\frac{2Q_{\mathrm{ref}}}{3u_d} \tag{4-3-8}$$

式(4-3-7)和式(4-3-8)为功率解耦公式，可见有功功率和无功功率分别可以由三相电流在 dq 坐标系下的 d 轴分量和 q 轴分量来控制。采用 PQ 控制的主要目的是使三相逆变器输出的有功功率和无功功率等于其参考功率，即当并网逆变器所连接交流网络系统的频率和电压在允许范围内变化时，输出的有功功率和无功功率保持不变。

PQ 控制原理图如图 4-3-3 所示。

2. VF 控制策略

当逆变器脱离大电网独立运行时，为保证三相交流电压和频率的稳定性，通常采用 VF 控制或者下垂控制。

VF 控制即恒压恒频控制。采用恒压恒频控制的目标是不论分布式电源输出的功率如何变化，逆变器所接交流母线电压幅值和频率维持稳定。其控制原理如图 4-3-4 所示。

图 4-3-4 中，A 为系统初始运行点，f_{ref} 为系统输出频率，U_{ref} 为交流母线处的电压，P_0 与 Q_0 分别为逆变器输出有功功率和无功功率。

频率控制器通过调节分布式电源输出的有功功率，使频率维持在给定的参考值；电压

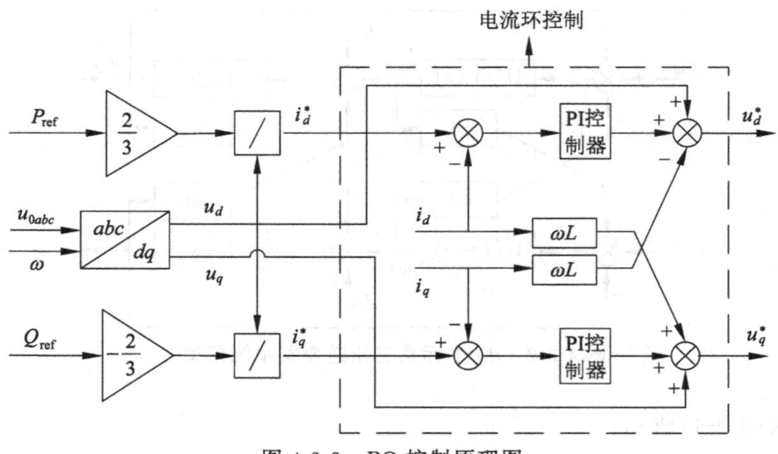

图 4-3-3　PQ 控制原理图

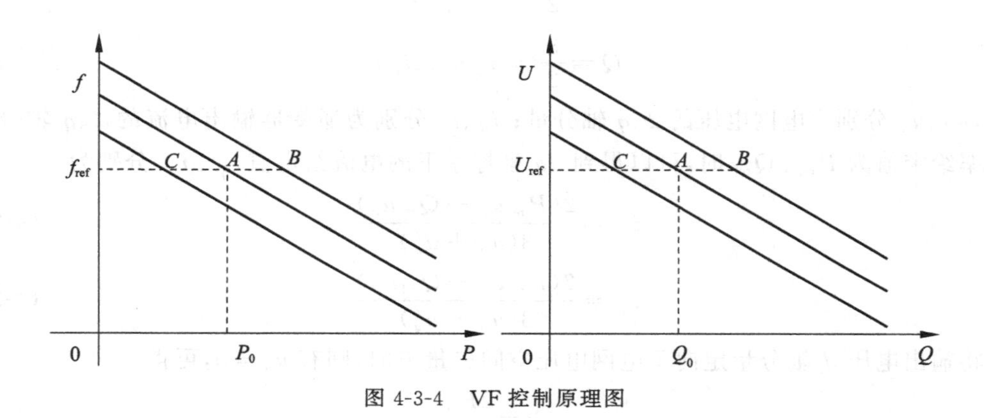

图 4-3-4　VF 控制原理图

调节器调节三相逆变器输出的无功功率，使电压维持在给定的参考值。该种控制方式主要应用于微网孤岛运行模式，处于该种控制方式下的逆变单元可为微网系统提供电压和频率支撑。

为了保证输出电压稳定，VF 控制也采用电压外环电流内环的控制方式。VF 控制结构图如图 4-3-5 所示。

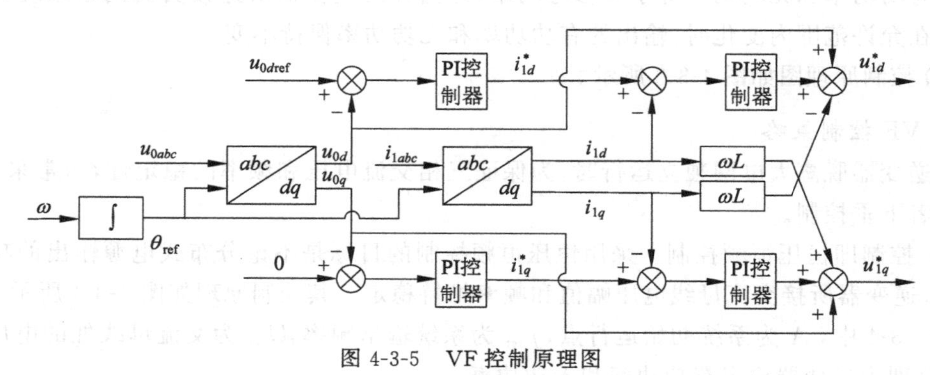

图 4-3-5　VF 控制原理图

3. 下垂控制策略

下垂控制是逆变器模拟发电机“功频静特性”的一种控制方法，既可以单独为负荷提供电压和频率提供支持，也可以与其他电网电压和频率支持单元并联协调运行。对于图 4-3-1 所示的输电线路，若记 $\delta=\delta_U-\delta_E$，则有：

$$
\begin{aligned}
P&=-\frac{E^2}{Z}\cos\theta+\frac{EU}{Z}\cos(\theta-\delta)\\
Q&=-\frac{E^2}{Z}\sin\theta+\frac{EU}{Z}\sin(\theta-\delta)
\end{aligned}
\tag{4-3-9}
$$

在传统高压输电系统中，因为输电线、变压器和发电机的阻抗主要是感性的，而且线路电阻也相对较小，所以可以将其等效线路阻抗近似为一个感性电抗，即 $Z=X,\theta=90°$，将其代入式(4-3-9)并化简，可得最常用的功率表达式：

$$
\begin{aligned}
P&=\frac{EU}{X}\sin\delta\\
Q&=\frac{E(U\cos\delta-E)}{X}
\end{aligned}
\tag{4-3-10}
$$

当 δ 很小时，$\sin\delta\approx\delta$，$\cos\delta\approx1$，可以看出：有功功率传递主要取决于输出电压和节点电压的相角差，相角差可由频率偏差确定；而输出电压和节点电压之间的电压幅值差是决定无功功率传递的主要因素。

因此可以得到 P-f 和 Q-U 之间的下垂特性，其控制原理如图 4-3-6 所示。

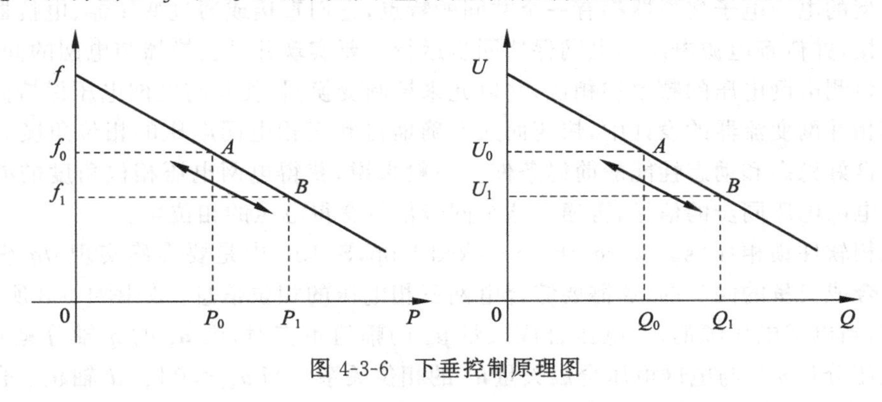

图 4-3-6　下垂控制原理图

图 4-3-6 中，A 为初始运行点，B 为新的平衡点；P_0 为初始有功功率，P_1 为稳态有功功率；Q_0 为初始无功功率，Q_1 为稳态无功功率；f_0 为系统初始频率，f_1 为稳态电压频率；U_0 为交流母线的电压幅值，U_1 为稳态电压幅值。

当系统有功负荷突然增大时，三相逆变器输出有功功率增大，导致输出电压频率下降；系统无功负荷突然增大时，三相逆变器输出无功功率增大，导致输出电压幅值下降。以 P-f 为例，逆变器下垂控制系统的调节过程为：频率降低时，控制系统调节输出的有功功率按下垂特性相应地增大，同时负荷功率也因频率下降而有所增大，最终在控制系统下垂特性和负荷本身调节效应的共同作用下达到新的功率平衡，即过渡到 B 点运行。

常规的下垂控制方法是通过调节输出功率控制电压频率和幅值，即 P-f 和 Q-U 下垂控制，其下垂特性为：

$$\begin{cases} f_{\text{ref}} = f_0 - m(P_0 - P) \\ U_{\text{ref}} = U_0 - n(Q_0 - Q) \end{cases} \tag{4-3-11}$$

式中，m 和 n 分别为电压频率和幅值下垂系数。

由式(4-3-11)可以看出，对于 P-f 下垂控制，其输入量为有功功率设定值 P_0、测量值 P 和频率设定值 f_0；而对于 Q-U 下垂控制，其输入量为无功功率设定值 Q_0、测量值 Q 和电压设定值 U_0。其控制结构如图 4-3-7 所示。由 P-f 和 Q-U 下垂关系得到频率和电压幅值的参考值，经过双环控制后得到 SVPWM 调制电压。

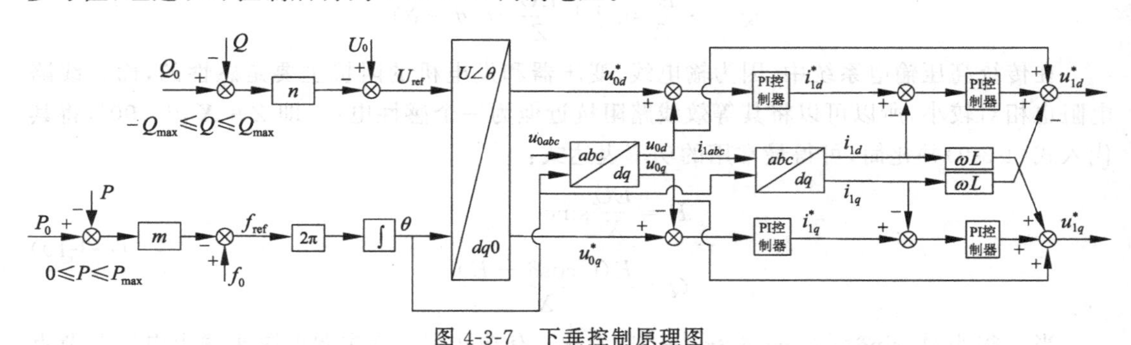

图 4-3-7　下垂控制原理图

4.3.2　软件锁相环工作原理

并网型的电力电子变换器都有一个共同的特点，它们直接或通过变压器、电抗器等设备与电网连接，并依赖电源电压与电网保持同步运行。要实现并网变换器与电网的同步运行，首先必须检测电网电压的频率和相位，并以此来控制变换器，使其与电网电压保持同步。

在三相并网变流器的设计中，快速而又准确地得到三相电网电压的相位角度是使整个系统具有良好稳态和动态性能的前提条件。一般来说，获得电网电压相位角度的办法是产生一个与电网电压同步的信号，再通过这个同步信号获得电压的相位角。

在三相软件锁相环(software phase-locked loop，SPLL)中是要准确实现 dq 坐标系与电网电压合成矢量的同步的，这需要综合电网三相电压的相位信息。如图 4-3-8 所示，对于三相电网，当电网电压幅值，即电压合成矢量 $\boldsymbol{u}_s$ 的幅值不变时，则 $\boldsymbol{u}_s$ 的 q 轴分量 u_{sq} 反映了 d 轴电压分量 u_{sd} 与电网电压合成矢量 $\boldsymbol{u}_s$ 的相位关系。当 $u_{sq}<0$ 时，d 轴超前合成矢量 $\boldsymbol{u}_s$，此时应该减小同步信号的频率；$u_{sq}>0$ 时，d 轴滞后合成矢量 $\boldsymbol{u}_s$，此时应该增大同步信号的频率；$u_{sq}=0$ 时，d 轴与合成矢量 $\boldsymbol{u}_s$ 同相。可见，可以通过控制 q 轴分量 $u_{sq}=0$ 来使电压合成矢量 $\boldsymbol{u}_s$ 定向于其 d 轴分量 u_{sd}，实现两者之间的同相，三相软件锁相环的原理就是基于这一思想。

三相电压 SPLL 的基本结构框图如图 4-3-9 所示，图中虚线框中的坐标变换模块视为一个鉴相器，PI 调节器视为一个环路型滤波器，积分环节可以视为一个压控型振荡器。ω_1 为压控振荡器的固有频率，此处取 $\omega_1=100\pi$。不断调节 q 轴电压 PI 调节器，输出的相位角 θ 将随输入相位角 θ_1 变化而变化，逐渐与 A 相电压相位同步。由以上分析可知，SPLL 控制原理比较简单，易于使用 DSP 编程实现。

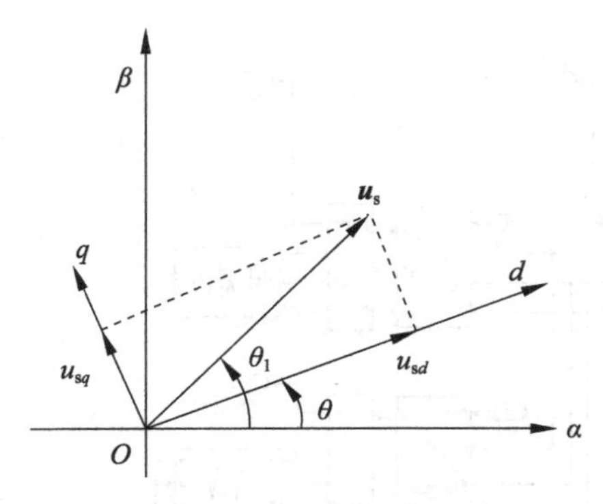

图 4-3-8　电压矢量相位差关系图

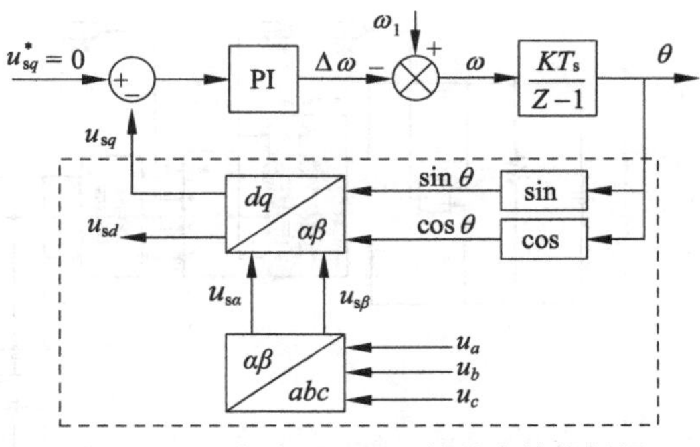

图 4-3-9　三相电压 SPLL 的基本结构框图

由以上分析也可以看出，SPLL 检测三相电网电压相位基于坐标变换的思想。电网电压平衡条件下，三相电压瞬时值表示为

$$\begin{cases} u_a = U_m \cos\theta_1 \\ u_b = U_m \cos\left(\theta_1 - \dfrac{2}{3}\pi\right) \\ u_c = U_m \cos\left(\theta_1 + \dfrac{2}{3}\pi\right) \end{cases} \tag{4-3-12}$$

式中，U_m 为相电压峰值；θ_1 为 a 相电压相位。假设 SPLL 计算出的相位为 θ，则利用 SPLL 锁定角度进行坐标变换：

$$\begin{bmatrix} u_{sd} \\ u_{sq} \end{bmatrix} = \sqrt{\frac{2}{3}} \begin{bmatrix} \cos\theta & \cos\left(\theta - \dfrac{2\pi}{3}\right) & \cos\left(\theta - \dfrac{4\pi}{3}\right) \\ -\sin\theta & -\sin\left(\theta - \dfrac{2\pi}{3}\right) & -\sin\left(\theta - \dfrac{4\pi}{3}\right) \end{bmatrix} \begin{bmatrix} u_a \\ u_b \\ u_c \end{bmatrix} = \sqrt{\frac{2}{3}} U_m \begin{bmatrix} \cos(\theta_1 - \theta) \\ \sin(\theta_1 - \theta) \end{bmatrix} \tag{4-3-13}$$

式中，u_{sd}、u_{sq} 分别为三相电压经过同步旋转坐标变换得到的 d、q 轴电压分量。由式(4-3-13)可知，若令 $u_{sq}=0$，则有

$$\begin{bmatrix} u_{sd} \\ u_{sq} \end{bmatrix} = \sqrt{\frac{2}{3}} U_m \begin{bmatrix} 1 \\ 0 \end{bmatrix} \tag{4-3-14}$$

即 $\sin(\theta_1 - \theta) = 0$，从而实现了电网电压的锁定。

4.3.3　三相并网逆变器控制建模与仿真

三相并网逆变器控制系统仿真模型主要包括两部分，分别为主电路仿真模型和控制算法模型。

1. 搭建主电路及确定系统运行步长

根据需求分析结果，在 Simulink 仿真环境下找到与实物相符合的仿真元件并搭建电路模型。为了在仿真环境下模拟主电路的真实运行情况，尽量选择小步长仿真，但是考虑到仿真时间问题，需要选择较为合适的系统步长，且最好是离散定步长。仿真主电路如图 4-3-10 所示，电路主要参数设置如图 4-3-11～图 4-3-13 所示。

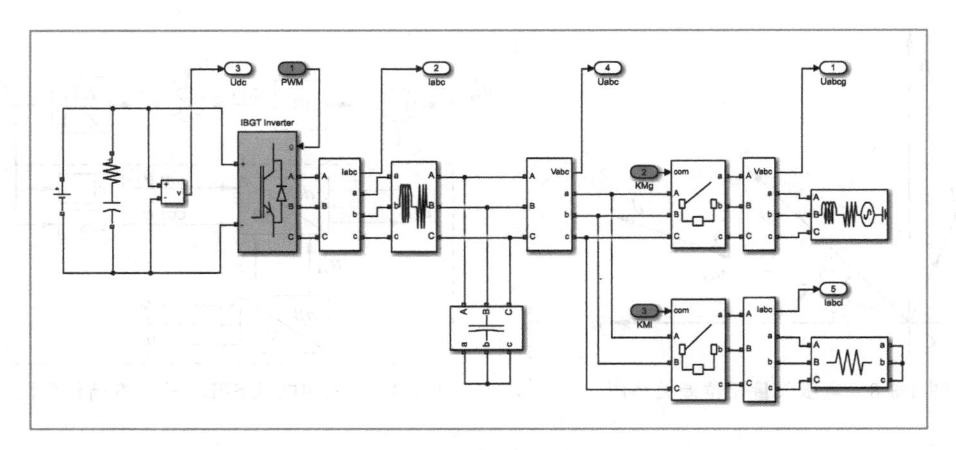

图 4-3-10　三相逆变器主电路

Block Parameters: DC Voltage Source

DC Voltage Source (mask) (link)

Ideal DC voltage source.

Parameters

Amplitude (V):

650

Measurements None

OK　Cancel　Help　Apply

图 4-3-11　直流母线电压

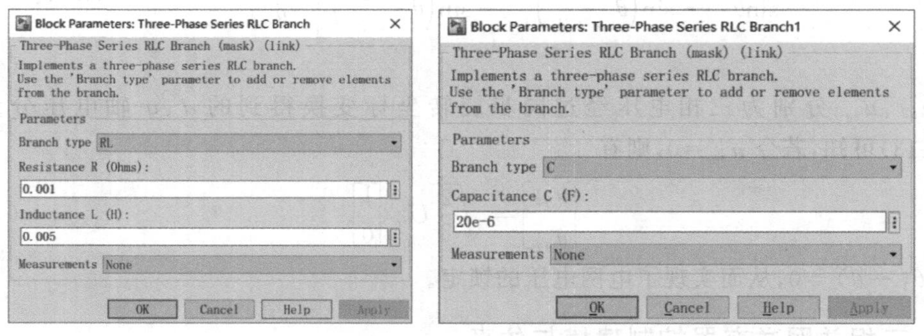

图 4-3-12　*LC* 参数

2. 选择控制仿真框架及设置控制速率

控制框架采用 PQ 控制、VF 控制和下垂控制三种控制结合的方式，控制中的电流环内环采用 PI 控制，也可以根据需求及控制效果采用其他控制方法。产生 PWM 脉冲驱动 IGBT 的算法采用 SVPWM 控制方法，也可以根据需要采用其他 PWM 控制方法，如 SPWM 控制方法。控制部分的仿真算法采用离散化形式，以方便后续自动代码生成时代码移植。控制框架如图 4-3-14 所示。

Block Parameters: Three-Phase Source

Three-Phase Source (mask) (link)

Three-phase voltage source in series with RL branch.

Parameters　Load Flow

Configuration: Yg

Source

☐ Specify internal voltages for each phase

Phase-to-phase voltage (Vrms): 380

Phase angle of phase A (degrees): 0

Frequency (Hz): 50

Impedance

☑ Internal　☑ Specify short-circuit level parame…

3-phase short-circuit level at base voltage(VA): 100e6

Base voltage (Vrms ph-ph): 380

X/R ratio: 7

OK　Cancel　Help　Apply

图 4-3-13　电网参数

仿真控制需要和实际控制的控制环境尽量一致，首先要使仿真控制速率和实际控制器的控制速率保持一致。

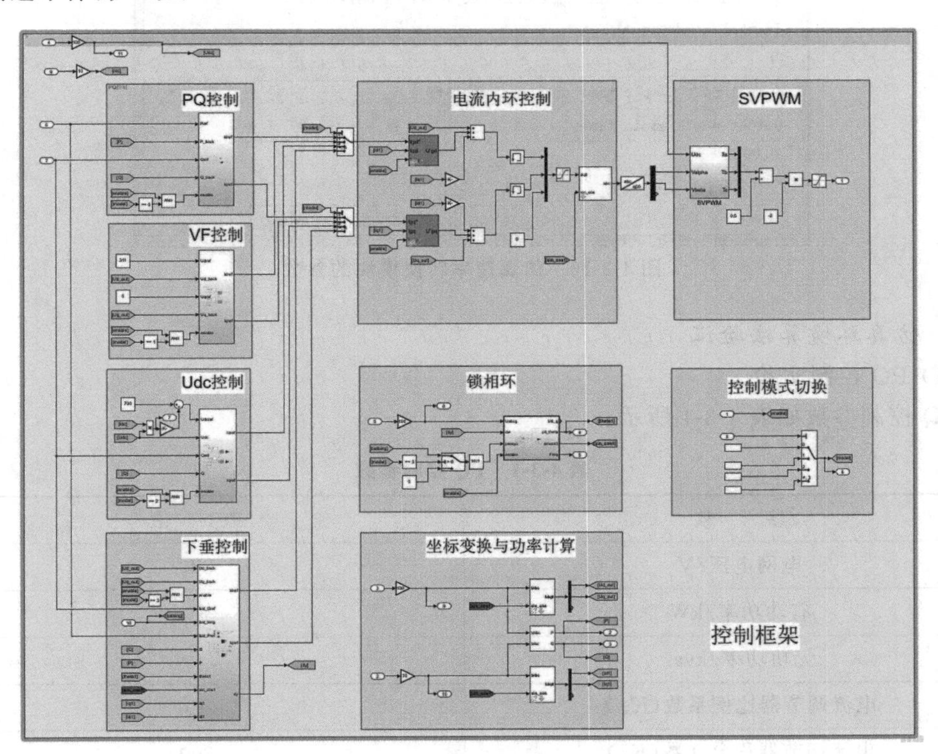

图 4-3-14　控制框架

三相逆变器仿真系统结构如图 4-3-15 所示，其中速率转换模块的主要作用是将仿真控制与实际控制器的控制速率设置成一样，比如实际控制器的控制速率是 0.000 1 s，那

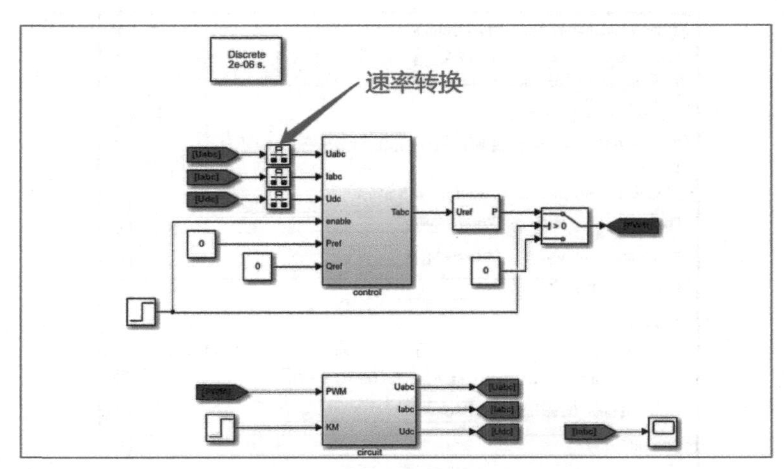

图 4-3-15　三相逆变器仿真系统结构

么仿真速率转换模块的参数如图 4-3-16 所示。

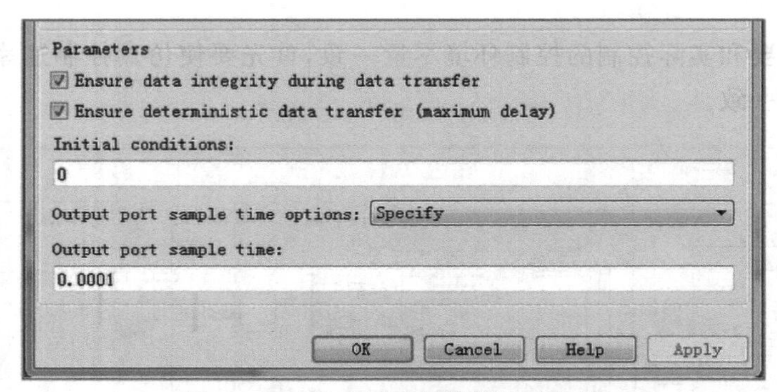

图 4-3-16　仿真速率转换模块的参数

3. 仿真环境算法验证

(1) PQ 控制实验

PQ 控制参数如表 4-3-1 所示。

表 4-3-1　PQ 控制参数

参　　数	数　　值
电网电压/V	380
有功功率/kW	10
无功功率/kvar	0
电流调节器比例系数(K_{pi})	10
电流调节器积分系数(K_{ii})	200

模型分别对并网和离网时的暂态特性进行验证，0.3 s 之前对逆变电压进行并网预同步控制，用 SPLL 追踪电网电压相位，使并网时刻逆变器输出电压幅值、相位与电网一致。

0.3 s 时并入电网，与电网同步运行。0.5 s 时脱离电网，不再发出功率。仿真结果如图 4-3-17 所示。

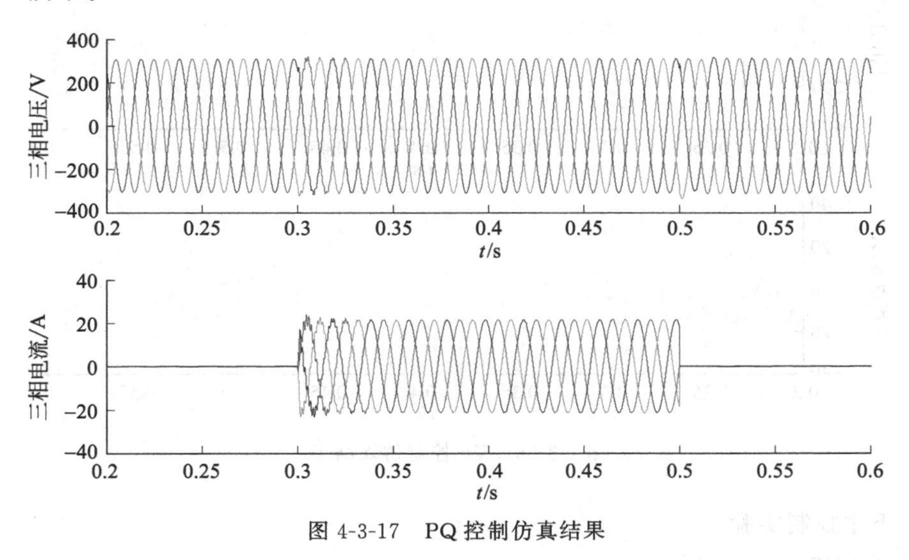

图 4-3-17 PQ 控制仿真结果

可见并入电网之前逆变器输出稳定的三相电压，不输出电流。0.3 s 并入电网时由于系统误差，系统输出电压和电流有一定的畸变，但是在两个工频周期内就达到稳态，与电网同步运行，稳定地输出给定功率。

0.5 s 时脱离电网，仍旧跟踪电网电压稳定运行，逆变器不再输出功率。

(2) VF 控制实验

给定参数如表 4-3-2 所示。

表 4-3-2 VF 控制参数

参　　数	数　　值
相电压幅值给定值(V_n)/V	311
电压频率给定值(f_n)/Hz	50
电压调节器比例系数(K_{pv})	0.5
电压调节器积分系数(K_{iv})	60
电流调节器比例系数(K_{pi})	80
电流调节器比例系数(K_{ii})	200

验证此模型性能时并未使用 SPLL 检测交流电网电压，而是直接给定 d 轴电压 V_n，在 0.3 s 时将给定电压值降为原来的一半，于 0.5 s 时再恢复到原给定电压值，仿真结果如图 4-3-18 所示。

可见在 0.3 s 之前系统稳定运行，于 0.3 s 时电压降为一半，负荷电流也降为之前的一半，当给定电压值再次恢复到原给定值时，系统能做出迅速反应达到给定值。

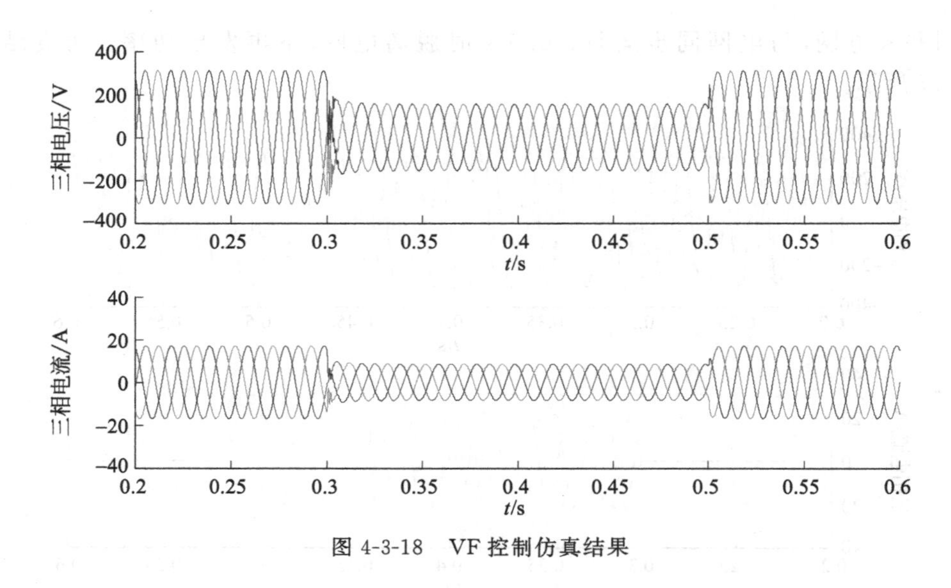

图 4-3-18　VF 控制仿真结果

(3) 下垂控制实验

给定参数如表 4-3-3 所示。

表 4-3-3　下垂控制参数

参　　数	数　　值
有功功率系数(m)	0.000 1
无功功率系数(n)	0.008
相电压幅值给定值(V_n)/V	311
电压频率给定值(f_n)/Hz	50
有功负荷(P_1)/kW	5
有功负荷(P_2)/kW	5
电压调节器比例系数(K_{pv})	0.5
电压调节器积分系数(K_{iv})	60
电流调节器比例系数(K_{pi})	80
电流调节器积分系数(K_{ii})	200

仿真模型开始时给负荷 P_1 供电，0.3 s 时负荷 P_2 也接入系统，仿真结果如图 4-3-19 所示，可以看出 0.3 s 时逆变器输出电压角频率有所下降，由于有功和无功的耦合作用，无功功率也有所增加，输出电压幅值也有所下降。在负荷增减过程中系统反应迅速，角频率和幅值的下降值也满足要求。

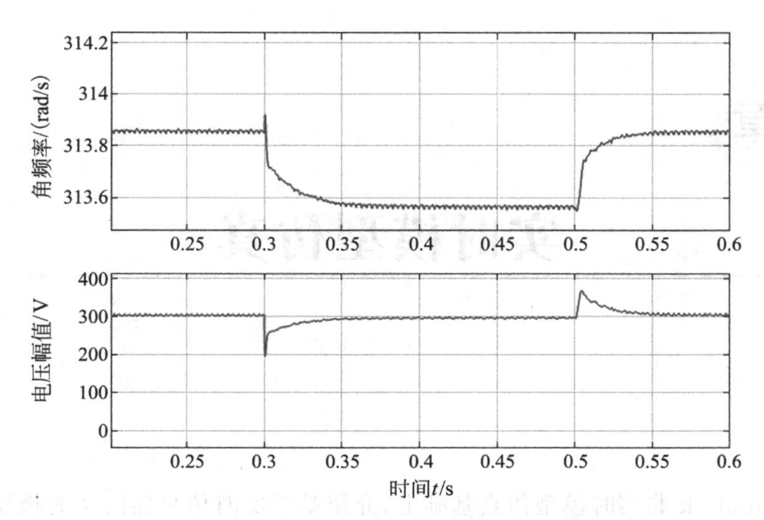

图 4-3-19　下垂控制电压角频率和幅值变化仿真结果

第5章

实时模型仿真

本章在 Simulink 非实时模型仿真基础上，介绍基于实时仿真器的实时模型仿真建模过程，并以永磁同步电机和三相并网逆变器控制为例进行说明。

5.1 实时模型仿真的结构与功能

5.1.1 实时模型仿真结构

Simulink 运行环境下的模型仿真属于非实时仿真。实时模型仿真是将 Simulink 模型仿真进行实时化处理，并在实时仿真器中运行。实时模型仿真系统如图 5-1-1 所示，它由实时仿真器和 PC 上位机组成，二者通过以太网网线连接。这里实时仿真器采用 MT6020，其硬件内部结构如图 5-1-2 所示，PC 上位机采用 StarSim HIL 软件。

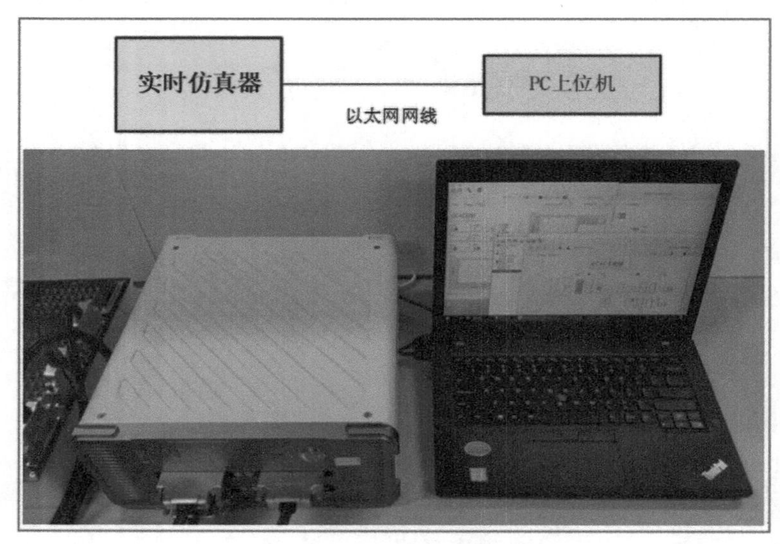

图 5-1-1　实时模型仿真系统

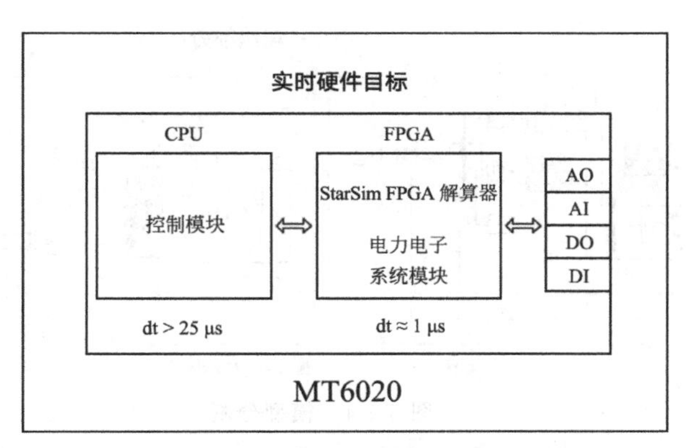

图 5-1-2 MT6020 实时仿真器硬件内部结构

StarSim HIL 支持用户在 CPU 上实时运行自定义 Control Block，Control Block 可以是控制算法，用来和 FPGA 上的电路模型实现仿真器内部闭环控制，MT6020 实时模型仿真结构如图 5-1-3 所示，也可以是光伏电池、风机、蓄电池等用户自定义的运行在 CPU 上的模型。CPU 上的 Control Block 和 FPGA 上的电力电子部分一起构成实时模型仿真系统。

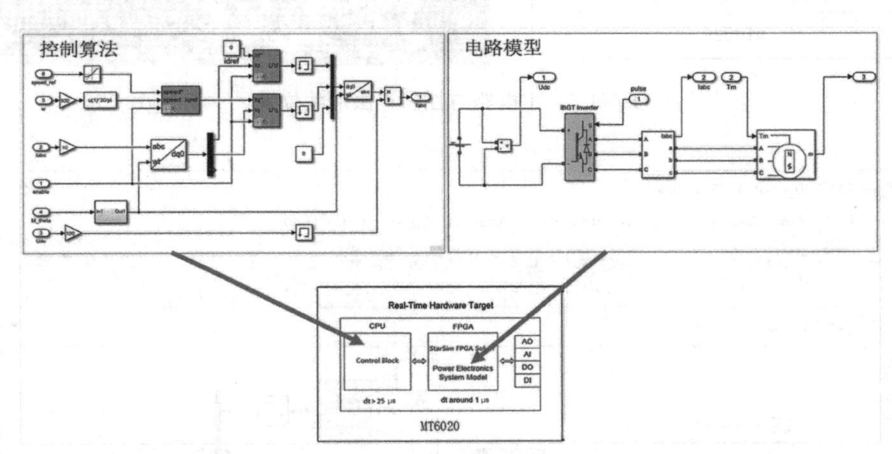

图 5-1-3 MT6020 实时模型仿真结构

5.1.2 Simulink 模型分割

将三相永磁同步电机控制系统模型分割成两部分——电路部分和控制部分，保存为两个 Simulink 文件，如图 5-1-4 所示。最终需要将控制部分加载到仿真器的 CPU 上运行，电路部分加载到仿真器的 FPGA 上运行，如图 5-1-5 所示。

5.1.3 MT6020 控制算法部分自动代码生成

首先需要将 Simulink 控制算法通过自动代码生成技术生成可执行文件，然后将其部署到 MT6020 的 CPU 中。

(1) 打开 PMSM 控制算法 Simulink 文件 x_PM_750_control. slx，如图 5-1-6 所示，然后单击 ⚙ 按钮，打开解算器设置窗口。

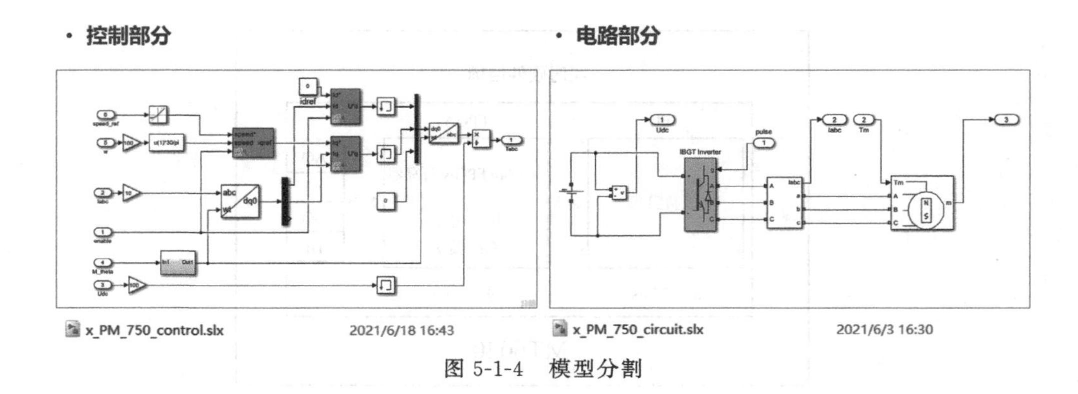

图 5-1-4　模型分割

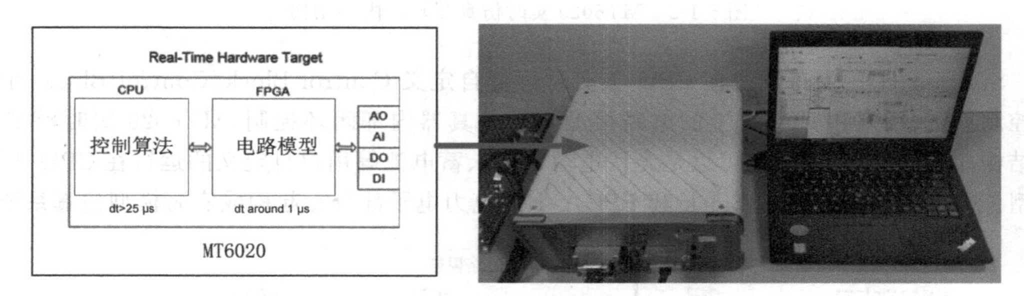

图 5-1-5　主电路与控制算法加载位置

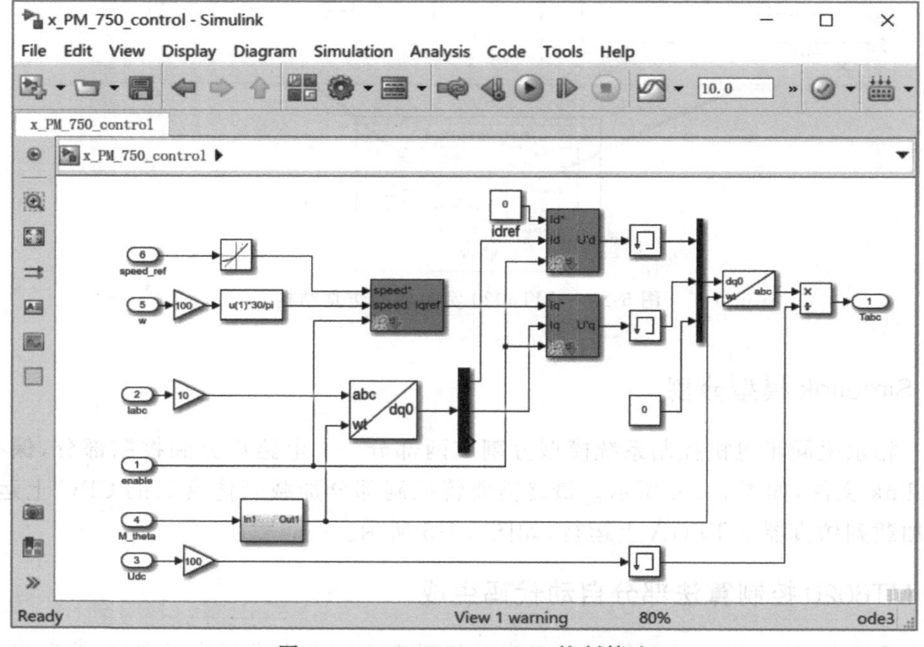

图 5-1-6　PMSM Simulink 控制算法

(2) 解算器设置步骤一：如图 5-1-7 所示，在 Solver 界面设置解算类型为定步长，步长时间和实际控制器的控制步长一致。这里设置控制步长为 0.000 1 s。

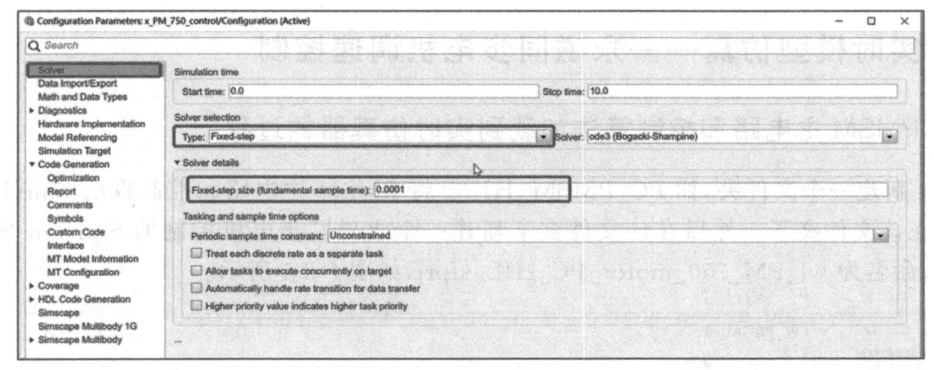

图 5-1-7　解算器设置步骤一

(3) 解算器设置步骤二：如图 5-1-8 所示，在 Code Generation 界面选择生成可执行文件类型，这里选择 MTRealTime_ZYNQ. tlc。

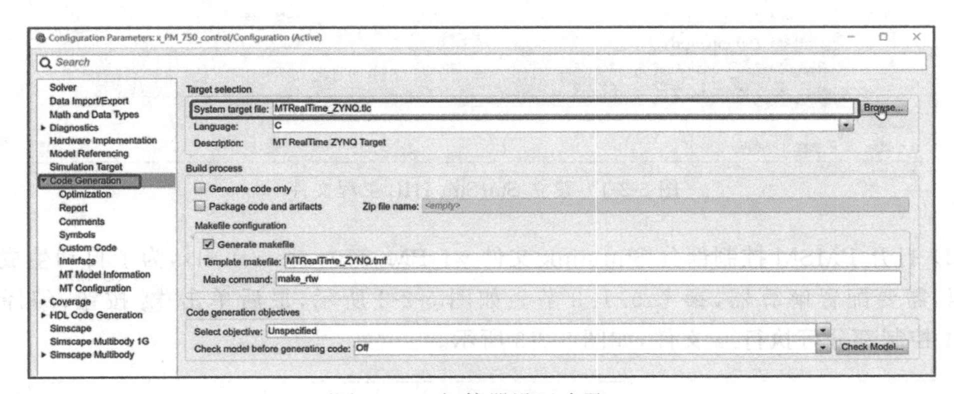

图 5-1-8　解算器设置步骤二

(4) 生成可执行代码：解算器设置完成后，单击 按钮，在当前目录下将生成 PMSM 可执行文件 libx_PM_750_control. a，如图 5-1-9 所示。

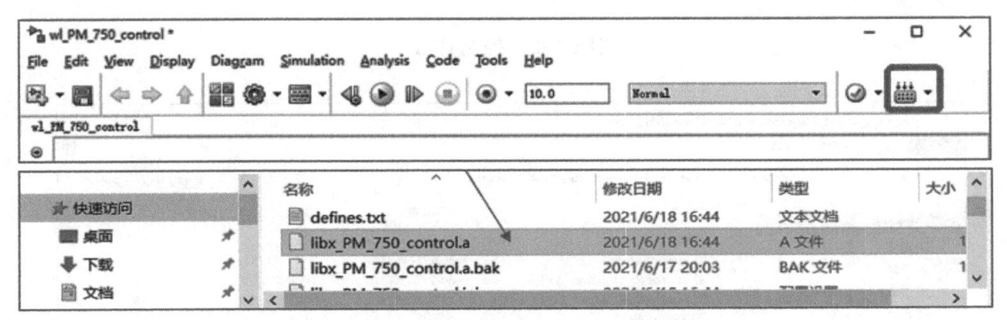

图 5-1-9　生成可执行文件

5.2 实时模型仿真——永磁同步电机调速控制

5.2.1 PMSM 主电路和控制算法加载到实时仿真器的过程

(1) 新建一个文件夹,如 PC_PMSM_HIL。将 PMSM 主电路和控制算法 Simulink 文件放置在该文件夹下。然后在该文件夹下新建一个永磁同步电机控制的 StarSim HIL 工程文件,命名为 wl_PM_750_motor_PC_HIL. sfprj,如图 5-2-1 所示。

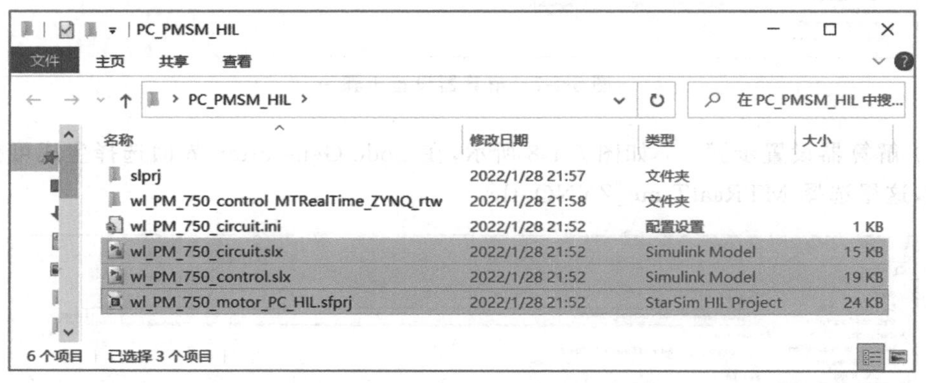

图 5-2-1 建立 StarSim HIL 工程文件

(2) 打开 PMSM 控制部分 Simulink 文件 wl_PM_750_control. slx,为了自动生成可执行代码,需要配置解算器,参考 5.1.3 节。如图 5-2-2 所示,最后单击 按钮,编译生成 PMSM 控制部分可执行. a 文件,如图 5-2-3 所示。

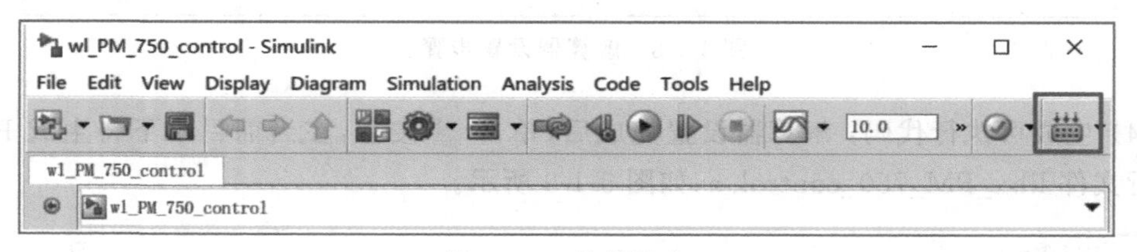

图 5-2-2 控制算法

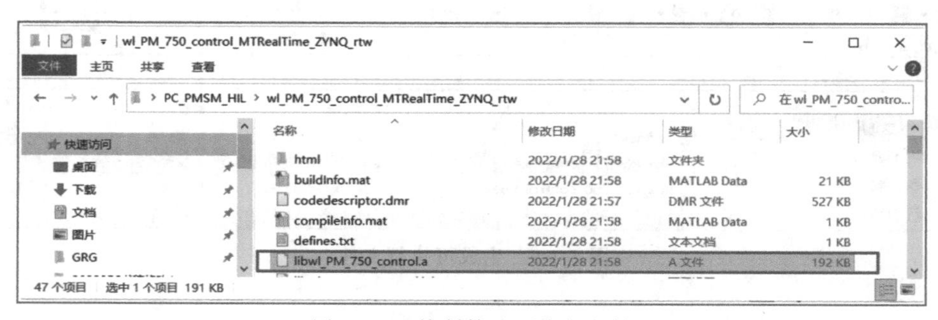

图 5-2-3 控制算法可执行文件

(3) 双击打开新建的 StarSim HIL 工程文件 wl_PM_750_motor_PC_HIL. sfprj,设置

实时仿真器类型为6020，以及对应的IP地址。然后单击按钮，则软件与实时仿真器建立连接，如图5-2-4所示。

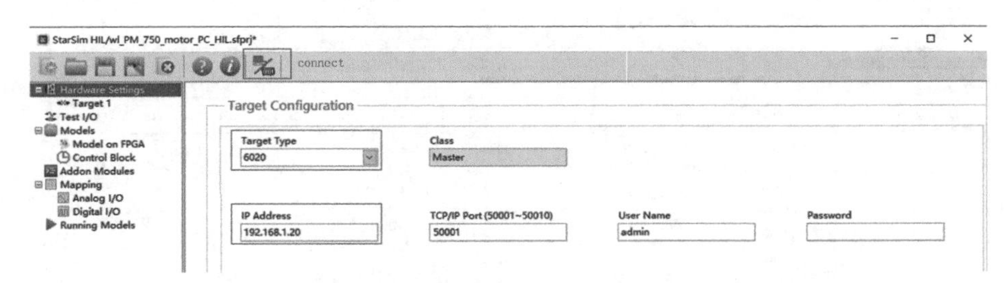

图5-2-4 StarSim HIL基础设置

(4) 导入主电路部分文件：在Model on FPGA界面找到放置PMSM主电路模型的路径，导入PMSM主电路模型wl_PM_750_circuit.slx，如图5-2-5所示。

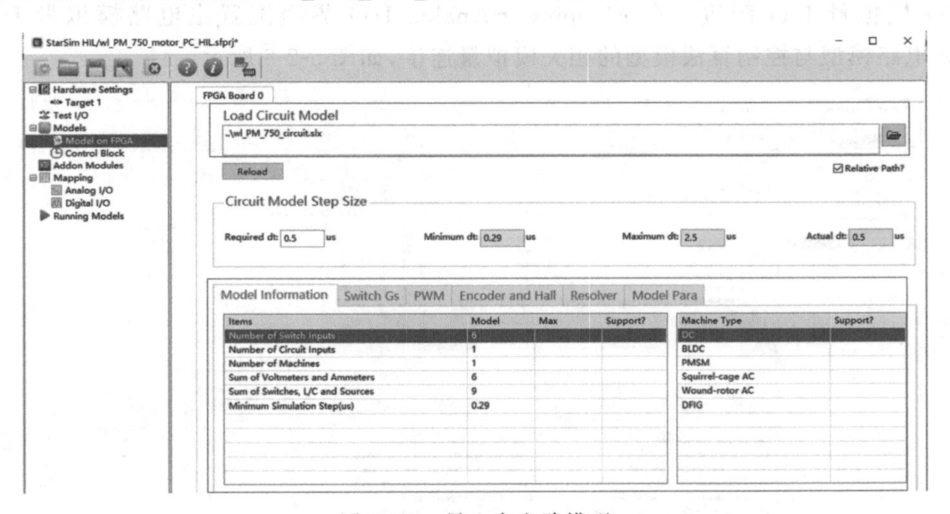

图5-2-5 导入主电路模型

(5) 切换到FPGA Boards界面，配置控制器输出PWM频率和编码器。开关频率设置为10 kHz，如图5-2-6所示。

Model Information | Switch Gs | PWM | Encoder and Hall | Resolver | Gen HWPWM-

Internal PWM Type: 2-Level Converter x 4 + Phaseleg x 3

PWM Configuration

PWM Name	PWM Freq(Hz)	Triangle Init Phase(-1,1)
2-Level Converter 0	10k	0
2-Level Converter 1	10k	0
2-Level Converter 2	10k	0
2-Level Converter 3	10k	0

图5-2-6 PWM、死区和编码器配置

(6) 切换到Load Controller File界面，添加自动代码生成的PMSM控制算法可执行文件libwl_PM_750_control.a，配置控制算法的输入/输出，确定每个输入/输出变量的数据类型(Digital或Analog)，如图5-2-7所示。

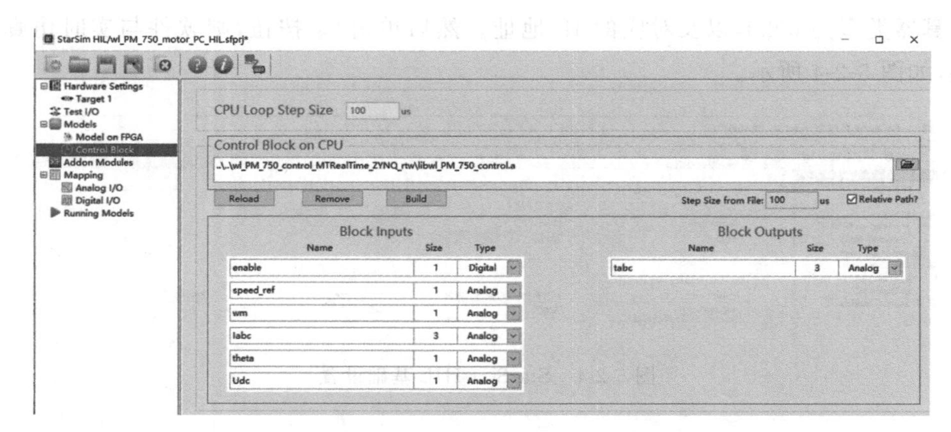

图 5-2-7　导入 PMSM 控制算法

（7）模拟量 I/O 配置。在 Mapping→Analog I/O 界面配置主电路模拟量 I/O，将 PMSM 电路模型与控制算法模型的相关模拟量连接，如图 5-2-8 所示。

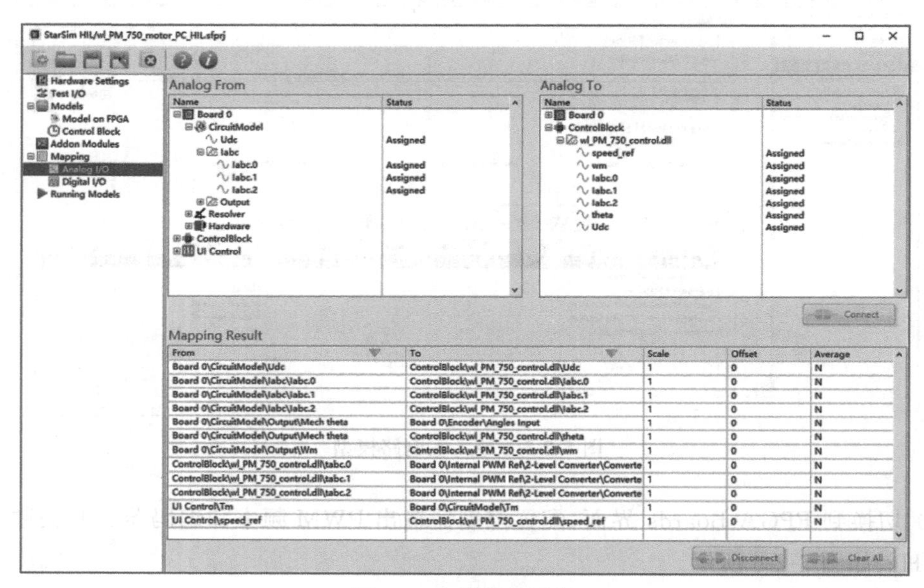

From	To	Scale	Offset	Average
Board 0\CircuitModel\Udc	ControlBlock\wl_PM_750_control.dll\Udc	1	0	N
Board 0\CircuitModel\Iabc\Iabc.0	ControlBlock\wl_PM_750_control.dll\Iabc.0	1	0	N
Board 0\CircuitModel\Iabc\Iabc.1	ControlBlock\wl_PM_750_control.dll\Iabc.1	1	0	N
Board 0\CircuitModel\Iabc\Iabc.2	ControlBlock\wl_PM_750_control.dll\Iabc.2	1	0	N
Board 0\CircuitModel\Output\Mech theta	Board 0\Encoder\Angles Input	1	0	N
Board 0\CircuitModel\Output\Mech theta	ControlBlock\wl_PM_750_control.dll\theta	1	0	N
Board 0\CircuitModel\Output\Wm	ControlBlock\wl_PM_750_control.dll\wm	1	0	N
ControlBlock\wl_PM_750_control.dll\tabc.0	Board 0\Internal PWM Ref\2-Level Converter\Converte	1	0	N
ControlBlock\wl_PM_750_control.dll\tabc.1	Board 0\Internal PWM Ref\2-Level Converter\Converte	1	0	N
ControlBlock\wl_PM_750_control.dll\tabc.2	Board 0\Internal PWM Ref\2-Level Converter\Converte	1	0	N
UI Control\Tm	Board 0\CircuitModel\Tm	1	0	N
UI Control\speed_ref	ControlBlock\wl_PM_750_control.dll\speed_ref	1	0	N

图 5-2-8　模拟量映射

（8）数字量 I/O 配置。在 Mapping→Digital I/O 界面配置主电路数字量 I/O，如 PWM、编码器和开关量等信号。将实时仿真器内部 PWM 信号与 PMSM 主电路 PWM 信号建立连接，如图 5-2-9 所示。

（9）打开 Running Models 界面，搭建 PMSM 主电路数据监测上位机界面，在 Palette 中拖拽波形显示控件与指令给定控件到工作空间，如图 5-2-10 所示，建立两个示波器、一个转矩给定和一个转速给定。双击示波器选择需要观察的变量，如选择三相定子电流和转矩、转速变量。

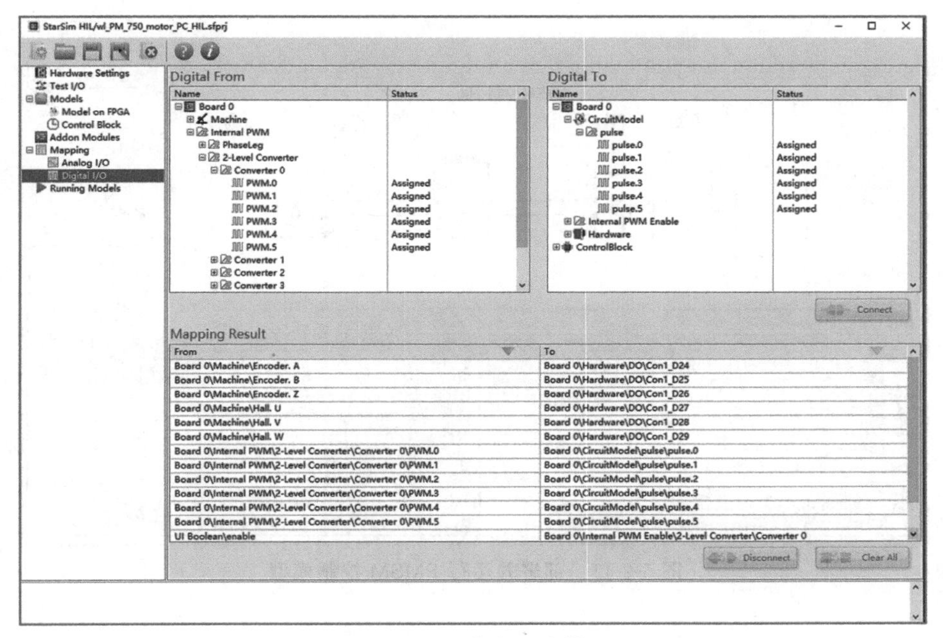

图 5-2-9　数字量映射

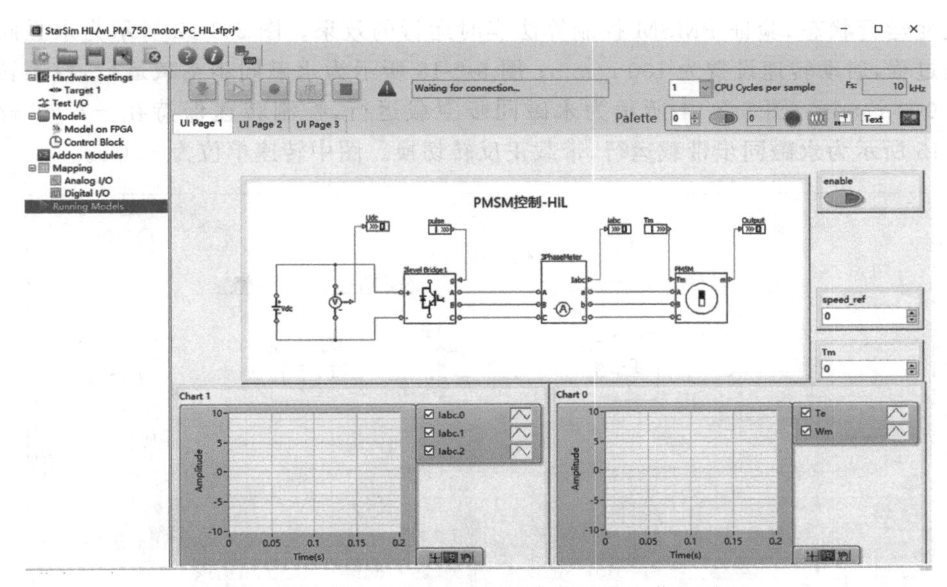

图 5-2-10　建立 PMSM 主电路数据监测上位机界面

(10) 单击 按钮，将 PMSM 主电路部署到实时仿真器 MT6020 中；然后单击 ▷ 按钮，运行实时仿真器中的主电路模型，如图 5-2-11 所示。此时示波器数据开始刷新，可以观察到模型实时运行初始状态。

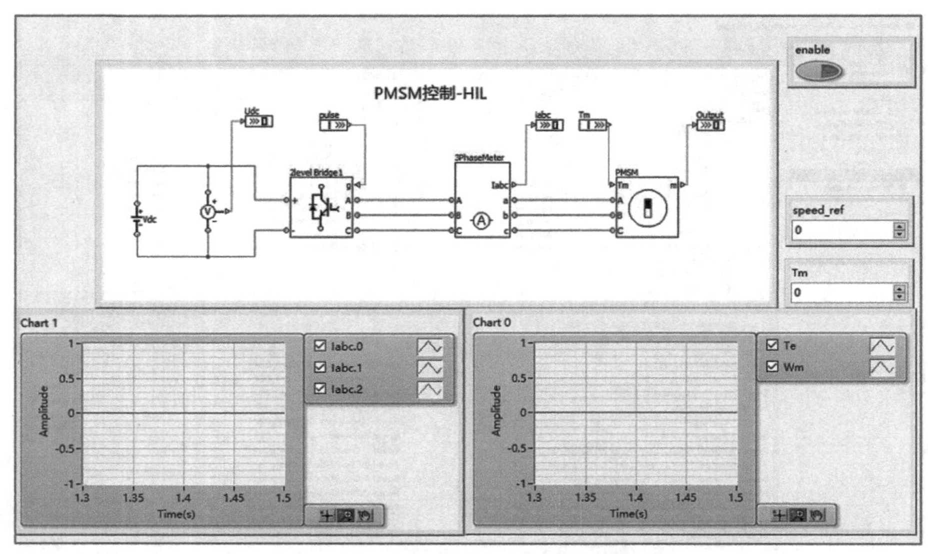

图 5-2-11　部署并运行 PMSM 控制模型

5.2.2　PMSM 实时模型仿真实验

改变运行状态，验证 PMSM 控制算法实时运行的效果。图 5-2-12 所示为永磁同步电机启动过程，启动转速设置为 100 r/min；图 5-2-13 所示为永磁同步空载运行，控制转速保持在 1 000 r/min；图 5-2-14 所示为永磁同步空载运行，控制转速保持在 −1 000 r/min；图 5-2-15 所示为永磁同步带载运行，带载正反转切换。图中转速单位为 rad/s。

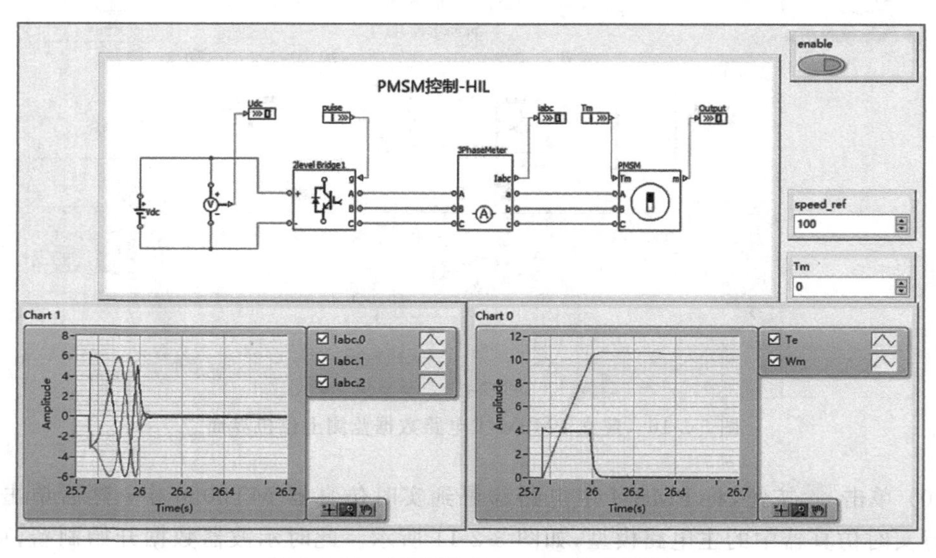

图 5-2-12　PMSM 100 r/min 启动控制

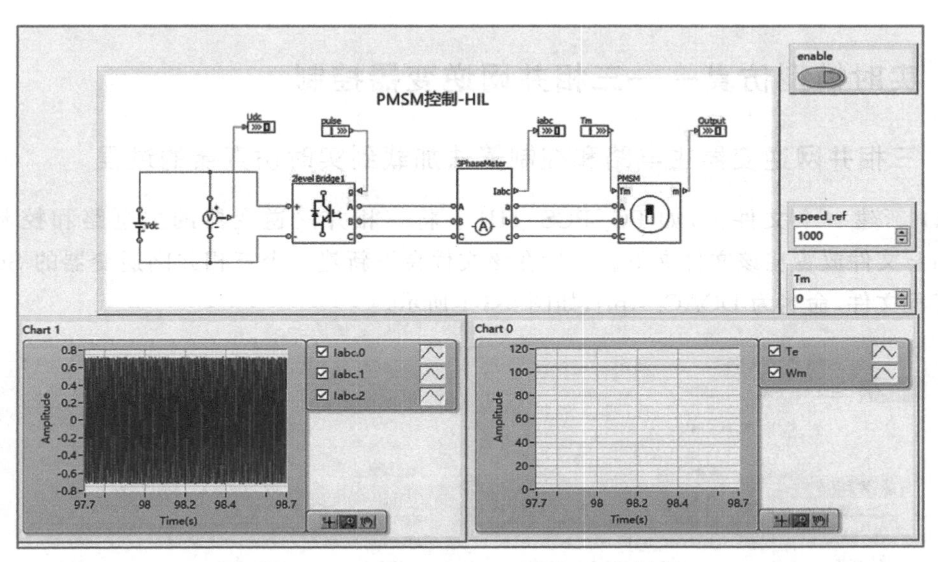

图 5-2-13　PMSM 1 000 r/min 空载运行

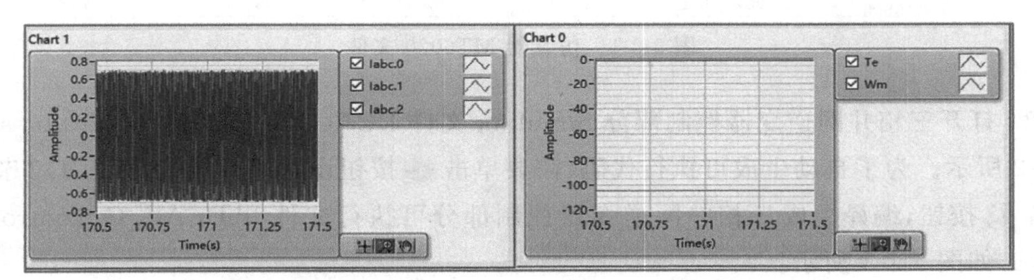

图 5-2-14　PMSM －1 000 r/min 空载运行

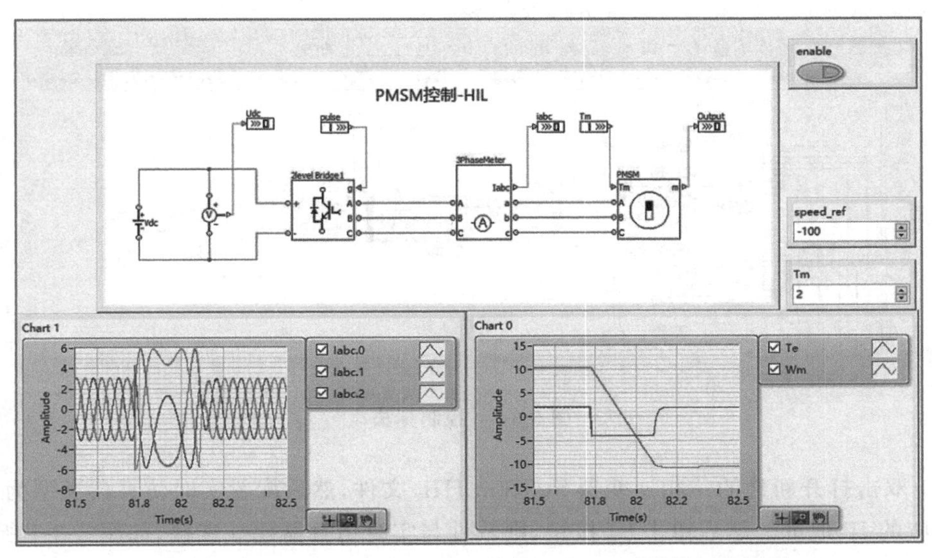

图 5-2-15　PMSM －100 r/min，带载 2 N · m 正反转切换运行

5.3 实时模型仿真——三相并网逆变器控制

5.3.1 三相并网逆变器主电路和控制算法加载到实时仿真器的过程

(1) 新建一个文件夹，如 PC_PCS_HIL。将三相并网逆变器的主电路和控制算法 Simulink 文件放置在该文件夹下。然后在该文件夹下新建一个三相并网逆变器的 StarSim HIL 工程文件，命名为 DCAC. sfprj，如图 5-3-1 所示。

名称	修改日期	类型	大小
DCAC	2021/9/2 16:32	StarSim HIL Proj...	64 KB
DCAC_G_circuit2014a	2021/9/2 16:32	配置设置	2 KB
DCAC_G_circuit2014a	2021/9/6 14:44	Simulink Model ...	20 KB
DCAC_G_control_pc_2014a	2021/9/1 10:13	应用程序	99 KB
DCAC_G_control_pc_2014a	2021/9/6 14:23	Simulink Model ...	63 KB
DCAC_g电路	2021/6/22 15:27	PNG 文件	47 KB

图 5-3-1 仿真器 MT6020 文件

(2) 打开三相并网逆变器控制部分 Simulink 文件 DCAC_G_control_pc_2014a. slx，如图 5-3-2 所示。为了自动生成可执行代码，需要单击 ⚙ 按钮设置解算器，参考 5.1.3 节。最后单击 按钮，编译生成三相并网逆变器控制部分可执行文件 libDCAC_G_control_pc_2014a. a，如图 5-3-3 所示。

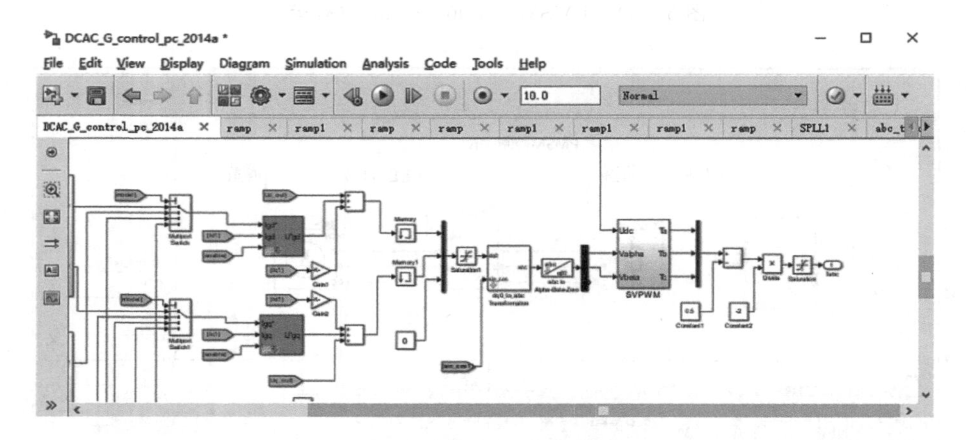

图 5-3-2 控制算法

(3) 双击打开新建的三相逆变器 StarSim HIL 文件，然后配置实时仿真器类型为 6020，以及对应的 IP 地址。然后单击 按钮，则软件与实时仿真器建立连接，如图 5-3-4 所示。

(4) 导入主电路部分文件：在 Model on FPGA 界面找到放置三相逆变器主电路模型的路径，导入主电路模型 DCAC_G_circuit2014a. slx，如图 5-3-5 所示。

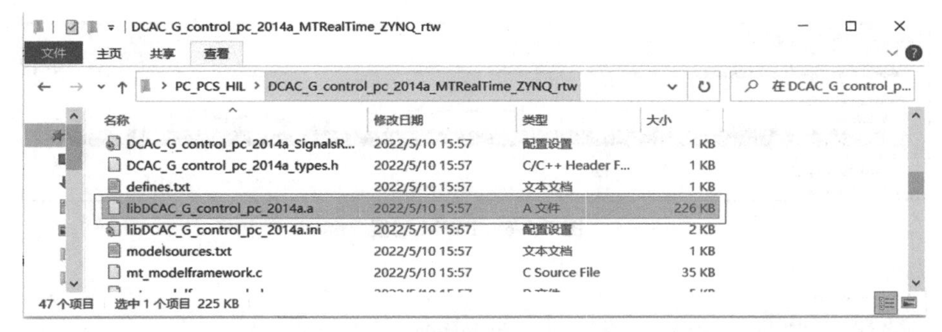

图 5-3-3 控制算法可执行文件

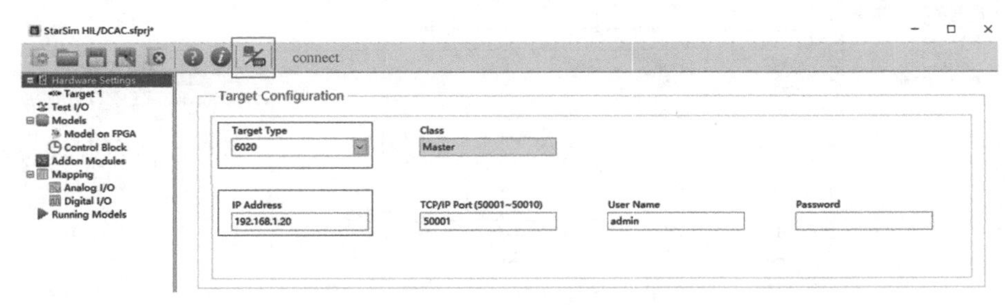

图 5-3-4 StarSim HIL 基础配置

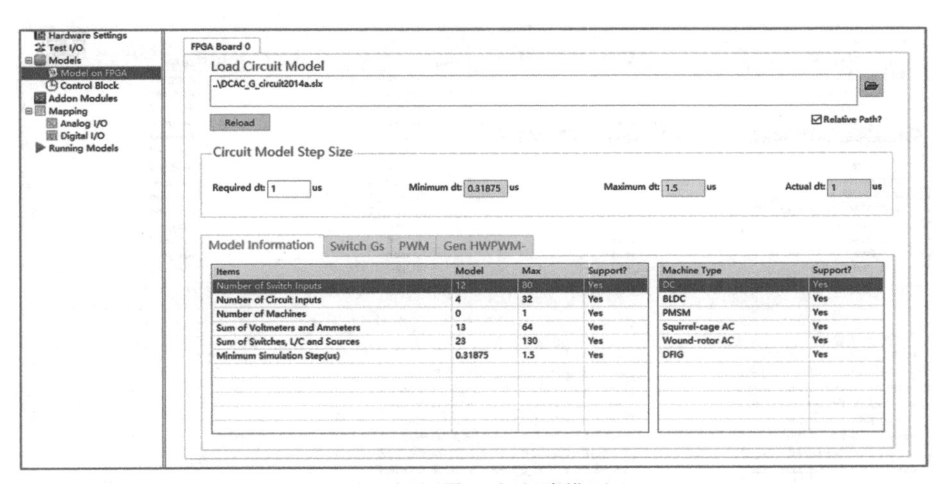

图 5-3-5 导入主电路模型

(5) 配置控制器输出 PWM 频率。开关频率设置为 10 kHz,如图 5-3-6 所示。

(6) 切换到 Control Block 界面,添加自动代码生成的三相逆变器控制算法可执行.a 文件,配置控制算法的输入/输出,确定每个输入/输出变量的数据类型,如图 5-3-7 所示。

(7) 模拟量 I/O 配置。在 Mapping→Analog I/O 界面配置主电路模拟量 I/O ,将三相逆变器电路模型与控制算法模型的模拟量连接,如图 5-3-8 所示。

(8) 数字量 I/O 配置。在 Mapping→Digital I/O 界面主电路配置数字量 I/O,如 PWM 和开关量等信号。将实时仿真器内部 PWM 信号与三相并网逆变器主电路 PWM 信号建立

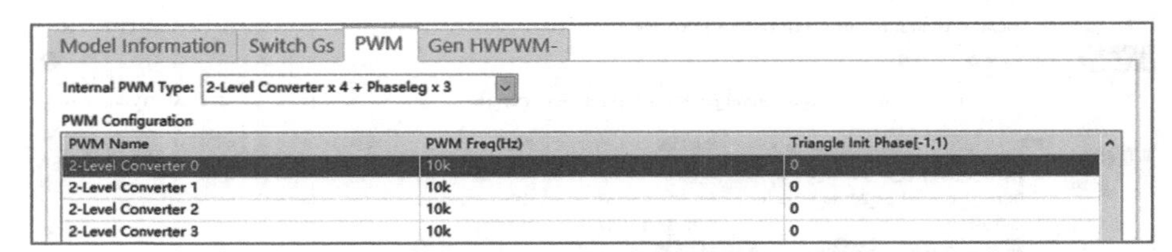

图 5-3-6　PWM 配置

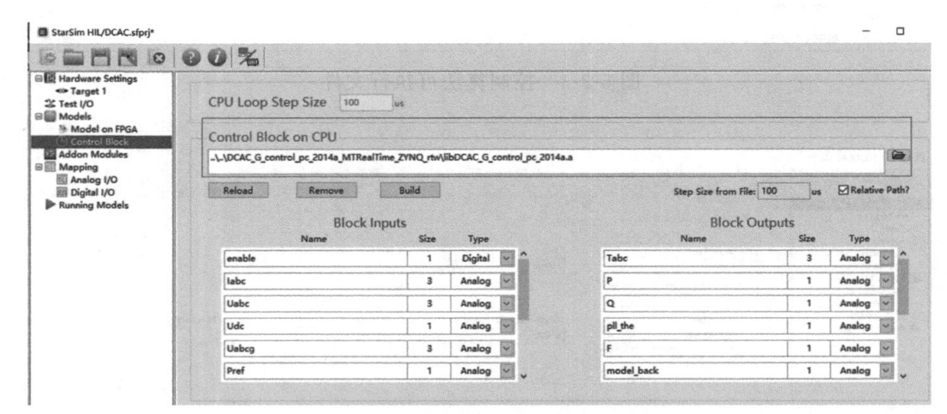

图 5-3-7　导入三相逆变器控制算法

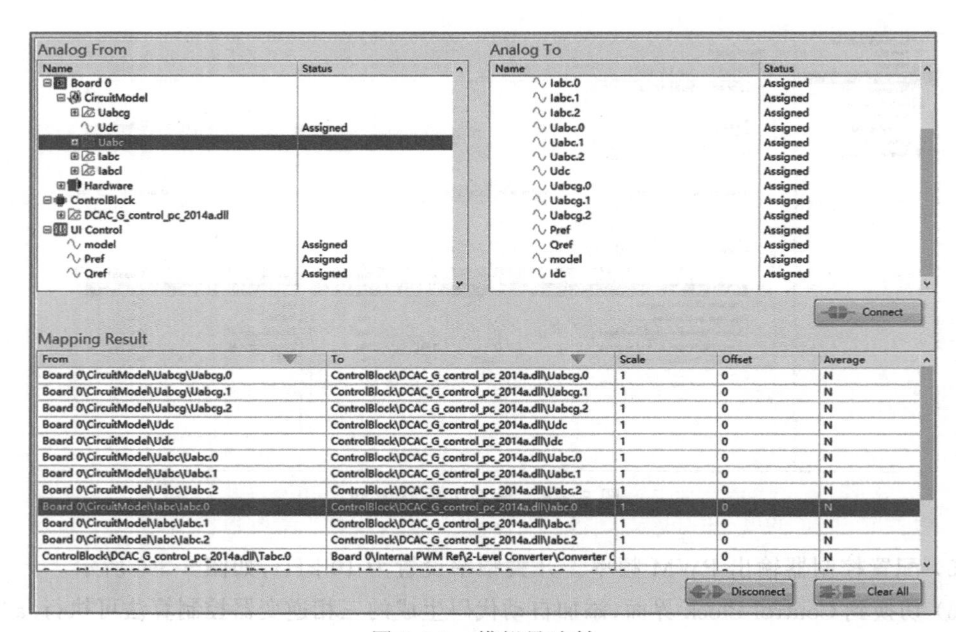

图 5-3-8　模拟量映射

连接，如图 5-3-9 所示。

(9) 打开 Running Models 界面，搭建三相逆变器数据监测上位机界面，在 Palette 中拖拽波形显示控件与指令给定控件到工作空间，如图 5-3-10 所示。双击示波器选择需要观察的变量，如选择三相电压、电流、有功功率和无功功率等。

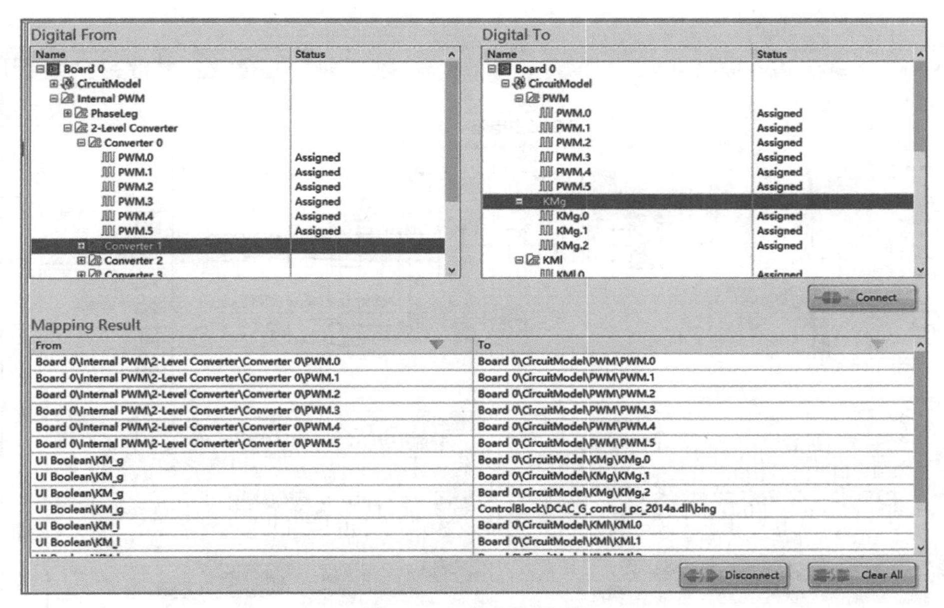

图 5-3-9 数字量映射

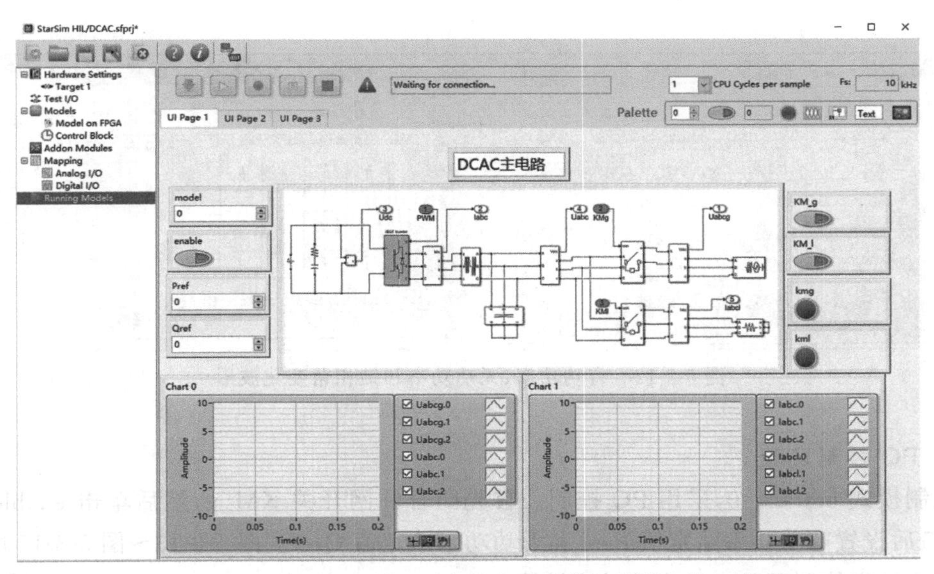

图 5-3-10 建立三相并网逆变器主电路数据监测上位机界面

（10）单击 按钮，将三相逆变器控制与主电路系统部署到实时仿真器 MT6020 中；然后单击 ▷ 按钮，运行实时仿真器中的主电路模型。此时示波器数据开始刷新，可以观察到模型实时运行初始状态如图 5-3-11 与图 5-3-12 所示。

5.3.2 三相并网逆变器实时仿真实验

该三相并网逆变器系统实验采用 PQ 控制、VF 控制和下垂控制三种控制方式，实时仿真验证系统控制效果。

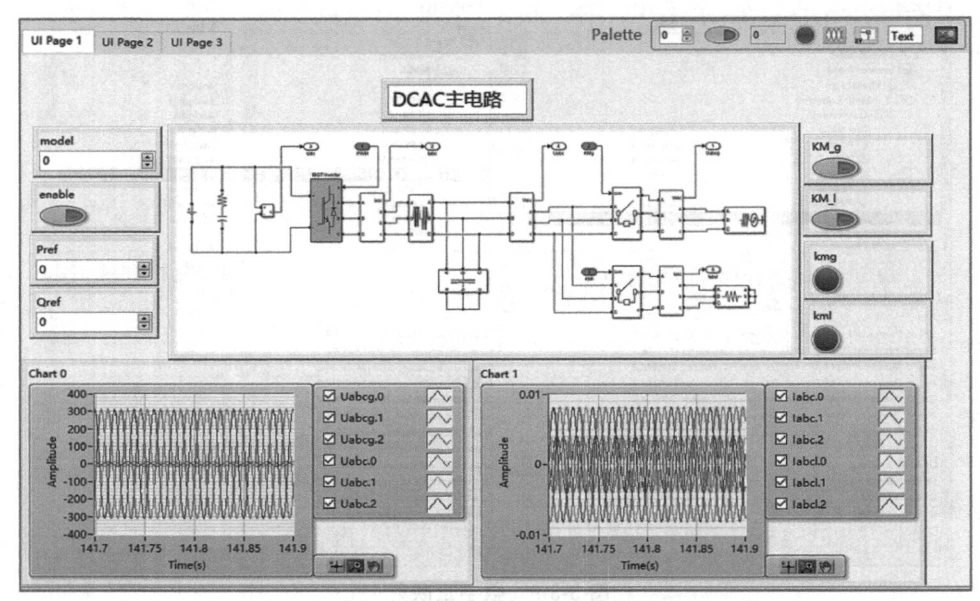

图 5-3-11　部署并运行三相逆变器模型

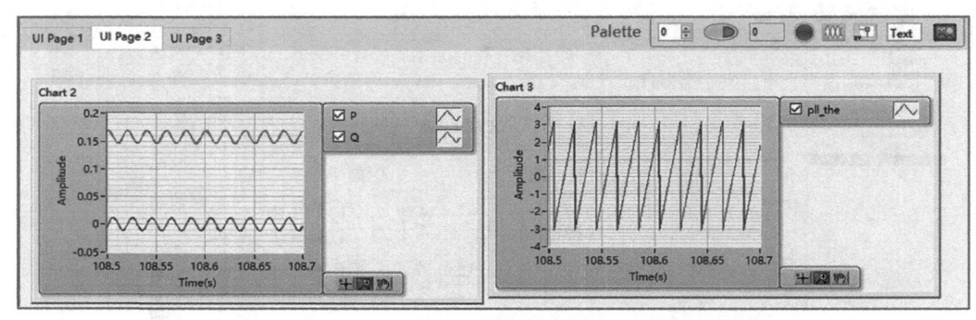

图 5-3-12　有功功率、无功功率和锁相角变化波形

1. PQ 控制实验

控制模式 model=0，采用 PQ 控制。首先闭合并网开关 KM_g，然后单击 enable 使能控制，最后设置有功功率给定值 Pref 和无功功率给定值 Qref。图 5-3-13～图 5-3-15 所示为不同功率给定控制下的电压电流功率波形。

2. VF 控制实验

三相逆变器离网情况选用 VF 控制。控制模式 model=1，采用 VF 控制。首先保证并网开关 KM_g 处于断开状态。然后单击 enable 使能控制。通过控制负载开关 KM_l 来为逆变器进行加载、卸载操作。在 VF 控制方式下，可以空载启动逆变器，也可以带载启动逆变器，如图 5-3-16 所示。图 5-3-17～图 5-3-19 所示分别为加载稳态、瞬间加载和瞬间卸载过程。

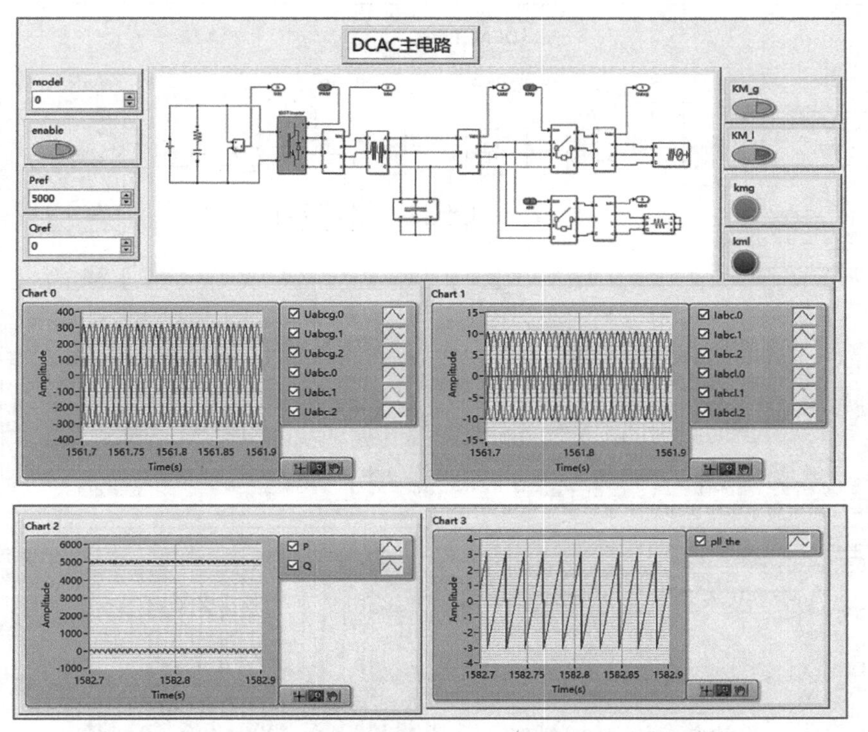

图 5-3-13 PQ 并网控制，有功功率 5 000 W，无功功率 0 var 波形

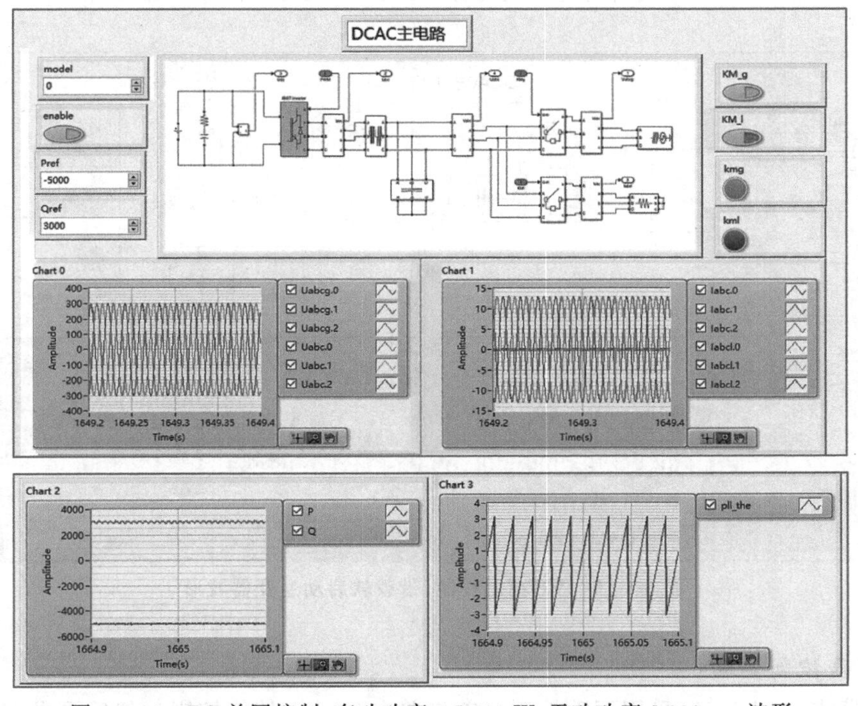

图 5-3-14 PQ 并网控制，有功功率－5 000 W，无功功率 3 000 var 波形

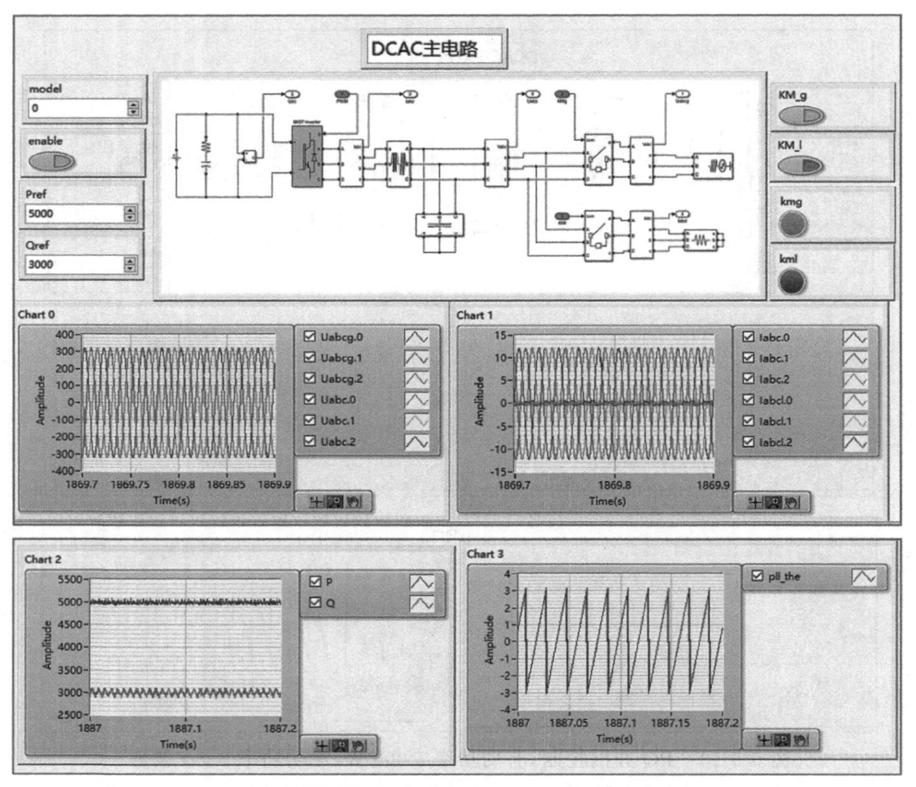

图 5-3-15 PQ 并网控制，有功功率 5 000 W，无功功率 3 000 var 波形

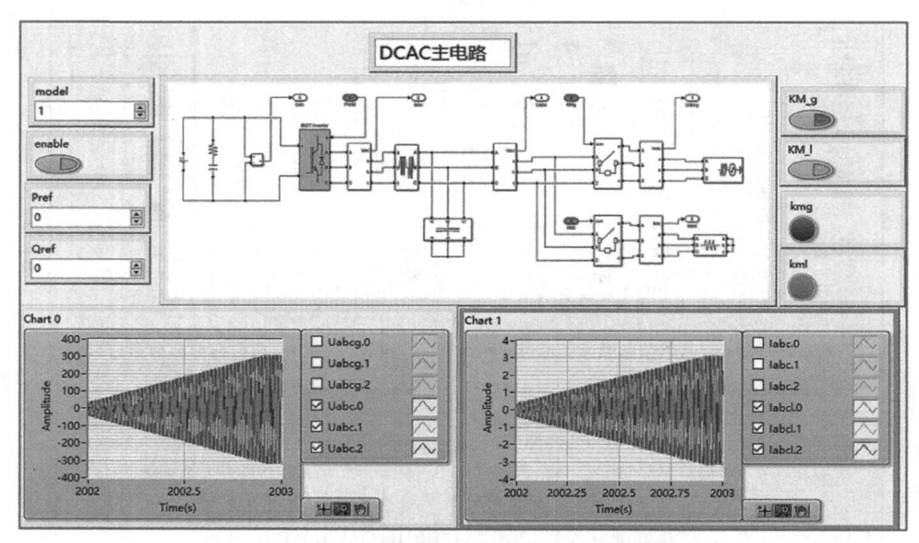

图 5-3-16 VF 离网控制，带载软启动逆变器波形

3. 下垂控制实验

控制模式 model=3，采用下垂控制。首先单击 enable 使能控制。然后再操作并网开关 KM_g 和负载开关 KM_l。并网开关 KM_g 用于进行逆变器的并离网切换，在并网状态下，

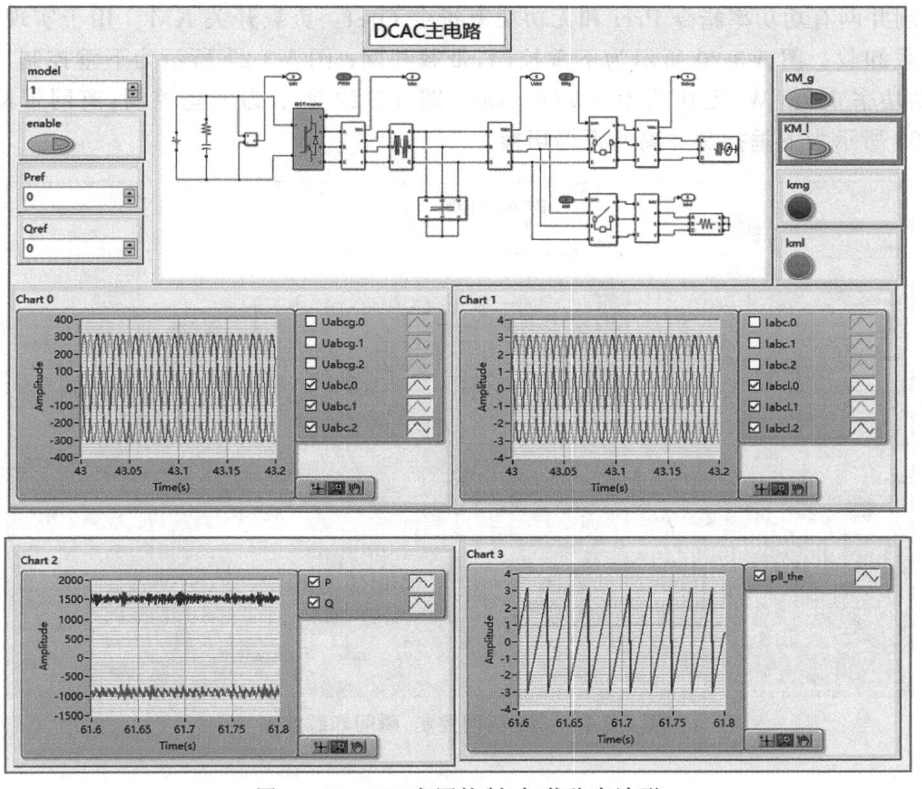

图 5-3-17　VF 离网控制，加载稳态波形

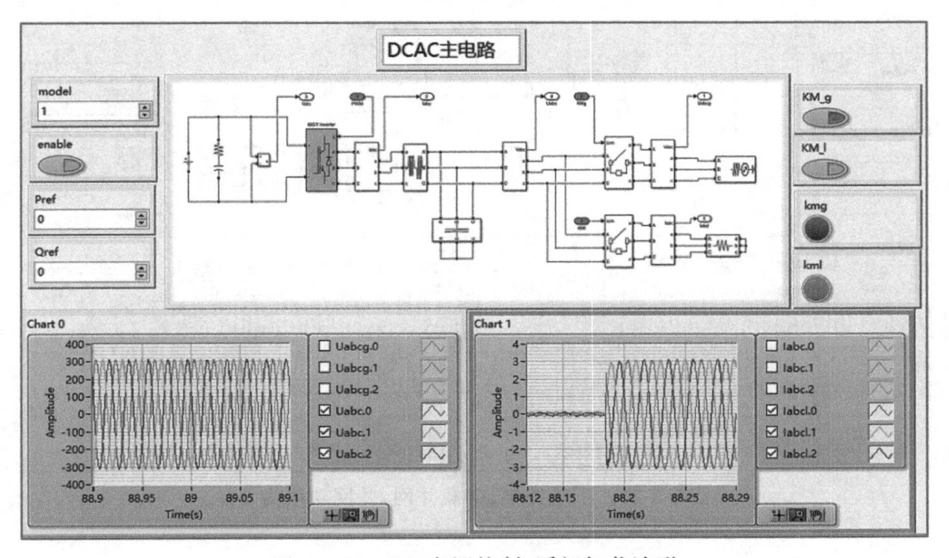

图 5-3-18　VF 离网控制，瞬间加载波形

可以控制并网有功功率指令 Pref 和无功功率指令 Qref。负载开关 KM_l 用于实现对逆变器的加载卸载。图 5-3-20 所示为下垂控制，带载并网；图 5-3-21 所示为下垂控制，带载并网，有功功率 5 000 W，无功功率－5 000 var；图 5-3-22 所示为下垂控制，离网带载波形；图 5-3-23 所示为下垂控制并离网无缝切换。

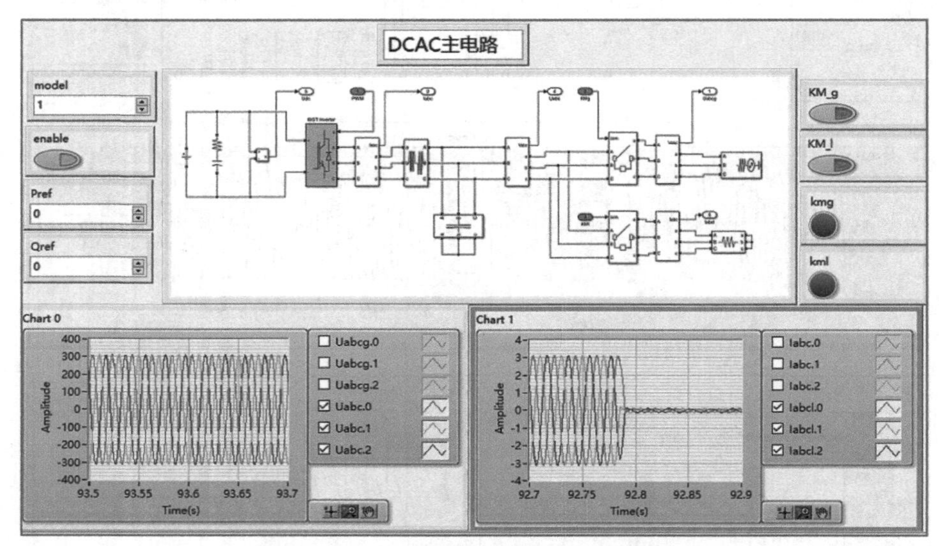

图 5-3-19　VF 离网控制，瞬间卸载波形

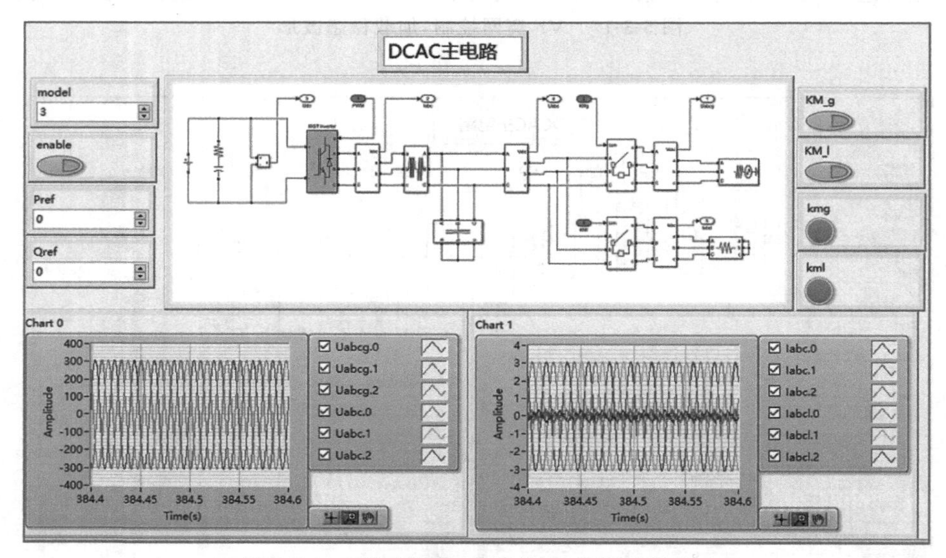

图 5-3-20　下垂控制，带载并网，并网功率为 0

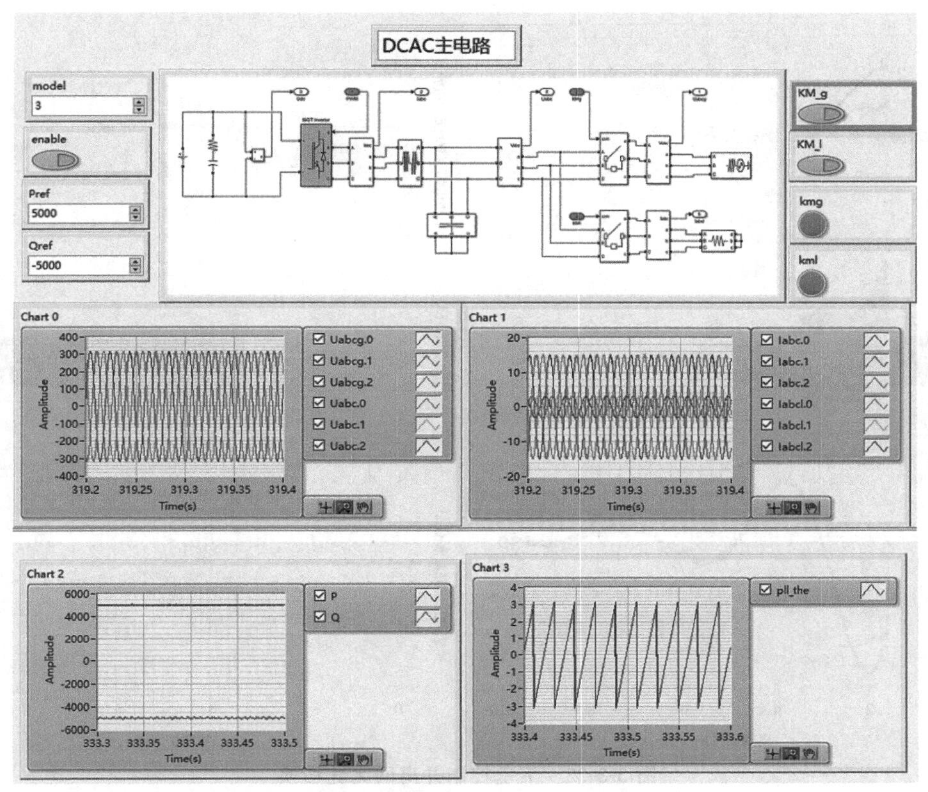

图 5-3-21 下垂控制，带载并网，有功功率 5 000 W，无功功率－5 000 var

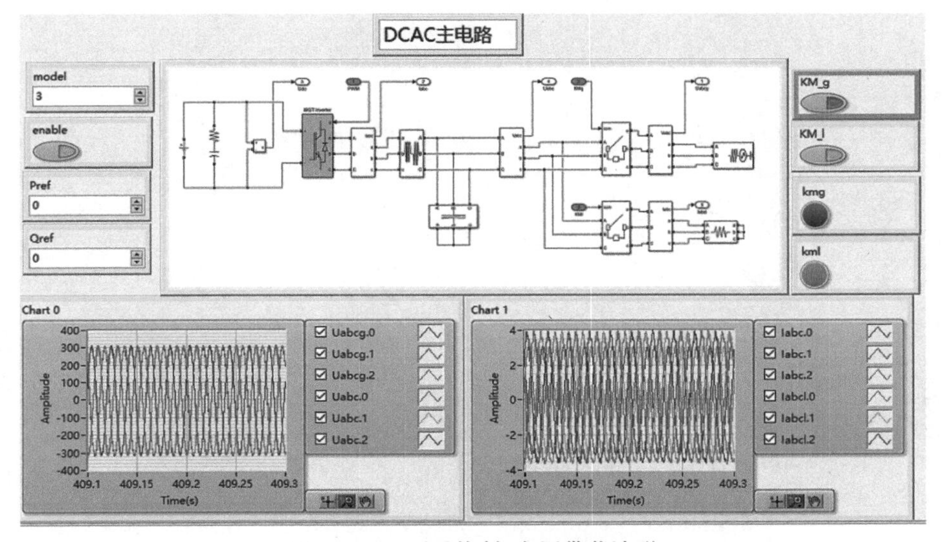

图 5-3-22 下垂控制，离网带载波形

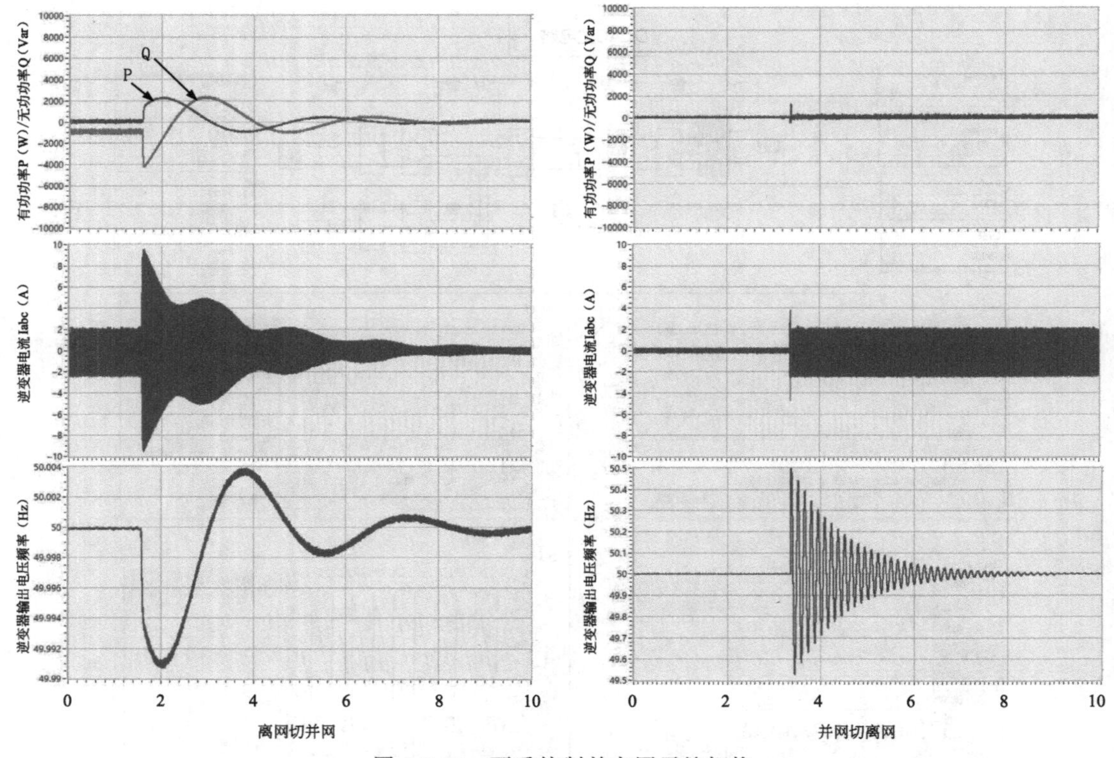

图 5-3-23　下垂控制并离网无缝切换

第6章

模型在环实时仿真

本章在实时模型仿真基础上，介绍模型在环实时仿真建模过程，并以永磁同步电机和三相并网逆变器控制为例进行说明。

6.1 模型在环实时仿真的结构与功能

6.1.1 模型在环实时仿真结构

模型在环(MIL)仿真系统的组成结构如图 6-1-1 所示，该系统主要由三部分组成：模型仿真部分、调试部分和转接部分。模型仿真部分包括原型控制器和实时仿真器，调试部分包括 PC 上位机和示波器，转接部分包括交换机和转接盒。另外，还需使用一些信号连接线，在设备之间建立物理连接。图 6-1-2 所示为 MIL 仿真系统实物。

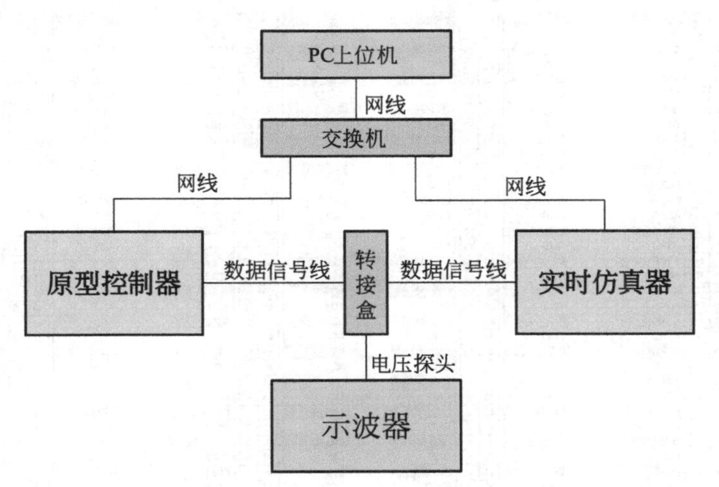

图 6-1-1 模型在环仿真系统结构

在图 6-1-2 中，**原型控制器**主要用于运行控制算法，验证算法可行性，并且优化控制算法，观察和分析变量的暂态和稳态情况。该系统采用的原型控制器为 MT1050。

实时仿真器主要用于运行主电路模型，验证模型的合理性与可行性，评估外部电路元器

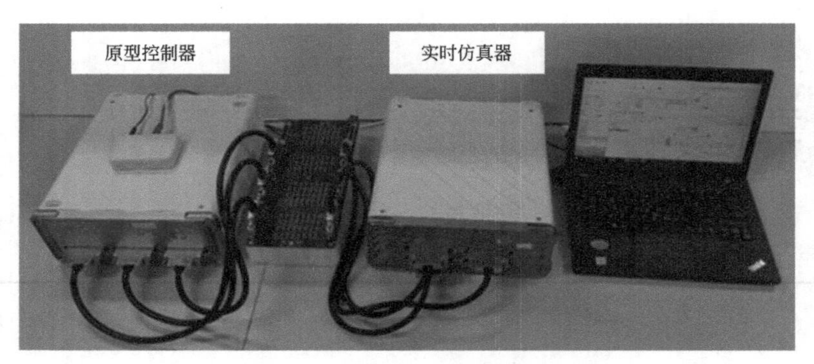

图 6-1-2　MIL 仿真系统实物

件参数。该系统采用的实时仿真器为 MT6020。

PC 上位机主要用于搭建主电路模型、设计控制算法、部署主电路模型、部署控制算法和进行监控调试工作。

交换机用于将 PC 上位机、原型控制器和实时仿真器组成局域网，实现不同设备间的互联互通。

转接盒主要用于原型控制器和实时仿真器的外部信号转接和引出测量端子。

示波器用于电气量和控制算法的中间变量瞬时波形的捕捉分析。

6.1.2　实时仿真器 MT6020 接口定义

如图 6-1-3 所示，实时仿真器 MT6020 共有 4 个 68 针接口，包含模拟输入 AI 16 路，模拟输出 AO 24 路，数字输入 DI 64 路，数字输出 DO 16 路。

CONNECTOR 0

信号	针	针	信号
+5V	68	34	+5V
DIO_0	67	33	GND
DIO_1	66	32	GND
DIO_2	65	31	GND
DIO_3	64	30	GND
DIO_4	63	29	GND
DIO_5	62	28	GND
DIO_6	61	27	GND
DIO_7	60	26	GND
DIO_9	59	25	DIO_8
DIO_11	58	24	DIO_10
DIO_13	57	23	DIO_12
DIO_15	56	22	DIO_14
AO7	55	21	AGND
AO6	54	20	AGND
AO5	53	19	AGND
AO4	52	18	AGND
AO3	51	17	AGND
AO2	50	16	AGND
AO1	49	15	AGND
AO0	48	14	AGND
AGND	47	13	AGND
AI7+	46	12	AI7–
AGND	45	11	AGND
AI6+	44	10	AI6–
AI5+	43	9	AI5–
AGND	42	8	AGND
AI4+	41	7	AI4–
AI3+	40	6	AI3–
AGND	39	5	AGND
AI2+	38	4	AI2–
AI1+	37	3	AI1–
AGND	36	2	AGND
AI0+	35	1	AI0-

CONNECTOR 1

信号	针	针	信号
DIO_30	68	34	DIO_31
GND	67	33	GND
DIO_28	66	32	DIO_29
GND	65	31	GND
DIO_26	64	30	DIO_27
GND	63	29	GND
DIO_24	62	28	DIO_25
GND	61	27	GND
DIO_22	60	26	DIO_23
GND	59	25	GND
DIO_20	58	24	DIO_21
GND	57	23	GND
DIO_18	56	22	DIO_19
GND	55	21	GND
DIO_16	54	20	DIO_17
GND	53	19	GND
DIO_14	52	18	DIO_15
GND	51	17	GND
DIO_12	50	16	DIO_13
GND	49	15	GND
DIO_10	48	14	DIO_11
GND	47	13	GND
DIO_8	46	12	DIO_9
GND	45	11	GND
DIO_6	44	10	DIO_7
GND	43	9	GND
DIO_4	42	8	DIO_5
GND	41	7	GND
DIO_2	40	6	DIO_3
GND	39	5	GND
DIO_0	38	4	DIO_1
GND	37	3	IGND
NC	36	2	IGND
IGND	35	1	IGND

CONNECTOR 2

信号	针	针	信号
+5V	68	34	+5V
DIO_0	67	33	GND
DIO_1	66	32	GND
DIO_2	65	31	GND
DIO_3	64	30	GND
DIO_4	63	29	GND
DIO_5	62	28	GND
DIO_6	61	27	GND
DIO_7	60	26	GND
NC	59	25	NC
NC	58	24	NC
NC	57	23	NC
DGND	56	22	DGND
AO7	55	21	AGND
AO6	54	20	AGND
AO5	53	19	AGND
AO4	52	18	AGND
AO3	51	17	AGND
AO2	50	16	AGND
AO1	49	15	AGND
AO0	48	14	AGND
NC	47	13	NC
NC	46	12	NC
NC	45	11	NC
NC	44	10	NC
NC	43	9	NC
DIO_14	42	8	DIO_15
GND	41	7	GND
DIO_12	40	6	DIO_13
GND	39	5	GND
DIO_10	38	4	DIO_11
GND	37	3	GND
DIO_8	36	2	DIO_9
GND	35	1	GND

CONNECTOR 3

信号	针	针	信号
+5V	68	34	+5V
DIO_0	67	33	GND
DIO_1	66	32	GND
DIO_2	65	31	GND
DIO_3	64	30	GND
DIO_4	63	29	GND
DIO_5	62	28	GND
DIO_6	61	27	GND
DIO_7	60	26	GND
DIO_9	59	25	DIO_8
DIO_11	58	24	DIO_10
DIO_13	57	23	DIO_12
DIO_15	56	22	DIO_14
AO7	55	21	AGND
AO6	54	20	AGND
AO5	53	19	AGND
AO4	52	18	AGND
AO3	51	17	AGND
AO2	50	16	AGND
AO1	49	15	AGND
AO0	48	14	AGND
NC	47	13	NC
AI7+	46	12	AI7–
AGND	45	11	AGND
AI6+	44	10	AI6–
AI5+	43	9	AI5–
AGND	42	8	AGND
AI4+	41	7	AI4–
AI3+	40	6	AI3–
AGND	39	5	AGND
AI2+	38	4	AI2–
AI1+	37	3	AI1–
AGND	36	2	AGND
AI0+	35	1	AI0-

图 6-1-3　实时仿真器 MT6020 外部信号接口

其中：

(1) 在 DO 通道中，Con1_D24：D29(即 Connector 1：DIO_24～29)被固定为电机的编码器或霍尔传感器的输出，用户可在 Models→Model on FPGA 界面进行配置。

(2) 当电机输出单端编码器信号及霍尔传感器信号时，Con1_D 24：D26(即 Connector 1：DIO_24～26)依次表示为电机编码器的 A、B 和 Z 信号；Con1_D27：D29(即 Connector 1：DIO_27～29)依次表示为霍尔传感器的 U、V 和 W 信号。

(3) 当电机输出差分编码器信号(不包含霍尔传感器信号)时，Con1_D 24：D29(即 Connector 1：DIO_24～29)依次表示为电机编码器的 A＋、B＋、Z＋、A－、B－和 Z－信号。

(4) AI 和 AO 信号范围为±10 V，DI 和 DO 信号范围为 3.3 V TTL 电平。

6.1.3　原型控制器 MT1050 接口定义

如图 6-1-4 所示，原型控制器 MT1050 共有 3 个 68 针接口，包含模拟输入 AI 16 路，模拟输出 AO 6 路，数字输入 DI 16 路，数字输出 DO 48 路。表 6-1-1 给出了接口定义。如果使用旋变 Resolver 模式，则 A16、A17、A05 被占用，DI 00：31 为可配置 PWM 类型。

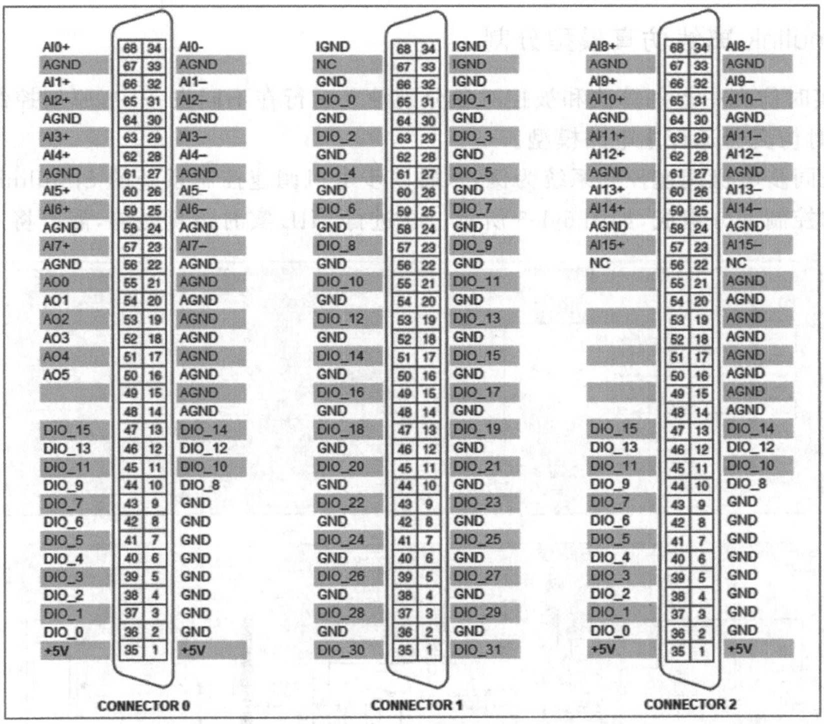

图 6-1-4　原型控制器 MT1050 外部信号接口

表 6-1-1　MT1050 接口表

接　口	物理通道	逻辑名称/mapping 列表	信号范围
AI 16 路	Connector 0：AI 0～7	AI 0～AI 7	±10 V
	Connector 2：AI 8～15	AI 8～AI 15	±10 V

续表

接　口	物 理 通 道	逻辑名称/mapping 列表	信 号 范 围
AO 6 路	Connector 0：AO 0～5	AO0～AO5	±10 V
DO 48 路	Connector 1：DIO 0～7	PWM0：7	3.3 V/TTL
	Connector 1：DIO 8～15	PWM8：15	3.3 V/TTL
	Connector 1：DIO 16～23	PWM16：23	3.3 V/TTL
	Connector 1：DIO 24～31	PWM24：31	3.3 V/TTL
	Connector 0：DIO 0～7	Con0_D0～7	3.3 V/TTL
	Connector 0：DIO 8～15	Con0_D8～15	3.3 V/TTL
DI 16 路	Connector 2：DIO 0～5	ABZUVW	3.3 V/TTL
	Connector 2：DIO 6～14	Con2_D6～14	3.3 V/TTL
	Connector 2：DIO 15	急停信号输入	3.3 V/TTL

6.1.4 Simulink 离线仿真模型分割

MIL 实时仿真中控制算法和被控对象分别独立运行在不同设备中，原型控制器运行控制算法，实时仿真器运行主电路模型。

以永磁同步电机调速控制系统为例，永磁同步电机调速控制系统的 Simulink 模型由主电路部分和控制部分组成，如图 6-1-5 所示。在进行 MIL 实时仿真之前，需要将主电路和控

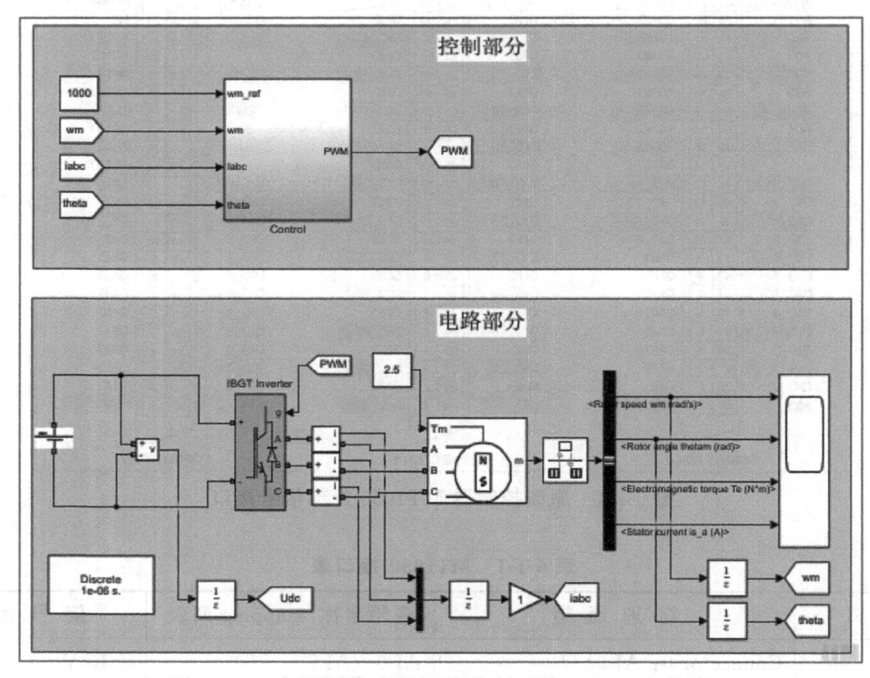

图 6-1-5　永磁同步电机调速控制系统 Simulink 仿真

制算法分割分别保存为新的 Simulink 文件，如图 6-1-6 所示。控制部分加载到原型控制器 MT1050，电路部分加载到实时仿真器 MT6020，如图 6-1-7 所示。

通过 MIL 实时仿真过程，可以快速验证控制原理和观察控制效果，系统具有 I/O 交互接口，可指导控制器资源设计。

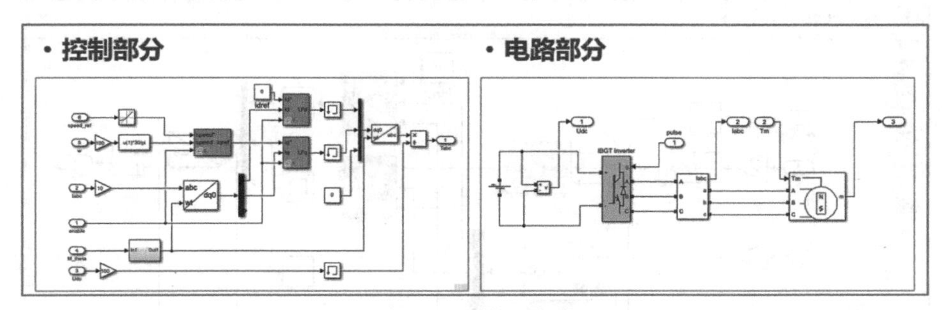

图 6-1-6 模型分割

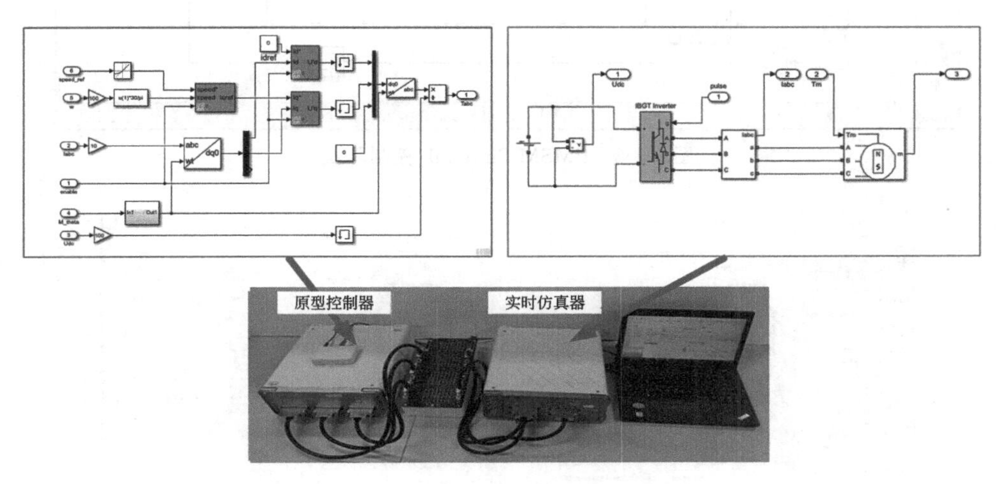

图 6-1-7 控制算法与主电路模型放置位置

6.1.5 原型控制器自动代码生成过程

首先需要将 Simulink 控制算法通过自动代码生成技术生成可执行文件，然后才能部署到原型控制器。

(1) 打开控制算法 Simulink 文件，如图 6-1-8 所示，然后单击 按钮，打开解算器配置窗口。

(2) 解算器配置步骤一：如图 6-1-9 所示，在 Solver 界面中设置解算类型为定步长，步长时间和实际控制器的控制步长一致。这里设置控制步长为 0.000 1 s。

(3) 解算器配置步骤二：如图 6-1-10 所示，在 Code Generation 界面中选择生成可执行文件类型，这里选择 MTRealTime_ZYNQ. tlc。

(4) 生成可执行代码：解算器配置完成后，单击 按钮，编译生成 PMSM 可执行文件 libx_PM_750_control. a，如图 6-1-11 所示。

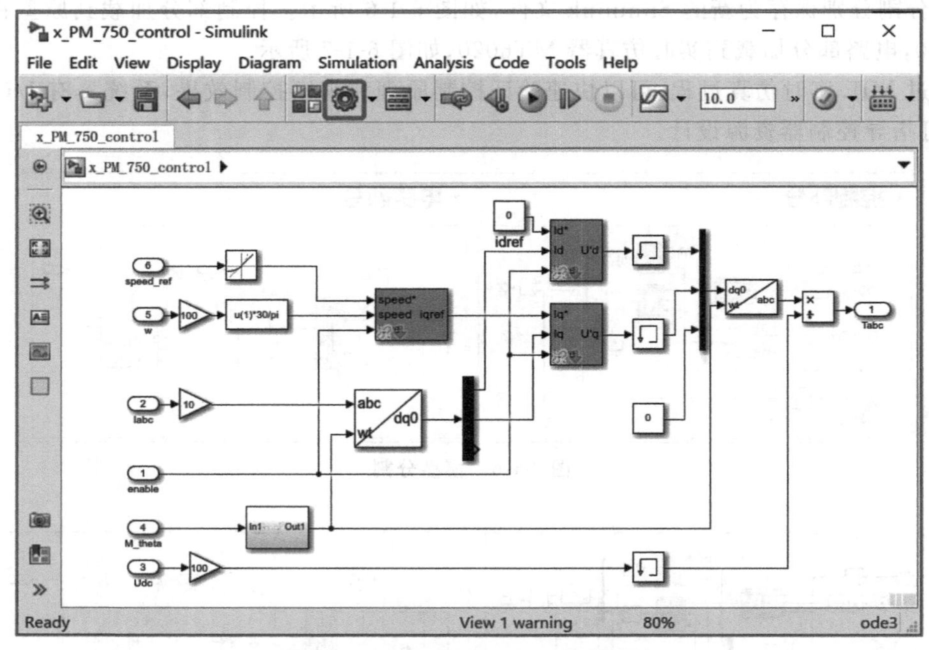

图 6-1-8　PMSM Simulink 控制算法

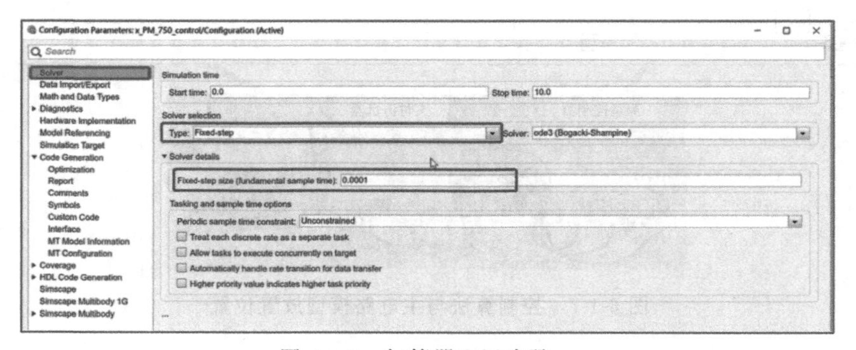

图 6-1-9　解算器配置步骤一

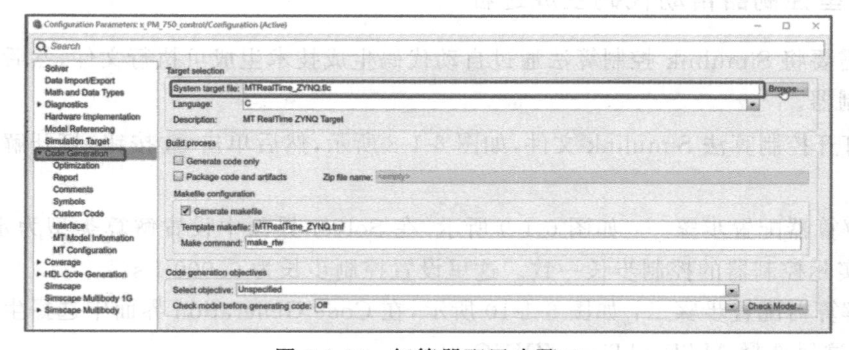

图 6-1-10　解算器配置步骤二

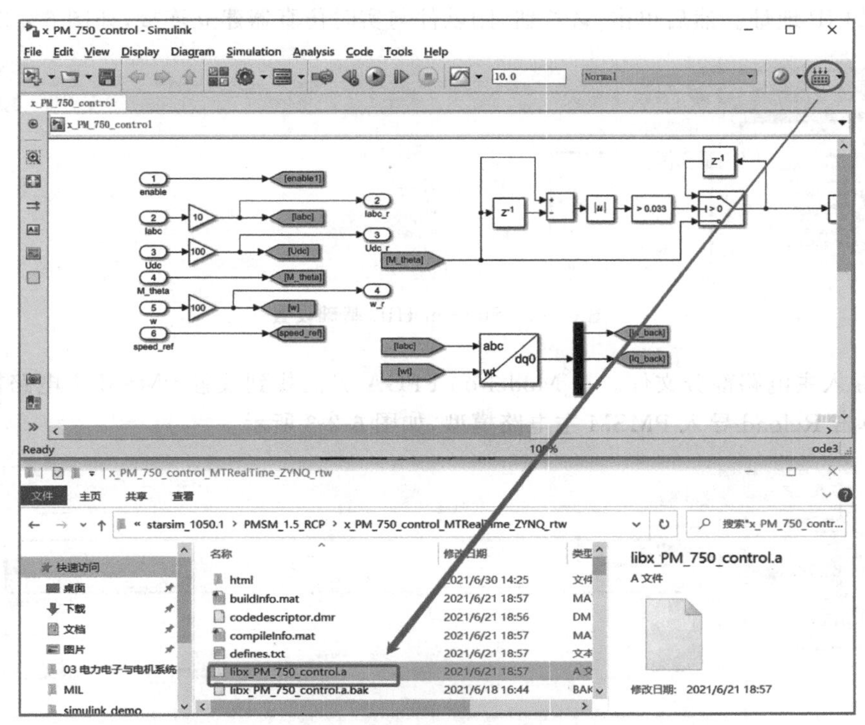

图 6-1-11　生成可执行文件

6.2 MIL 实时仿真——永磁同步电机调速控制

6.2.1 PMSM 主电路部分加载到实时仿真器的过程

(1) 新建一个文件夹，如 PMSM_1.5_HIL。将 PMSM 主电路 Simulink 文件 x_PM_750_circuit.slx 放置在该文件夹下。然后在该文件夹下新建一个永磁同步电机调速控制的 StarSim HIL 工程文件，命名为 x_PM_750_motor_6020.sfprj，如图 6-2-1 所示。

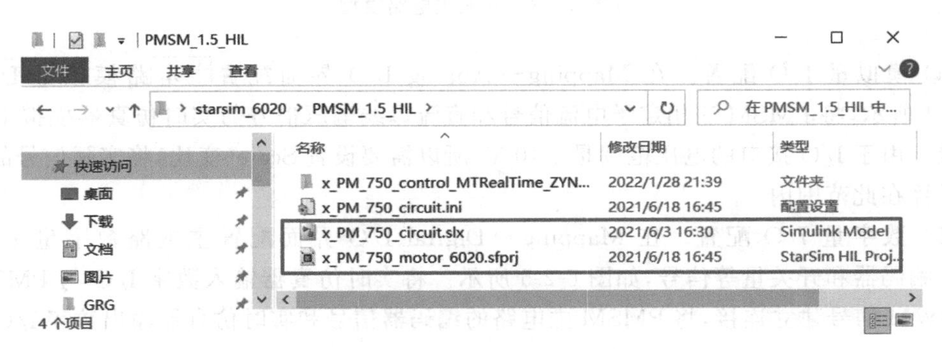

图 6-2-1　仿真器 MT6020 文件

(2) 双击打开新建的 PMSM 主电路 StarSim HIL 文件，设置实时仿真器类型为 6020，以及对应的 IP 地址。然后单击 按钮,则软件与实时仿真器建立连接,如图 6-2-2 所示。

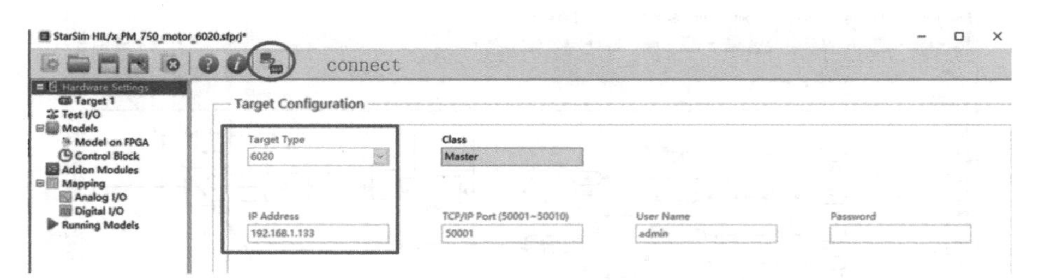

图 6-2-2　StarSim HIL 基础设置

(3) 导入主电路部分文件。在 Model on FPGA 界面找到放置 PMSM 主电路模型文件的路径,单击 Reload 导入 PMSM 主电路模型,如图 6-2-3 所示。

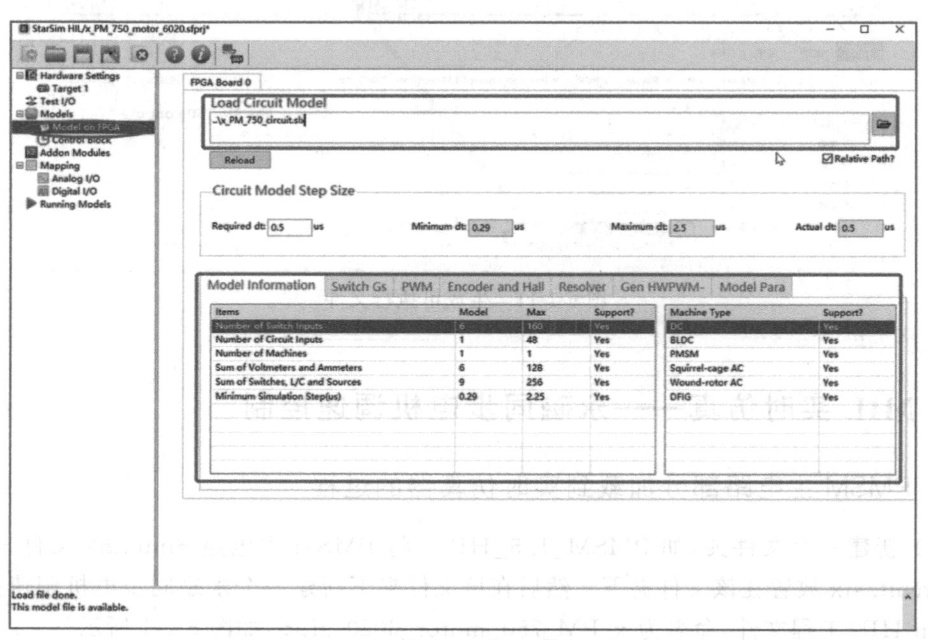

图 6-2-3　导入主电路模型

(4) 模拟量 I/O 配置。在 Mapping→Analog I/O 界面配置主电路模拟量 I/O,如图 6-2-4 所示,将 PMSM 三相定子电流信号和直流母线电压信号与实时仿真器模拟 I/O 接口连接。由于 I/O 接口的电压范围是±10 V,所以需要设置 Scale(变比)将实际信号的数值大小折算在此范围内。

(5) 数字量 I/O 配置。在 Mapping→Digital I/O 界面配置主电路数字量 I/O,如 PWM、编码器和开关量等信号,如图 6-2-5 所示。将实时仿真器输入数字 I/O 与 PMSM 主电路 PWM 信号建立连接,将 PMSM 主电路的编码器信号和实时仿真器输出数字 I/O 建立连接。

(6) 打开 Running Models 界面,搭建 PMSM 主电路数据监测上位机界面,从 Palette 中拖拽波形显示控件与指令给定控件到工作空间,建立两个示波器和一个转矩给定控件,如

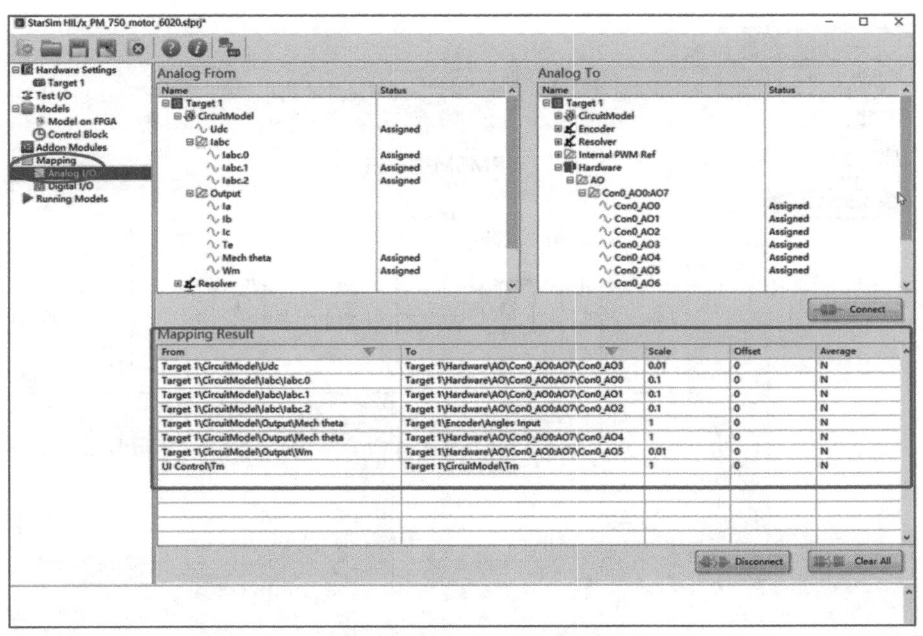

图 6-2-4　模拟量 I/O 配置

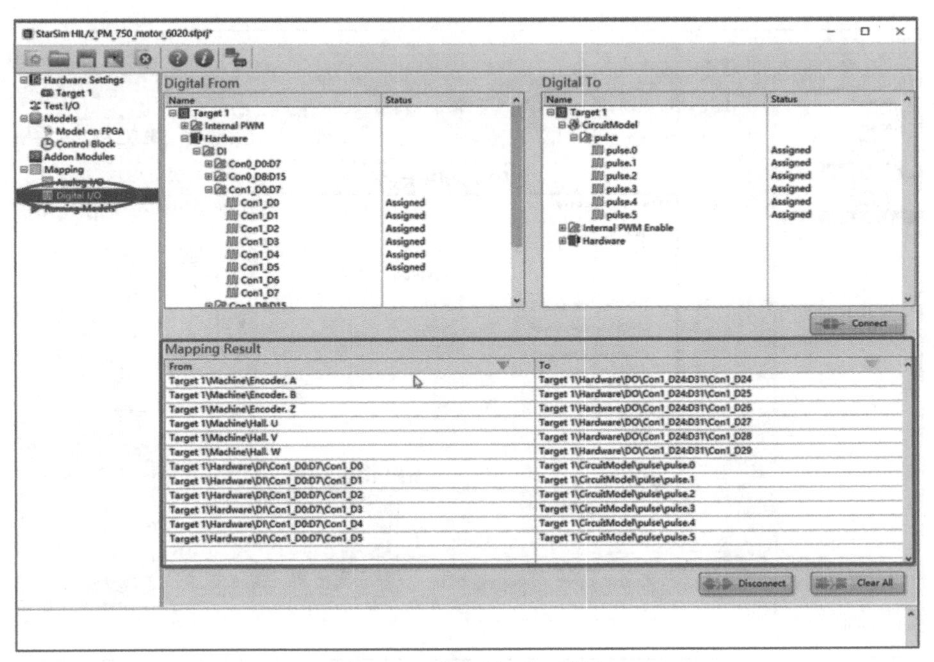

图 6-2-5　数字量 I/O 配置

图 6-2-6 所示。双击示波器选择需要观察的变量，如选择三相定子电流和转矩、转速变量，如图 6-2-7 所示。

(7) 单击按钮，将 PMSM 主电路部署到实时仿真器 MT6020 中，如图 6-2-8 所示；

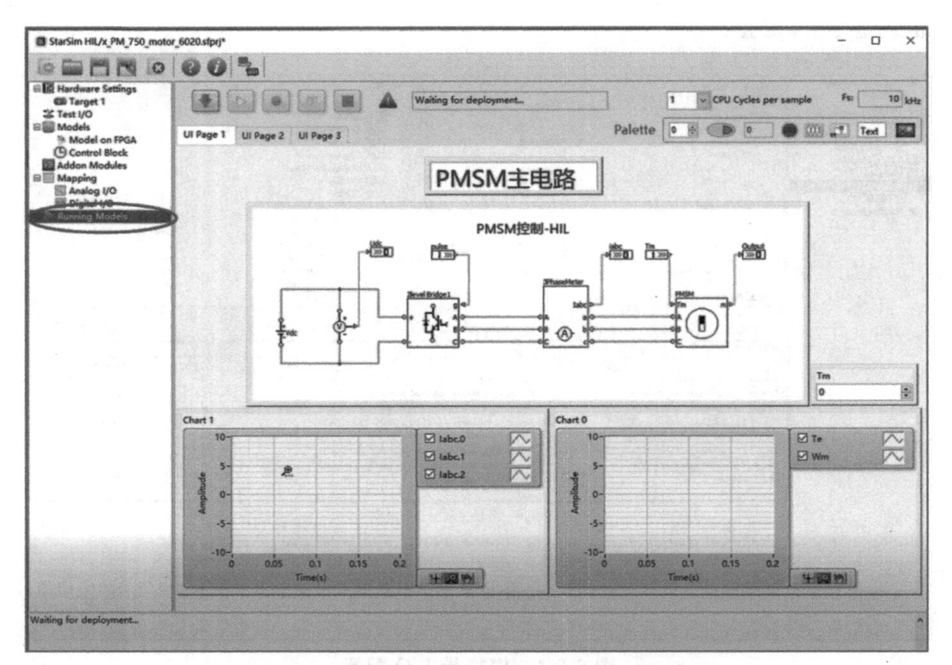

图 6-2-6 PMSM 主电路数据监测上位机界面

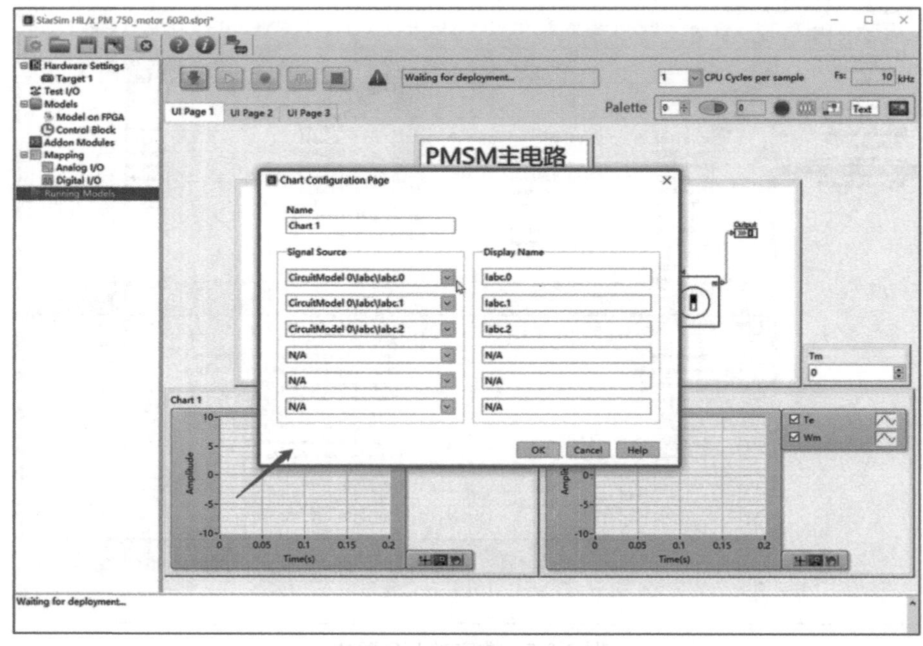

图 6-2-7 添加示波器变量

然后单击 ▷ 按钮，运行实时仿真器中的主电路模型。此时示波器数据开始刷新，可以观察到模型实时初始运行状态，如图 6-2-9 所示。

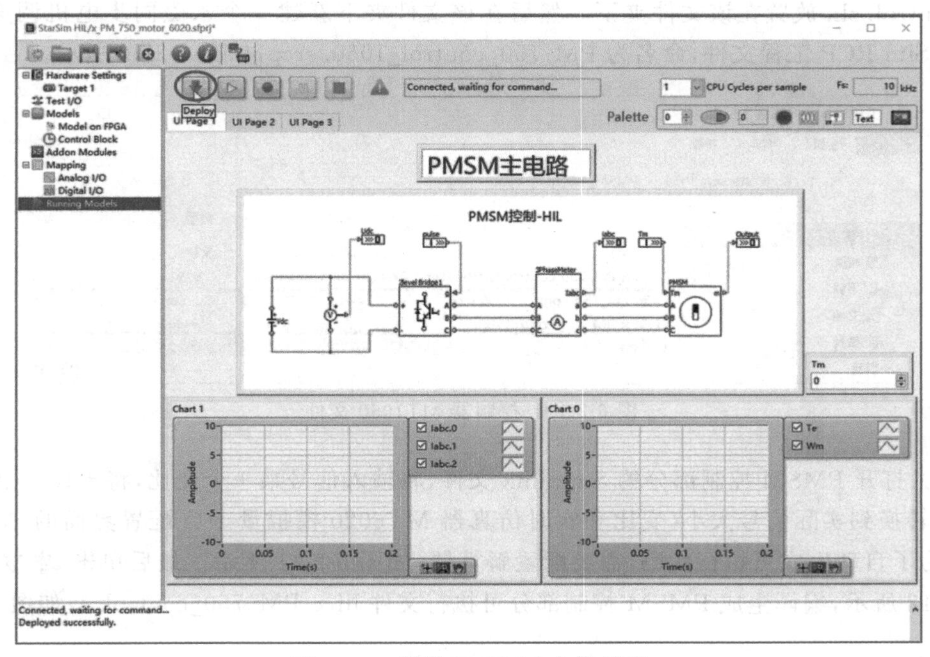

图 6-2-8　部署 PMSM 主电路模型

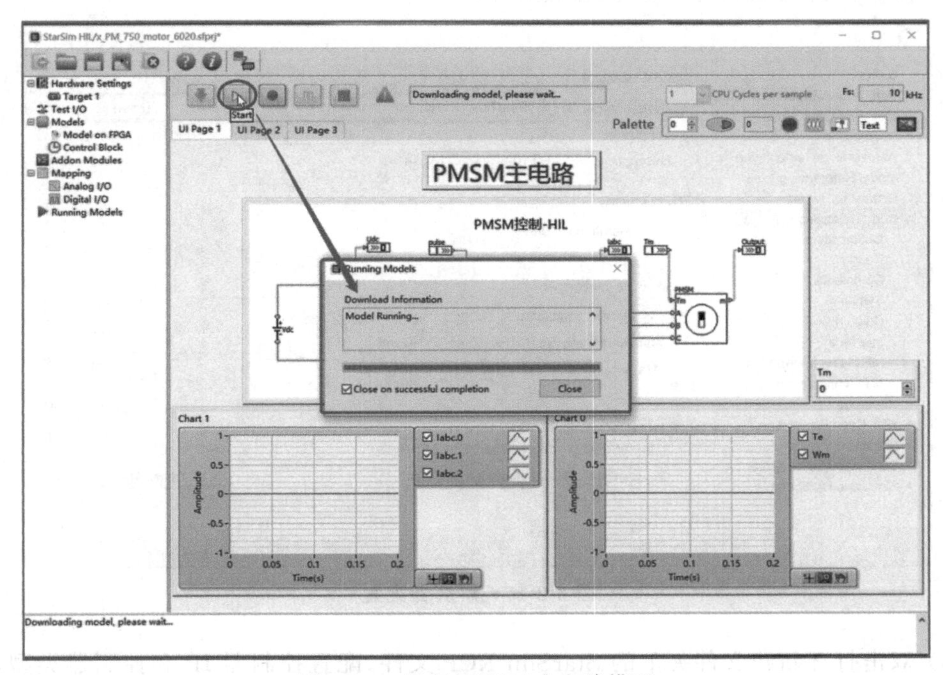

图 6-2-9　运行 PMSM 主电路模型

6.2.2　PMSM 控制部分加载到原型控制器的过程

（1）新建一个文件夹 PMSM_1.5_RCP，将 PMSM 控制部分的 Simulink 文件 x_PM_

750_control. slx 放置在该文件夹下。然后在该文件夹下新建一个永磁同步电机调速控制的 StarSim RCP 工程文件，命名为 PM_750_control_1050. srcp，如图 6-2-10 所示。

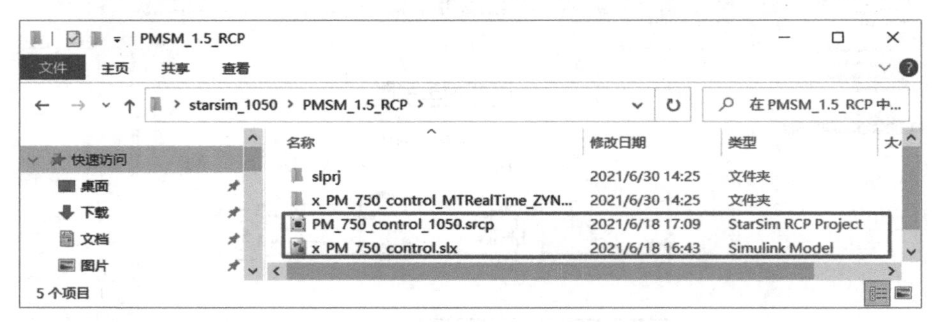

图 6-2-10 控制器 MT1050 文件

(2) 打开 PMSM 控制部分的 Simulink 文件，将输入信号乘一个变比，将±10 V 内的检测信号转换到实际信号大小(变比和实时仿真器 MT6020 模拟量 I/O 配置界面的 Scale 有关)。为了自动生成可执行代码，需要配置解算器，如图 6-2-11 所示。最后单击按钮，如图 6-2-12 所示，编译生成 PMSM 控制部分可执行文件 libx_PM_750_control. a，如图 6-2-13 所示。

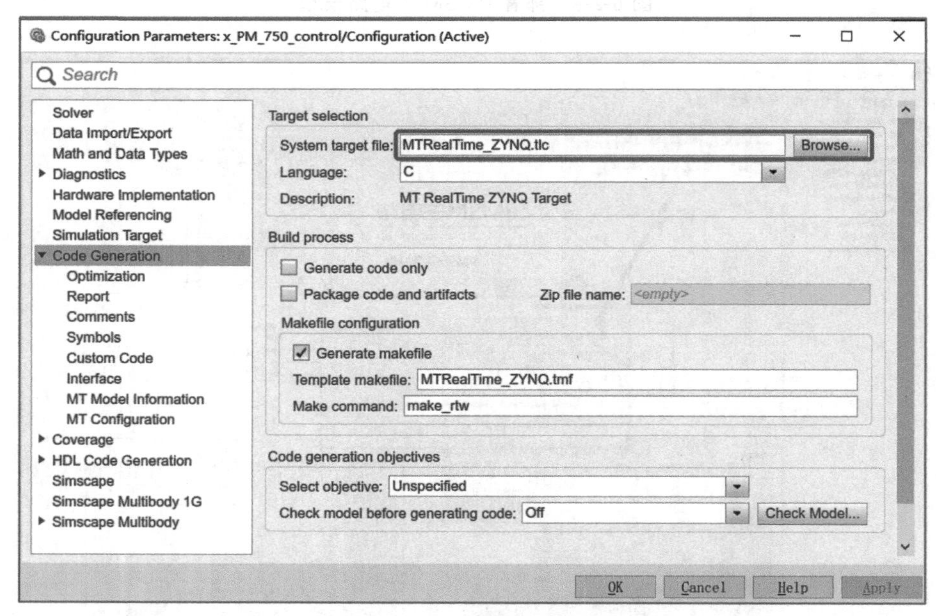

图 6-2-11 解算器配置

(3) 双击打开新建文件夹下的 StarSim RCP 文件，配置控制器 IP 和控制器类型，控制器选择 1050。然后单击按钮，则 StarSim RCP 软件与 MT1050 控制器建立连接，如图 6-2-14 所示。

(4) 切换到 FPGA Boards 界面，配置控制器输出 PWM 频率、死区时间和编码器。开关频率设置为 10 kHz，死区时间设置为 1 μs，如图 6-2-15 所示。

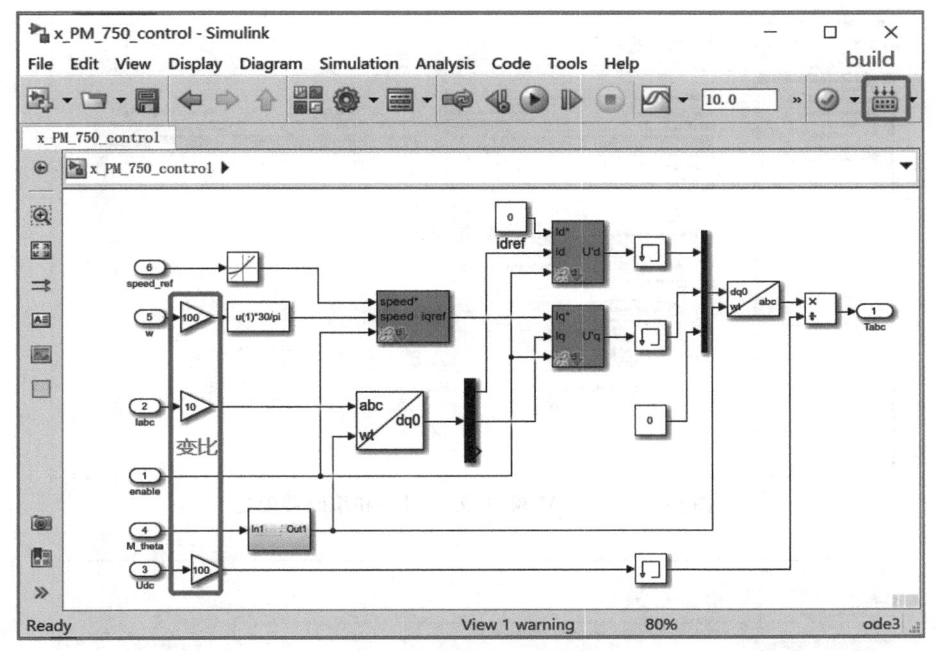

图 6-2-12　控制算法添加变比

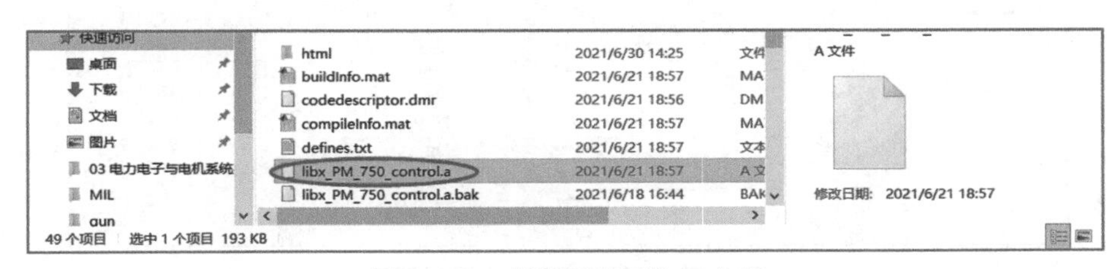

图 6-2-13　控制算法可执行文件

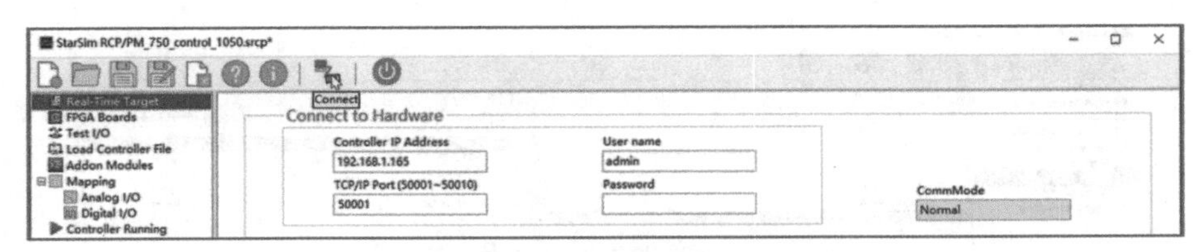

图 6-2-14　MT1050 控制器基础配置

(5) 切换到 Load Controller File 界面，添加自动代码生成的 PMSM 控制算法可执行文件 libx_PM_750_control. a，配置控制算法的输入/输出，确定每个输入/输出变量的数据类型，如图 6-2-16 所示。

(6) 配置模拟量 I/O。打开 Mapping→Analog I/O 界面，配置实时控制器 MT1050 模拟量 I/O 接口与控制算法的输入变量连接，控制算法的输出变量与实时控制器内部生成 PWM 模块的指令变量连接，如图 6-2-17 所示。

(7) 配置数字量 I/O。控制器自带的 PWM 模块生成的脉冲信号和自带编码器解码模块 ABZ 信号与控制器 MT1050 相关的数字 I/O 自动匹配。在 Controller Running 面板添

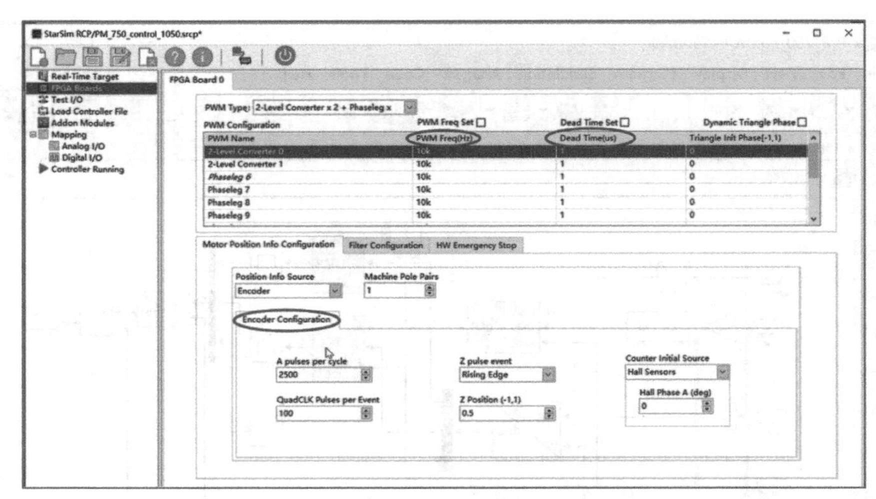

图 6-2-15　PWM 频率、死区时间和编码器配置

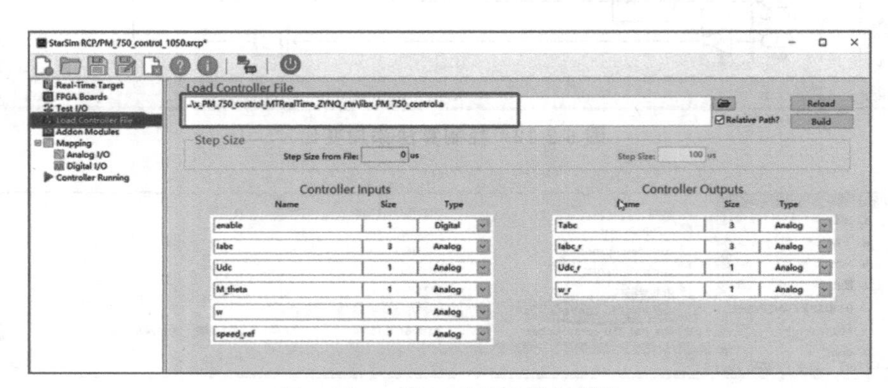

图 6-2-16　导入 PMSM 控制算法

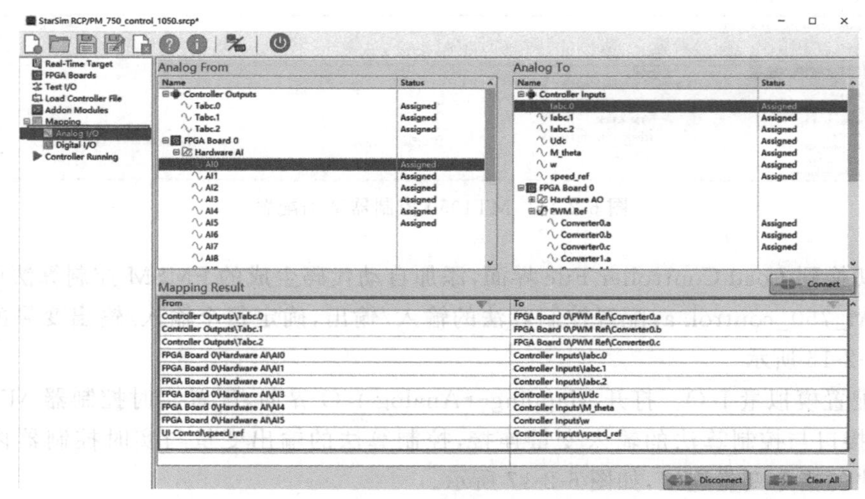

图 6-2-17　模拟量 I/O 配置

加一个 enable 控制信号，然后将控制算法的 enable 使能信号和 PWM 模块的使能信号连接，控制 PMSM 算法的运行，如图 6-2-18 所示。

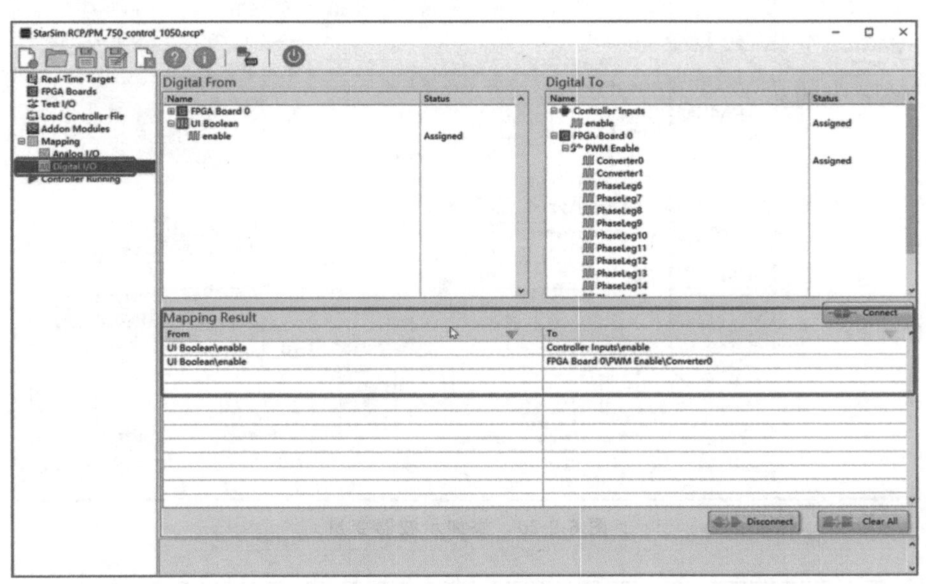

图 6-2-18　数字量 I/O 配置

(8) 切换到 Controller Running 界面，搭建 PMSM 控制界面，在 Palette 中选择控件。如图 6-2-19 所示，添加一个 enable 布尔控件、一个 speed_ref 速度指令给定控件和三个示波器控件。双击示波器，添加实时观测的变量，如电流、直流母线电流和转速信号等，如图 6-2-20 所示。

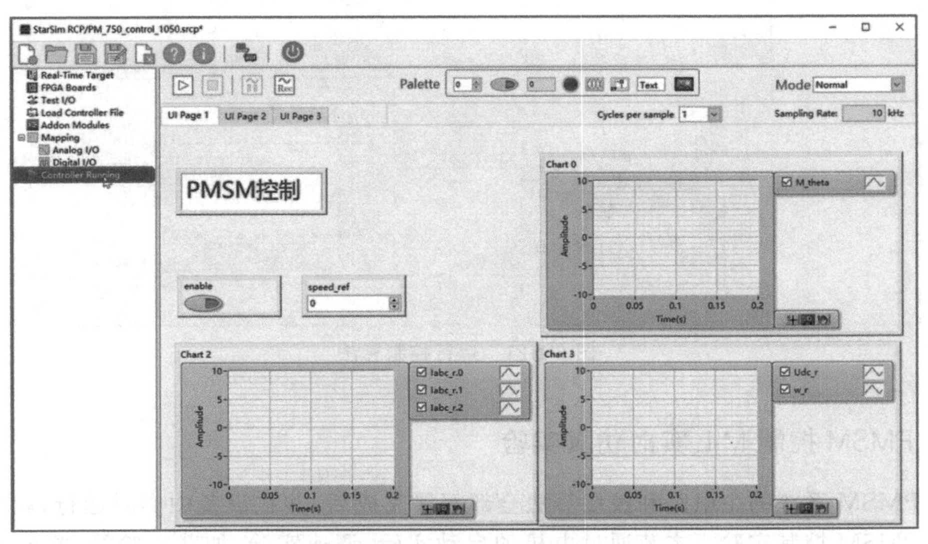

图 6-2-19　PMSM 监控界面

(9) 单击 ▷ 按钮，运行原型实时控制器中的控制算法，示波器波形开始刷新，控制算法开始工作，如图 6-2-21 所示。

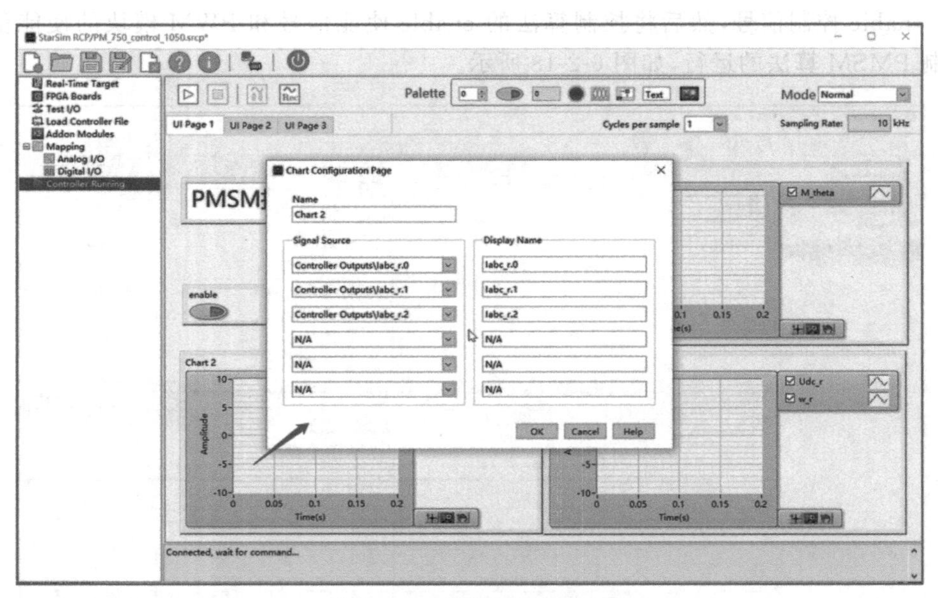

图 6-2-20　添加示波器变量

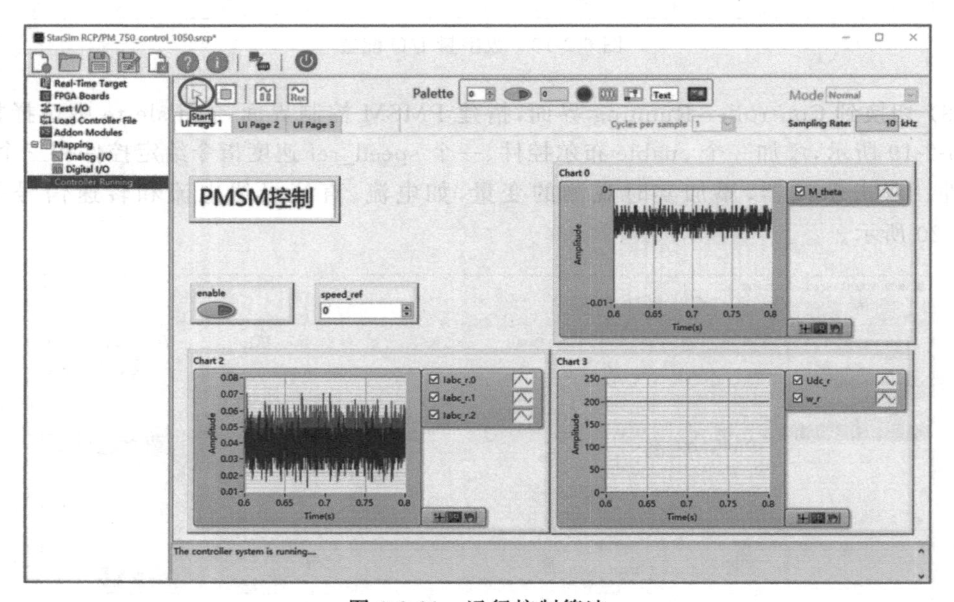

图 6-2-21　运行控制算法

6.2.3　PMSM 控制 MIL 实时仿真实验

当 PMSM 系统的主电路和控制算法全部部署完成后，并在设备中实时运行，就可以开始进行 PMSM 控制实验。本节通过电机的启动实验、调速实验、加载实验等，验证 PMSM 调速控制 MIL 系统性能。

注意：示波器显示转速单位为 rad/s，电机转速给定单位为 r/min。

1. 启动实验

在打开 StarSim RCP 软件中给定转速 100 r/min，电机负载为 0，然后单击 enable 按钮，空载启动 PMSM 控制，如图 6-2-22 所示，可以观察到定子电流、转速和转矩瞬间变化过程。

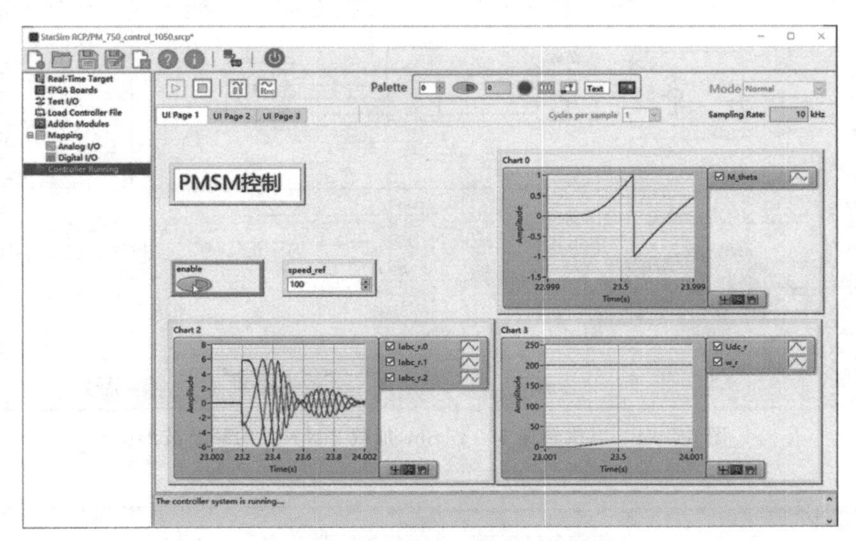

图 6-2-22　PMSM 启动控制

2. 带载实验

在 StarSim HIL 软件上对电机进行加载。图 6-2-23 所示转速控制为 1 000 r/min，电机加载 3 N·m 的稳态波形；图 6-2-24 所示转速控制为 500 r/min，电机加载 2 N·m 的瞬态波形；图 6-2-25 所示为加载 2 N·m 的转矩和转速变化瞬态放大波形；图 6-2-26 所示转速控制为 500 r/min，电机卸载 2 N·m 的瞬态波形；图 6-2-27 所示为转矩变化过程放大波形。

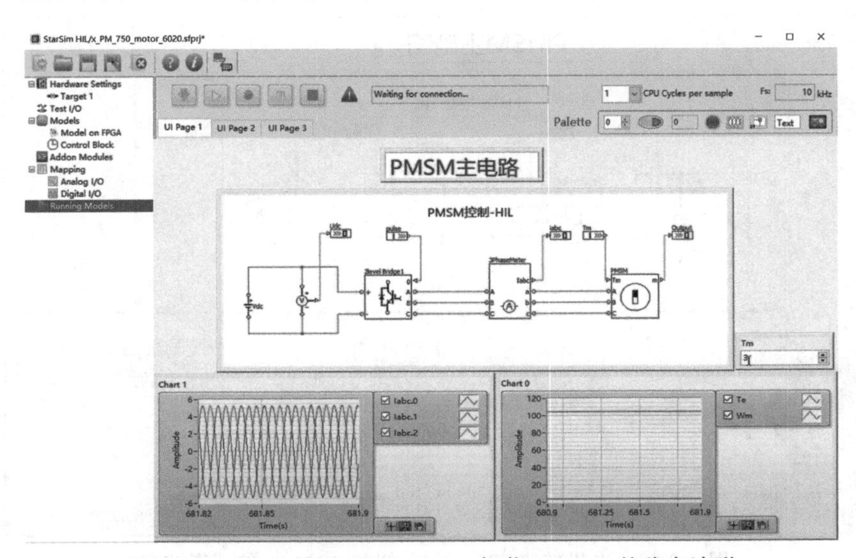

图 6-2-23　电机转速 1 000 r/min，加载 3 N·m 的稳态波形

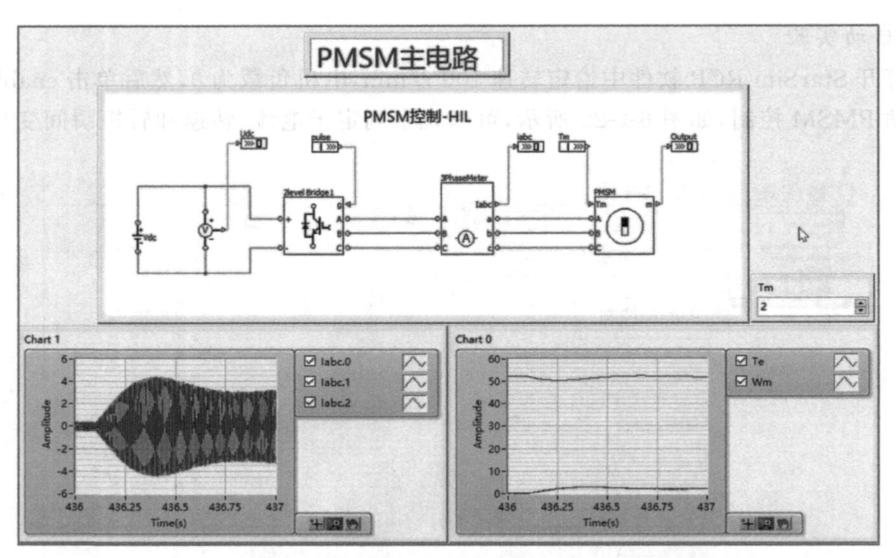

图 6-2-24　电机转速 500 r/min,加载 2 N·m 的瞬态波形

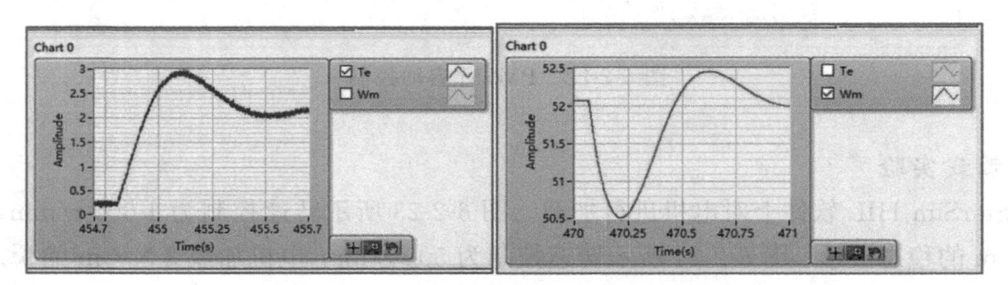

图 6-2-25　加载瞬间转矩和转速变化过程

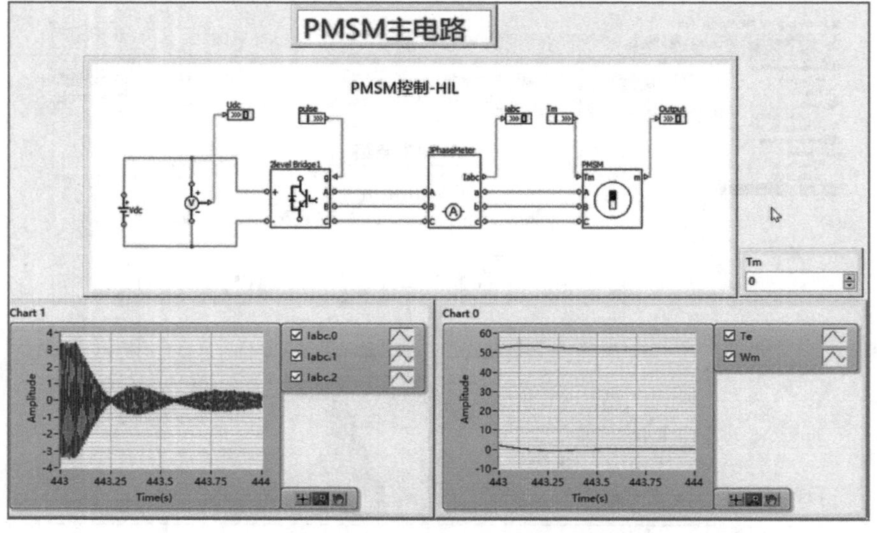

图 6-2-26　电机转速 500 r/min,卸载 2 N·m 的瞬态波形

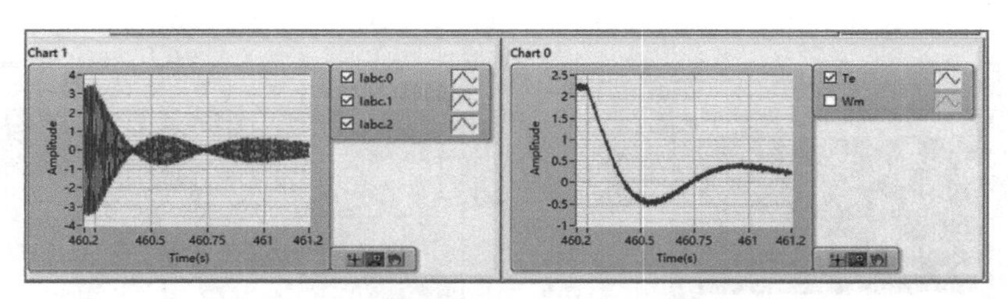

图 6-2-27　卸载 2 N·m，电流和转矩瞬间波形

3．正反转切换实验

在 StarSim HIL 软件上控制转速变化，观察速度和电流变化情况。图 6-2-28 所示为电机由＋1 000 r/min 变为－1 000 r/min，过零点瞬间电流和转速变化情况。

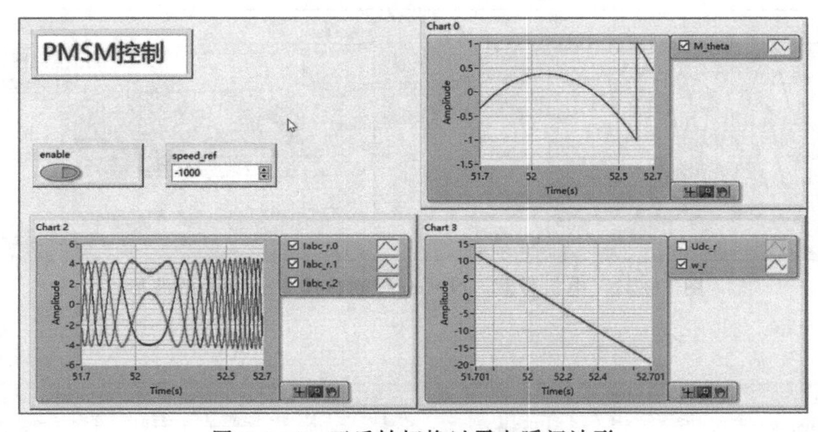

图 6-2-28　正反转切换过零点瞬间波形

4．带载调速实验

电机带载 3 N·m，调节电机转速，观察电机不同转速下的带载情况，分别如图 6-2-29～图 6-2-33 所示。

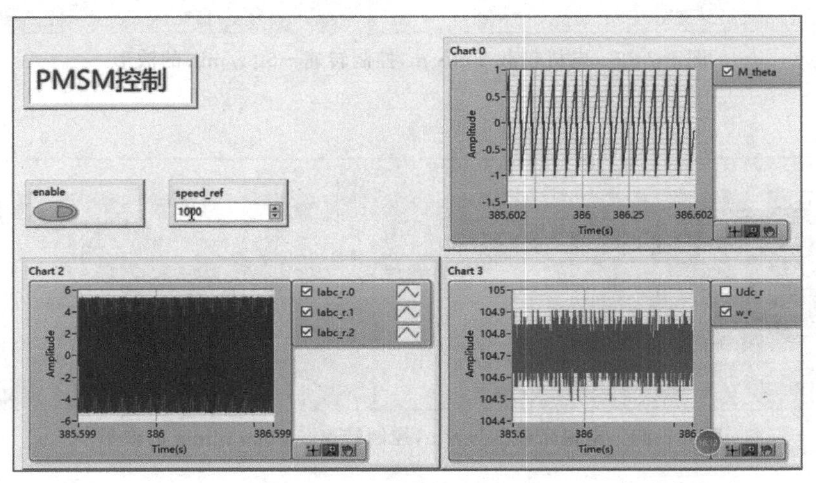

图 6-2-29　电机带载 3 N·m，控制转速 1 000 r/min 的稳态波形

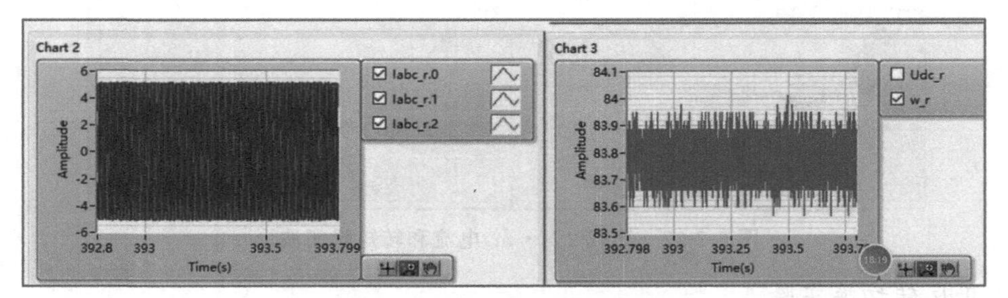

图 6-2-30　电机带载 3 N・m,控制转速 800 r/min 的波形

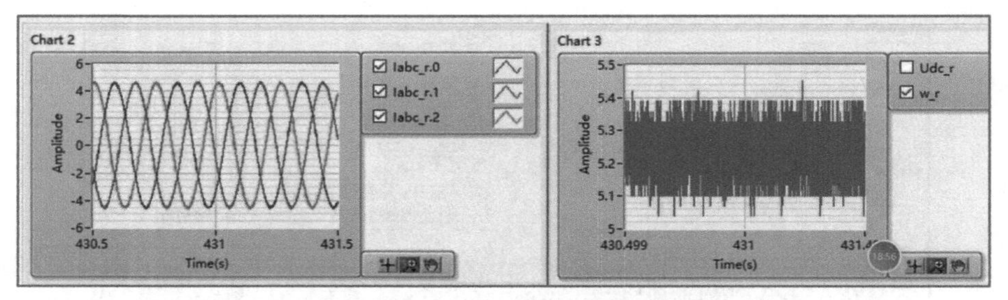

图 6-2-31　电机带载 3 N・m,控制转速 50 r/min 的波形

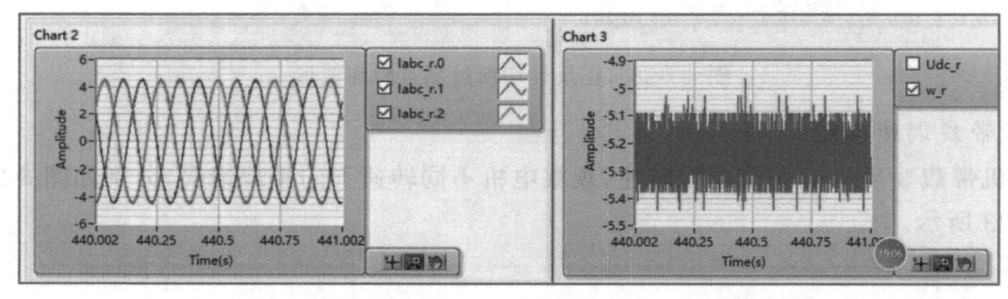

图 6-2-32　电机带载 3 N・m,控制转速－50 r/min 的波形

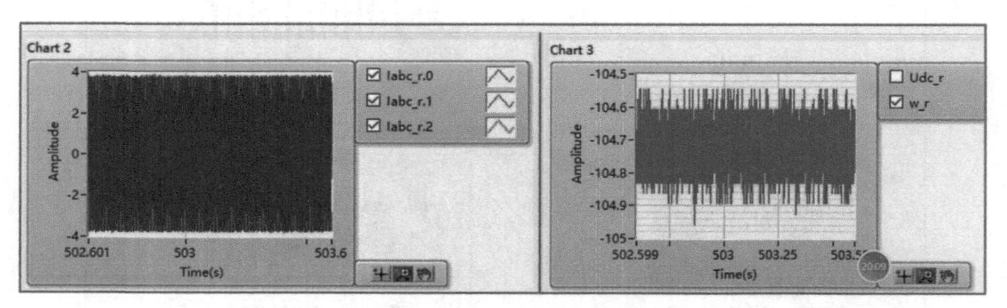

图 6-2-33　电机带载 3 N・m,控制转速－1 000 r/min 的波形

6.3 MIL 实时仿真——三相并网逆变器控制

6.3.1 三相并网逆变器主电路部分加载到实时仿真器的过程

(1) 新建一个文件夹,如 DCAC_G_HIL。将如图 6-3-1 所示的三相并网逆变器主电路 Simulink 文件放置在该文件夹下。然后在该文件夹下新建一个三相并网逆变器 StarSim HIL 工程文件,命名为 DCAC_G_circuit.sfprj,如图 6-3-2 所示。

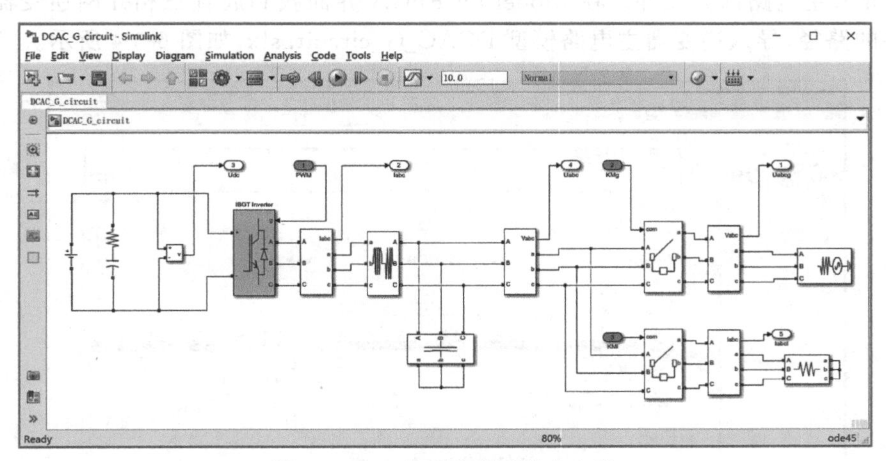

图 6-3-1　三相逆变器系统主电路

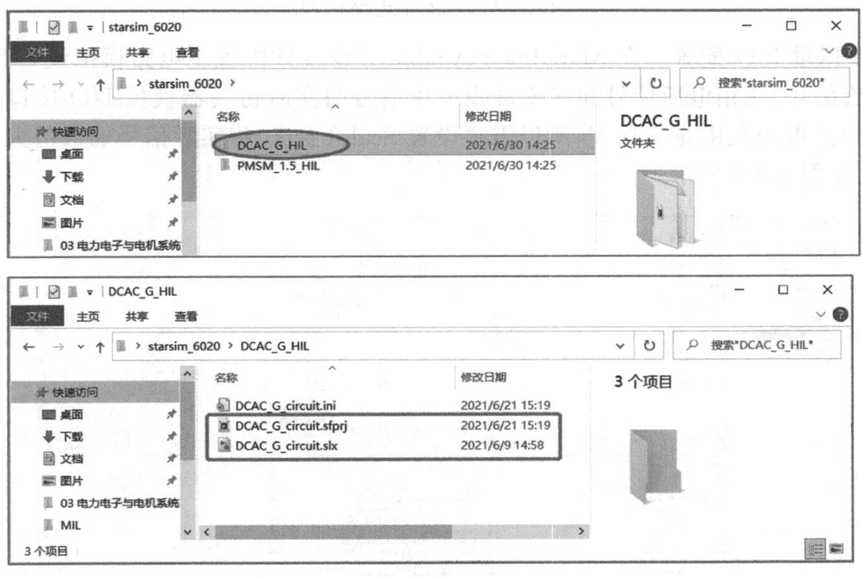

图 6-3-2　仿真器 MT6020 文件

(2) 双击打开新建的三相并网逆变器 StarSim HIL 工程文件,配置实时仿真器类型为 6020,以及对应的 IP 地址。然后单击 按钮,则软件与实时仿真器建立连接,如图 6-3-3 所示。

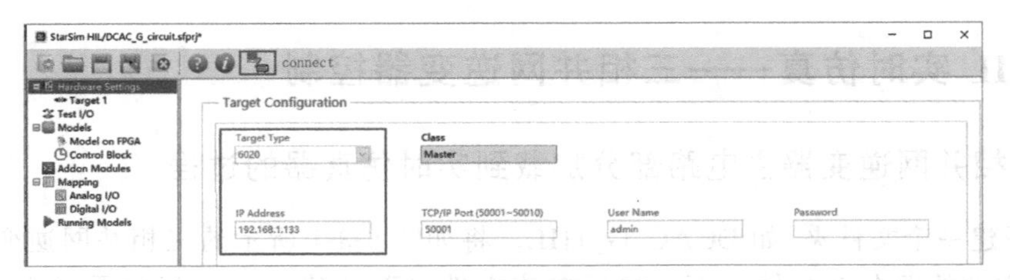

图 6-3-3　StarSim HIL 基础配置

（3）导入主电路部分文件。在 Model on FPGA 界面找到放置三相并网逆变器主电路模型文件的路径，导入逆变器主电路模型 DCAC_G_circuit. slx，如图 6-3-4 所示。

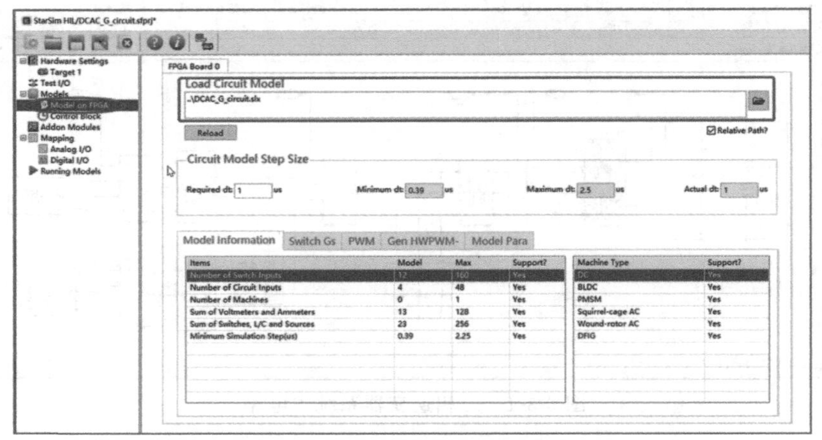

图 6-3-4　导入主电路模型

（4）模拟量 I/O 配置。在 Mapping→Analog I/O 界面配置主电路模拟量 I/O，将逆变器三相电流信号、三相电压信号和直流母线电压信号与实时仿真器模拟 I/O 接口连接。由于 I/O 接口的电压范围是±10 V，所以需要设置 Scale（变比）将实际信号的数值大小折算在此范围内，如图 6-3-5 所示。

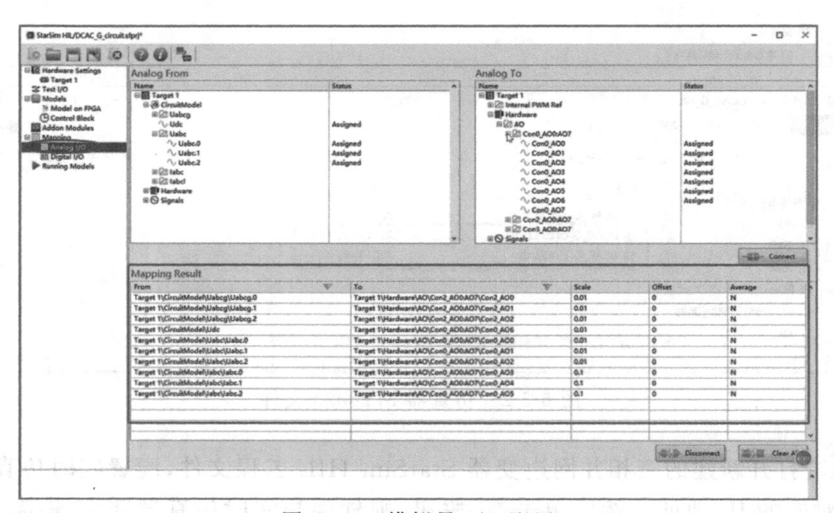

图 6-3-5　模拟量 I/O 配置

（5）数字量 I/O 配置。在 Mapping→Digital I/O 界面配置主电路数字量 I/O，如 PWM、开关量等信号。将实时仿真器输入数字 I/O 与三相并网逆变器主电路 PWM 信号建立连接，如图 6-3-6 所示。

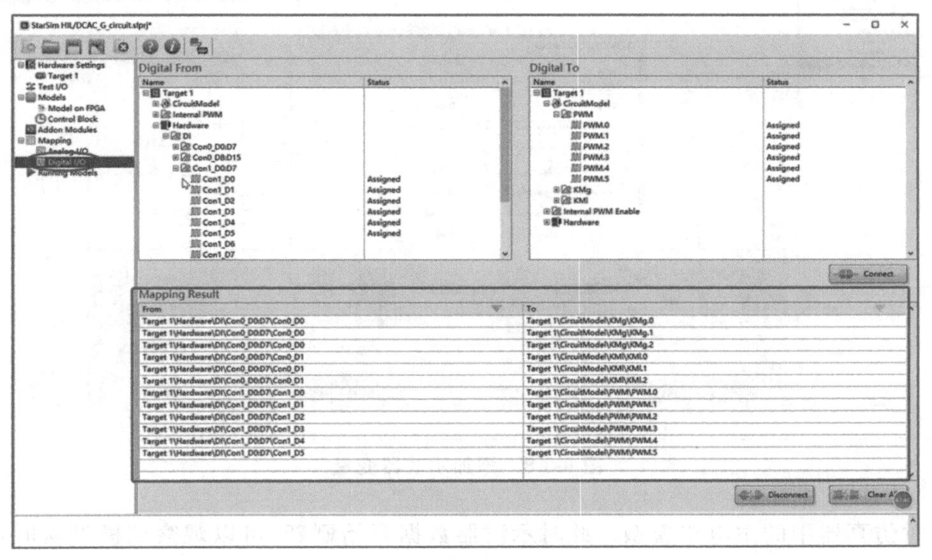

图 6-3-6　数字量 I/O 配置

（6）打开 Running Models 界面，搭建三相并网逆变器主电路数据监测上位机界面，从 Palette 中拖拽波形显示控件与数值显示控件到工作空间，如图 6-3-7 所示，建立两个示波器和一个直流母线电压显示。双击示波器选择需要观察的变量，如选择逆变器和电网的电压和电流，如图 6-3-8 所示。

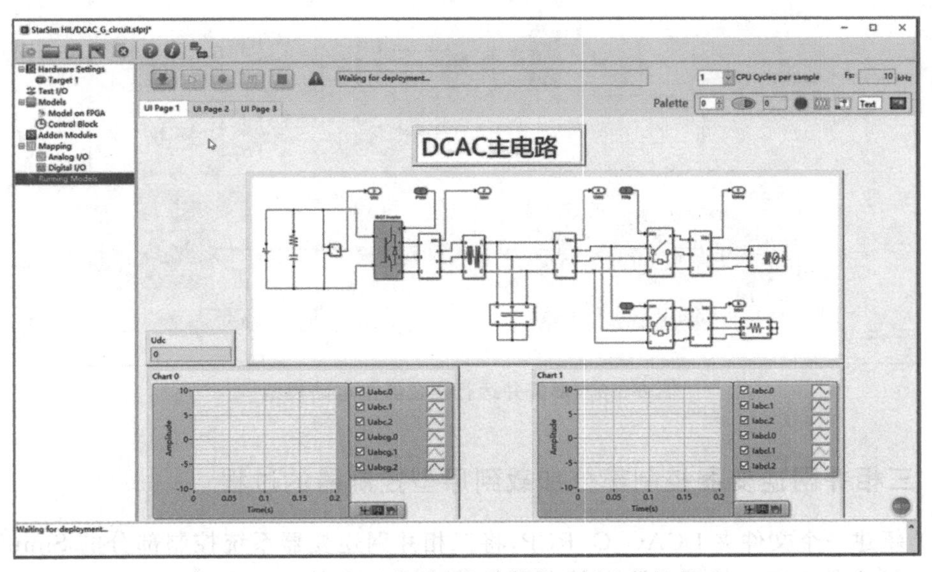

图 6-3-7　三相逆变器主电路数据监测上位机界面

（7）单击 按钮，将逆变器主电路部署到实时仿真器 MT6020 中；然后单击▷按钮，

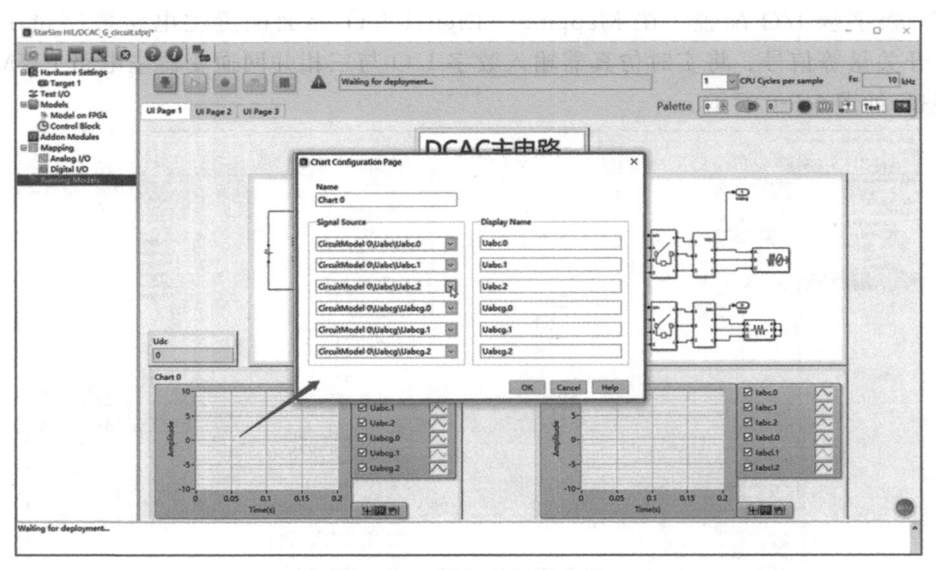

图 6-3-8　添加示波器变量

运行实时仿真器中的主电路模型。此时示波器数据开始刷新，可以观察到模型实时运行初始状态，如图 6-3-9 所示。

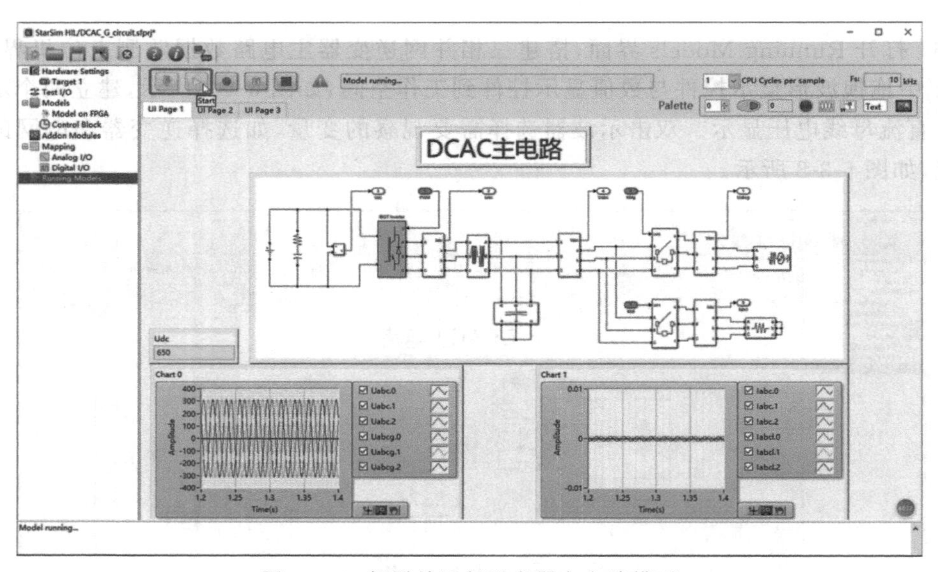

图 6-3-9　部署并运行逆变器主电路模型

6.3.2　三相并网逆变器控制部分加载到原型控制器的过程

(1) 新建一个文件夹 DCAC_G_RCP，将三相并网逆变器系统控制部分的 Simulink 文件放置在该文件夹下。然后在该文件夹下新建一个三相并网逆变器的 StarSim RCP 工程文件，命名为 DCAC_G_control_1050_2. srcp，如图 6-3-10 所示。

(2) 打开三相并网逆变器系统控制部分的 Simulink 文件，将输入信号乘一个变比，将

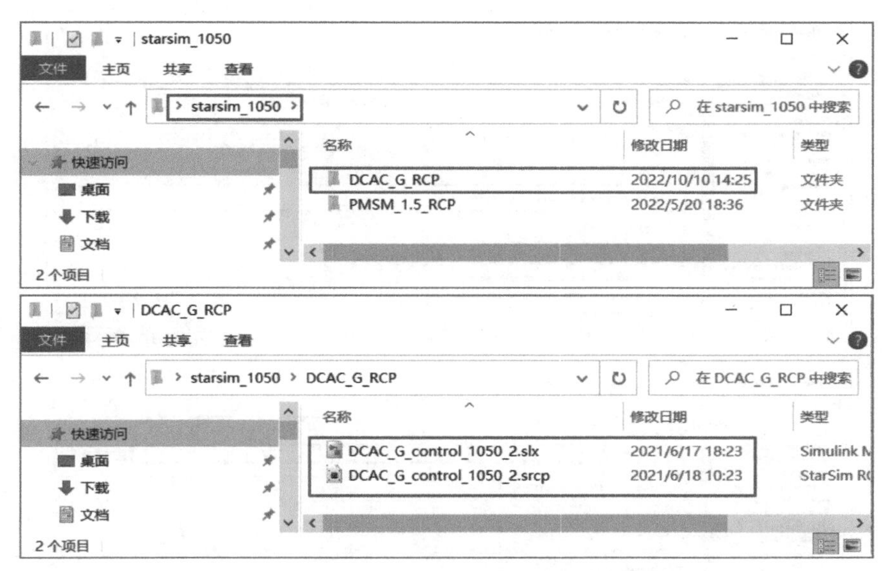

图 6-3-10　控制器 MT1050 三相逆变器控制部分文件

±10 以内的检测信号转换为实际信号数值大小(变比和实时仿真器 MT6020 模拟量 I/O 配置界面的 Scale 有关),如图 6-3-11 所示。为了自动生成可执行代码,需要配置解算器,如图 6-3-12 所示。最后单击 按钮,生成逆变器控制部分可执行文件 libDCAC_G_control_1050_2. a,如图 6-3-13 所示。

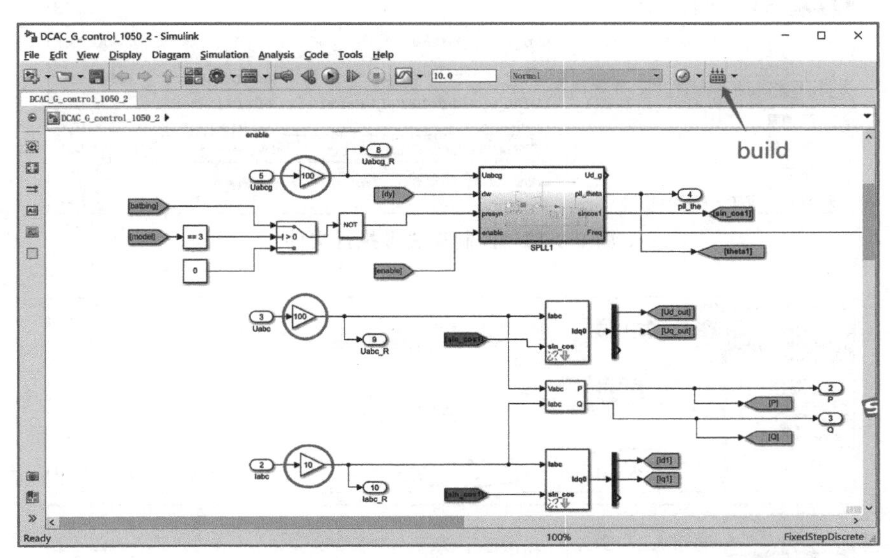

图 6-3-11　控制算法添加变比

(3) 双击打开新建文件夹下三相逆变器 StarSim RCP 文件 DCAC_G_control_1050_2. srcp,配置控制器 IP 和控制器类型,控制器选择 1050。然后单击 按钮,则 StarSim RCP 软件与 MT1050 控制器建立连接,如图 6-3-14 所示。

(4) 切换到 FPGA Boards 界面,配置控制器输出 PWM 开关频率和死区时间。开关频

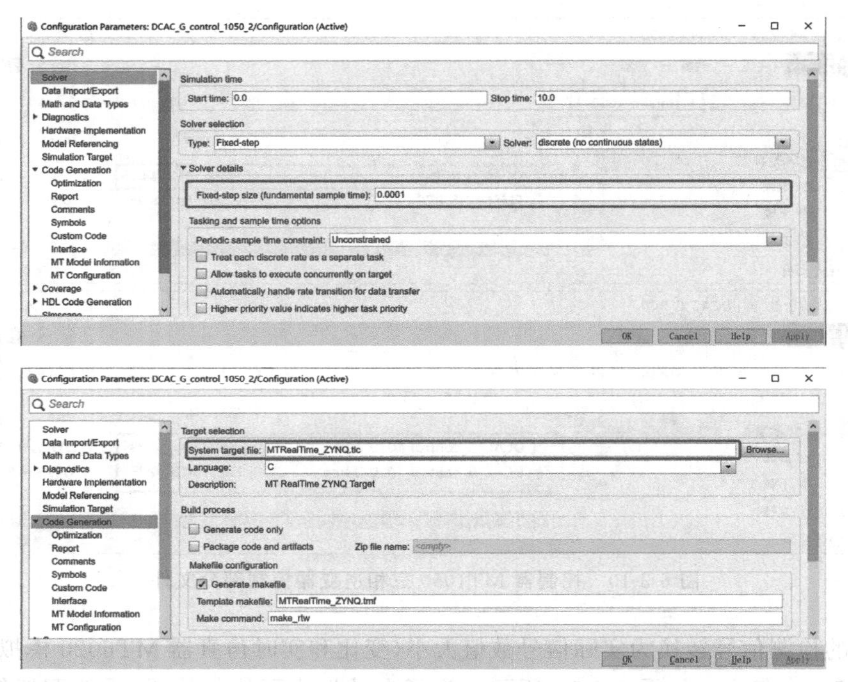

图 6-3-12　解算器配置

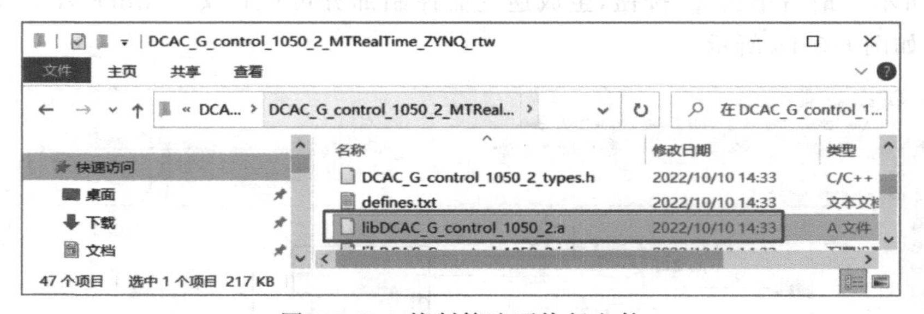

图 6-3-13　控制算法可执行文件

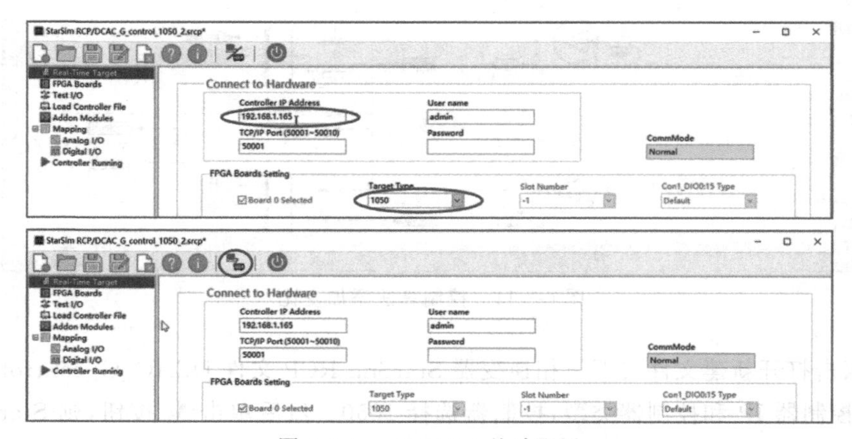

图 6-3-14　MT1050 基础配置

率设置为 10 kHz，死区时间设置为 1 μs，如图 6-3-15 所示。

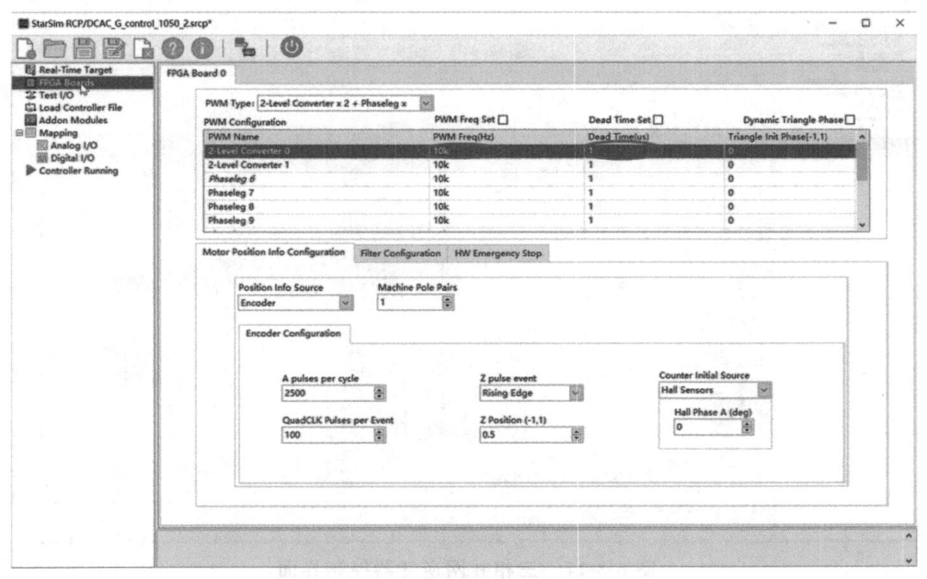

图 6-3-15　PWM 开关频率和死区配置

(5) 切换到 Load Controller File 界面，添加自动代码生成的三相并网逆变器控制算法可执行 libDCAC_G_control_1050_2.a 文件，配置控制算法的输入/输出，确定每个输入/输出变量的数据类型，如图 6-3-16 所示。

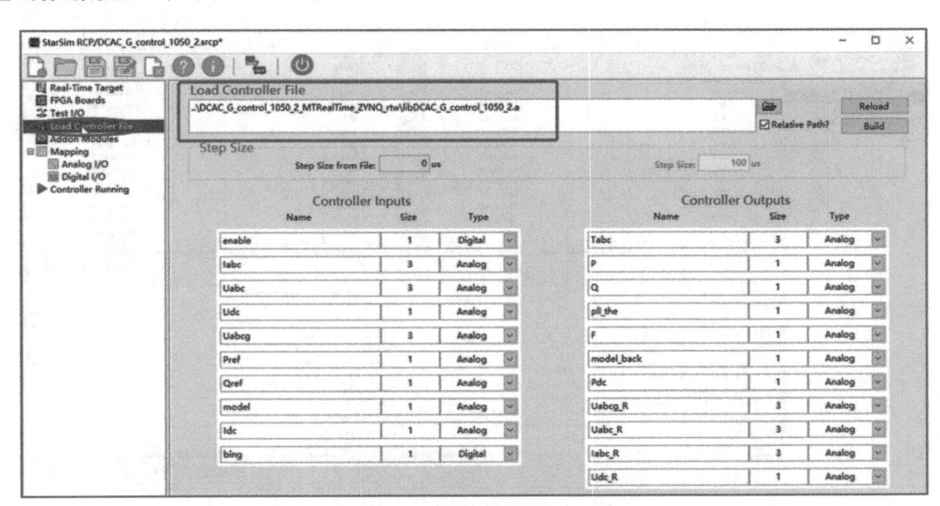

图 6-3-16　导入三相逆变器控制算法

(6) 切换到 Controller Running 界面，搭建三相并网逆变器控制界面，在 Palette 中选择控件。如图 6-3-17 所示，添加三个布尔控件分别是 enable、KM_g 和 KM_l；三个输入指令分别是有功功率给定 Pref，无功功率指令 Qref 和控制模式指令 model；三个示波器控件。双击示波器，添加实时观测的变量，如负载电压、电流、逆变器有功、无功等。

(7) 配置模拟量 I/O。打开 Mapping→Analog I/O 界面，配置实时控制器 MT1050 模

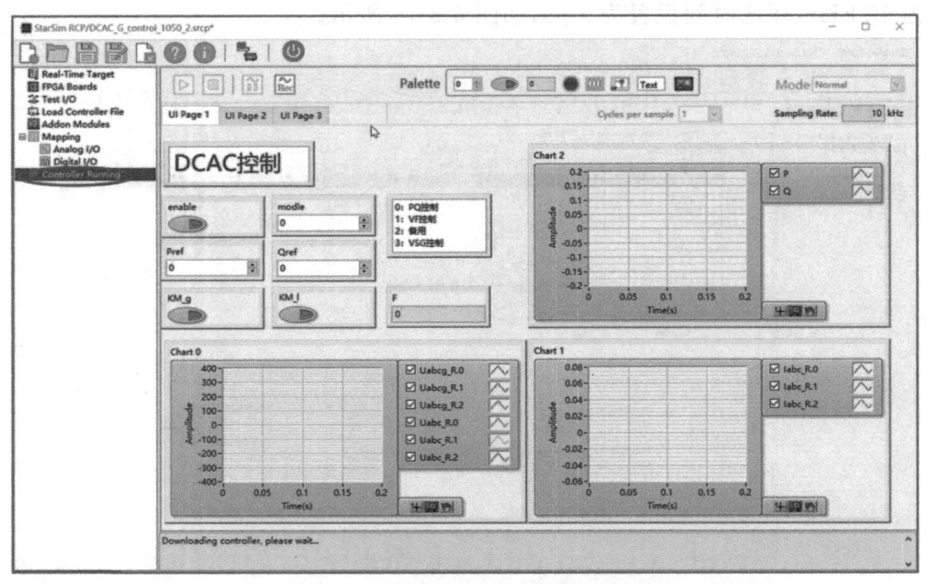

图 6-3-17　三相并网逆变器控制界面

拟量 I/O 接口与三相逆变器控制算法的输入变量连接，控制算法的输出变量与实时控制器内部 PWM 模块的指令变量连接，控制 PWM 波生成，如图 6-3-18 所示。

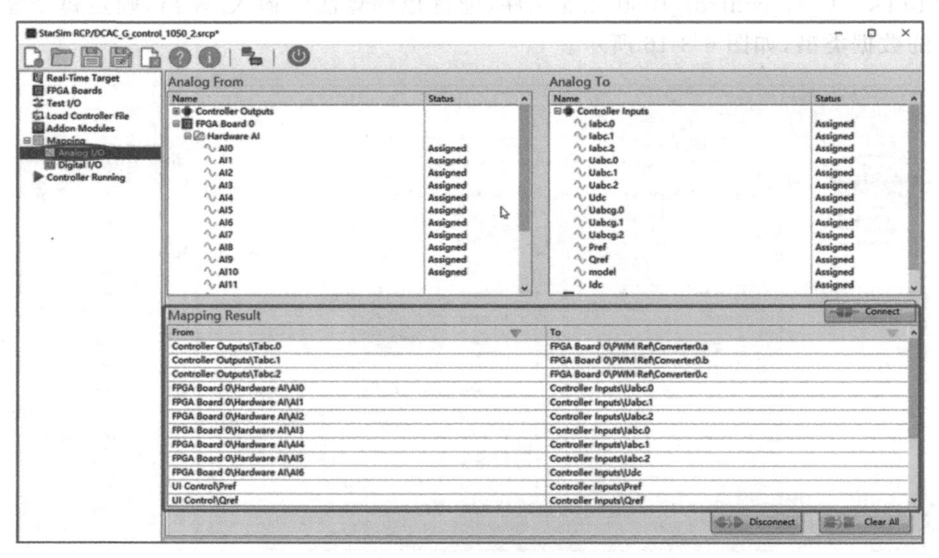

图 6-3-18　模拟量 I/O 配置

(8) 配置数字量 I/O。控制器自带 PWM 模块生成的脉冲信号与控制器 MT1050 相关的数字 I/O 自动连接。在 Controller Running 面板添加一个 enable 控制信号，然后与控制算法的 enable 使能信号和 PWM 模块的使能信号连接，控制三相逆变器算法的运行。在 Controller Running 面板添加两个开关控制信号 KM_g、KM_l，分别控制逆变器的并网开关和离网开关，如图 6-3-19 所示。

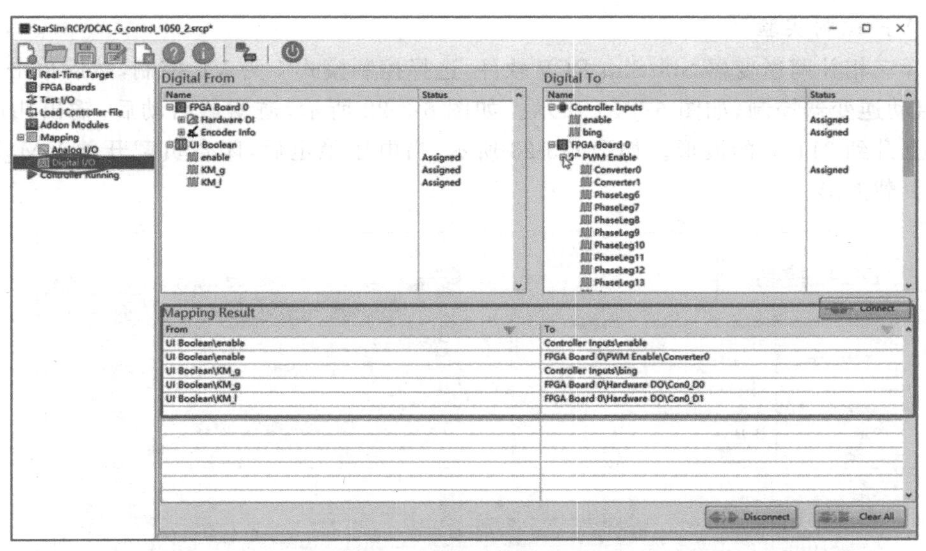

图 6-3-19　数字量 I/O 配置

(9) 在 Controller Running 界面单击 ▷ 按钮，运行通用实时控制器中的控制算法。此时示波器波形开始刷新，控制算法开始工作，如图 6-3-20 所示。

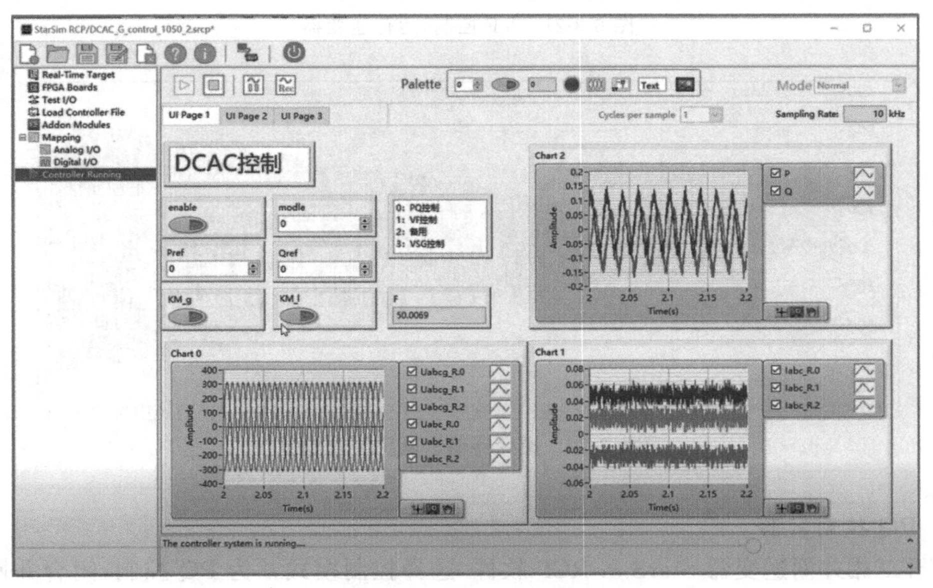

图 6-3-20　运行控制算法

6.3.3　三相逆变器控制 MIL 实时仿真实验

当三相逆变器系统的主电路和控制算法全部部署完成，并在设备中实时运行后，就可以开始进行逆变器控制实验。本节通过逆变器的 VF 控制实验、PQ 控制实验和下垂控制等 MIL 实时仿真实验，验证三相并网逆变器控制算法的性能。

1. VF 控制实验

打开三相并网逆变器 StarSim RCP 软件，选择控制模式 1 为 VF 控制，然后单击 enable 按钮，启动逆变器控制，如图 6-3-21 所示。如图 6-3-22 所示，逆变器启动后，输出相电压幅值缓慢上升到 311 V 的波形。如图 6-3-23 所示，当电压稳定后，闭合负载开关 KM_l，逆变器离网负载波形。

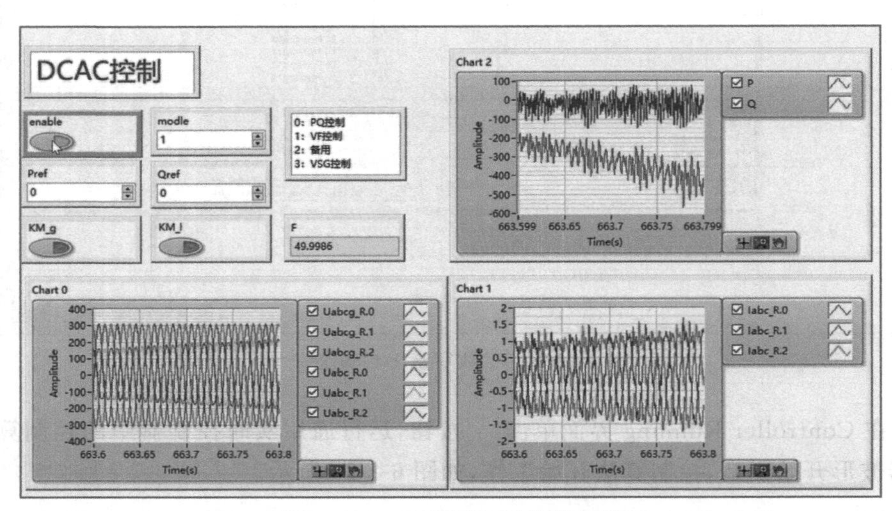

图 6-3-21　VF 控制，运行逆变器

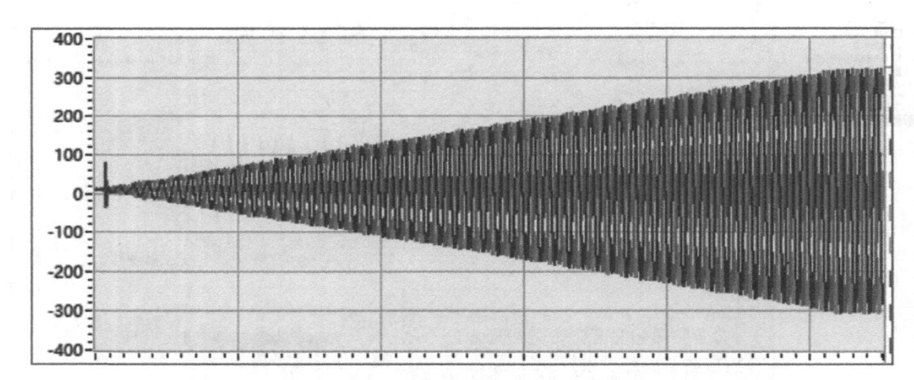

图 6-3-22　逆变器输出电压缓升波形

2. PQ 控制实验

打开三相并网逆变器 StarSim RCP 软件，选择控制模式 0 为 PQ 控制，闭合并网开关 KM_g，然后单击 enable 按钮，启动逆变器控制，再调节功率指令，各运行工况如图 6-3-24～图 6-3-28 所示。其中，图 6-3-24、图 6-3-26 和图 6-3-28 为 RCP 软件监控界面；图 6-3-25 和图 6-3-27 为 HIL 软件监控界面。

3. 下垂控制实验

控制模式 model＝3，采用下垂控制。首先单击 enable 使能控制，然后操作并网开关 KM_g 和负载开关 KM_l。开闭并网开关 KM_g，进行逆变器的并离网切换，在并网状态下，可以控制并网有功功率指令 Pref 和无功功率指令 Qref。负载开关 KM_l 可以实现对逆变器的加载和卸

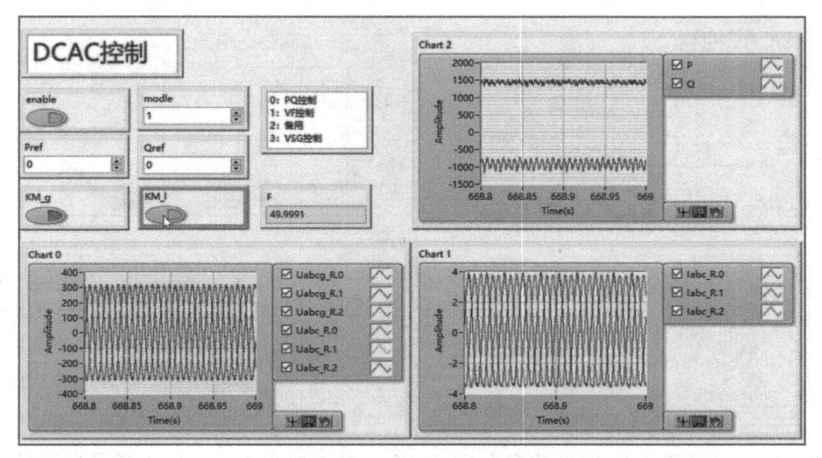

图 6-3-23　逆变器负载波形

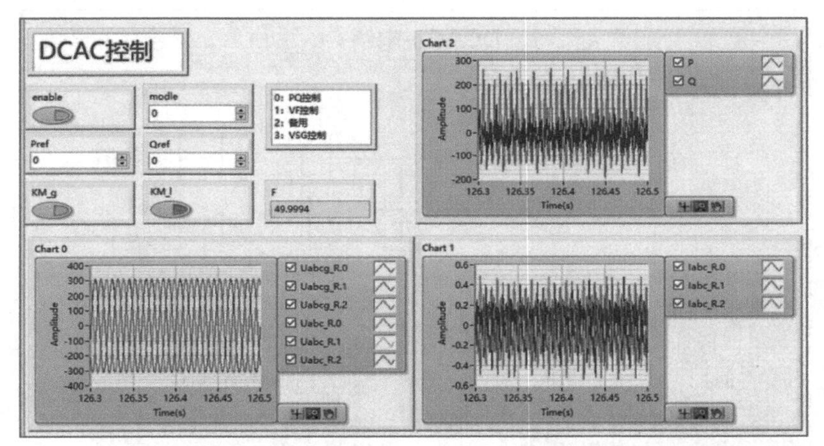

图 6-3-24　逆变器并网，有功功率为 0 W，无功功率为 0 var（RCP 软件监控界面）

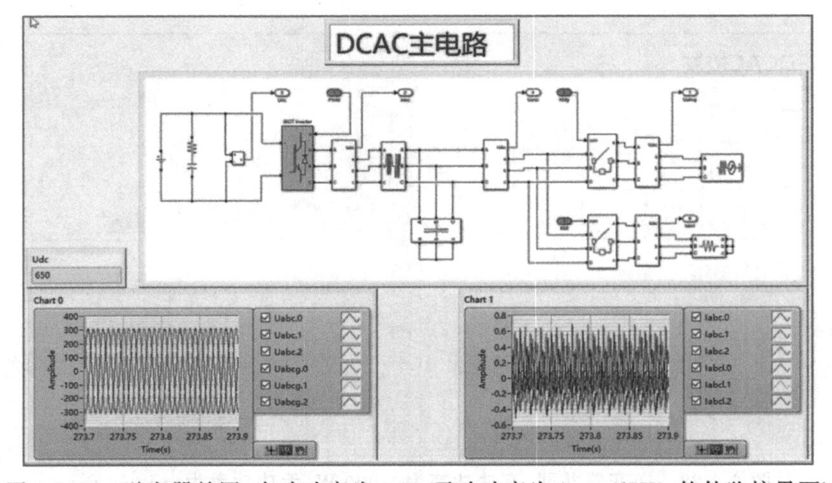

图 6-3-25　逆变器并网，有功功率为 0 W，无功功率为 0 var（HIL 软件监控界面）

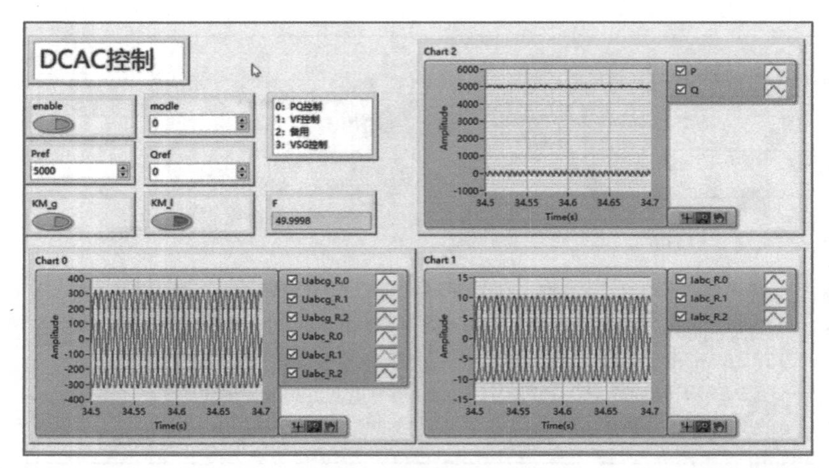

图 6-3-26 逆变器并网,有功功率为 5 000 W,无功功率为 0 var(RCP 软件监控界面)

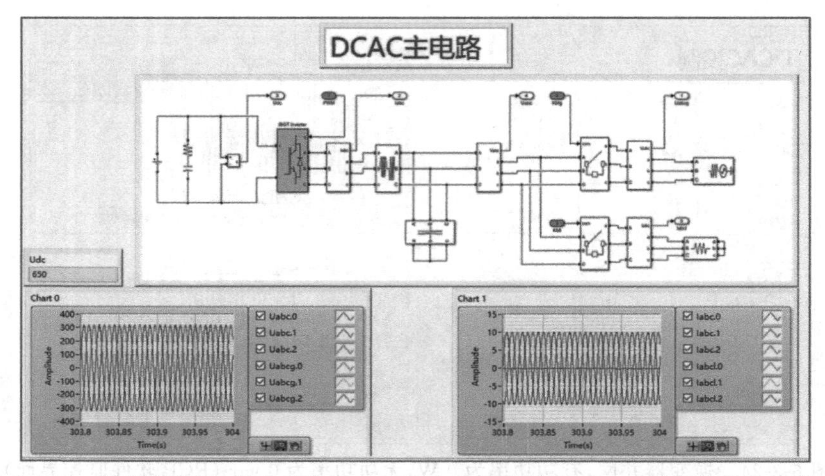

图 6-3-27 逆变器并网,有功功率为 5 000 W,无功功率为 0 var(HIL 软件监控界面)

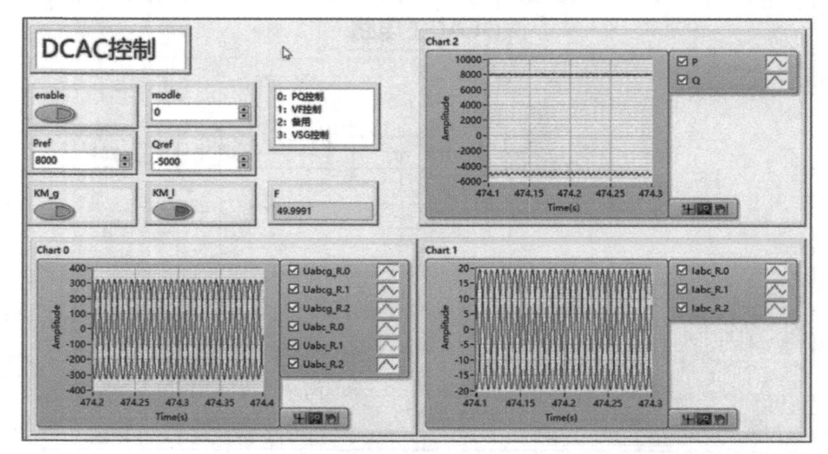

图 6-3-28 逆变器并网,有功功率为 8 000 W,无功功率为 −5 000 var

载。图 6-3-29 为逆变器输出电压预同步并网波形;图 6-3-30 为逆变器带载离网切并网和空载并网切离网波形;图 6-3-31 为逆变器并网后调节逆变器输出功率波形;图 6-3-32 为逆变器离网状态下加减载波形。

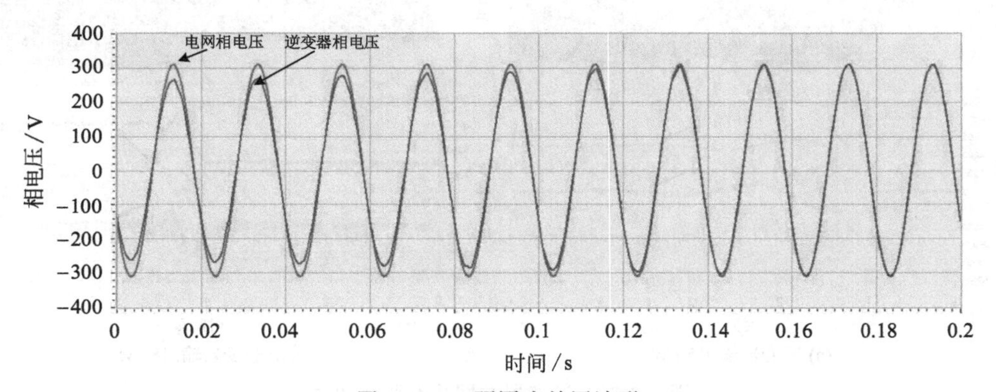

图 6-3-29 预同步并网波形

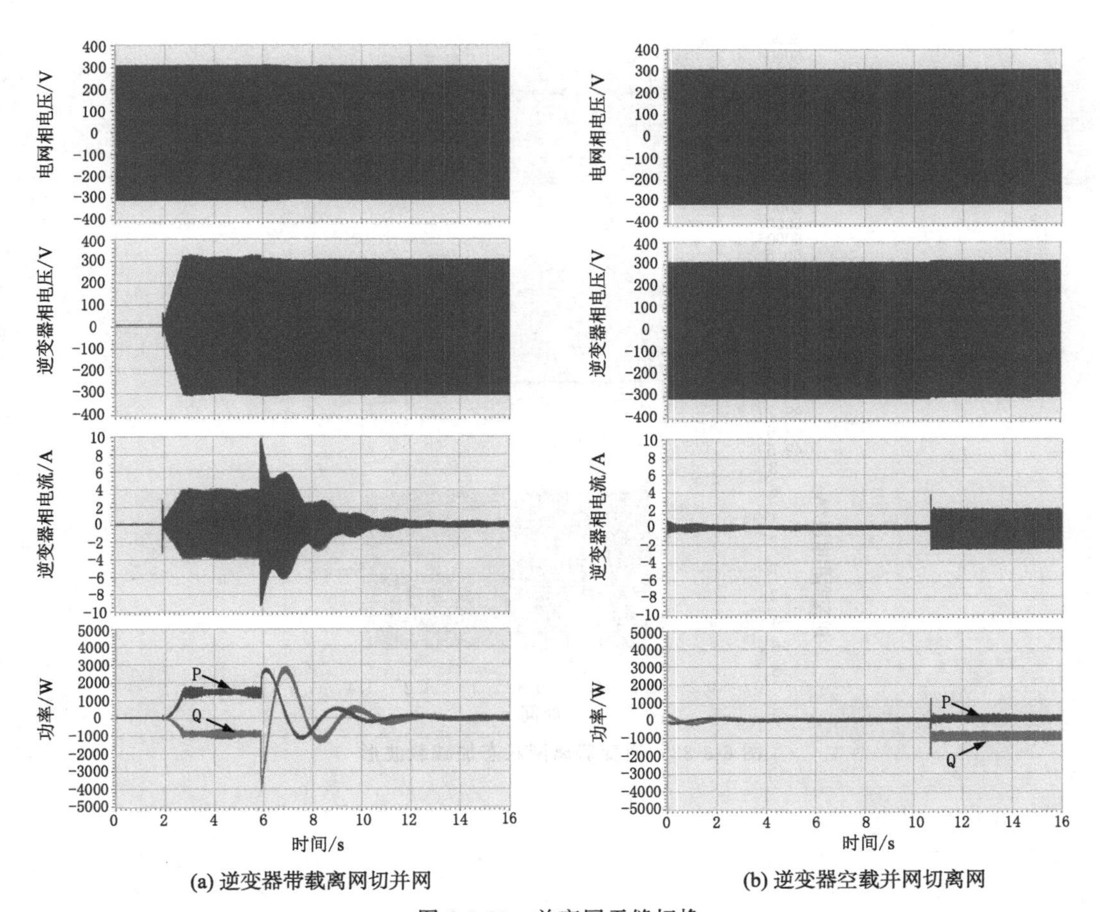

(a) 逆变器带载离网切并网

(b) 逆变器空载并网切离网

图 6-3-30 并离网无缝切换

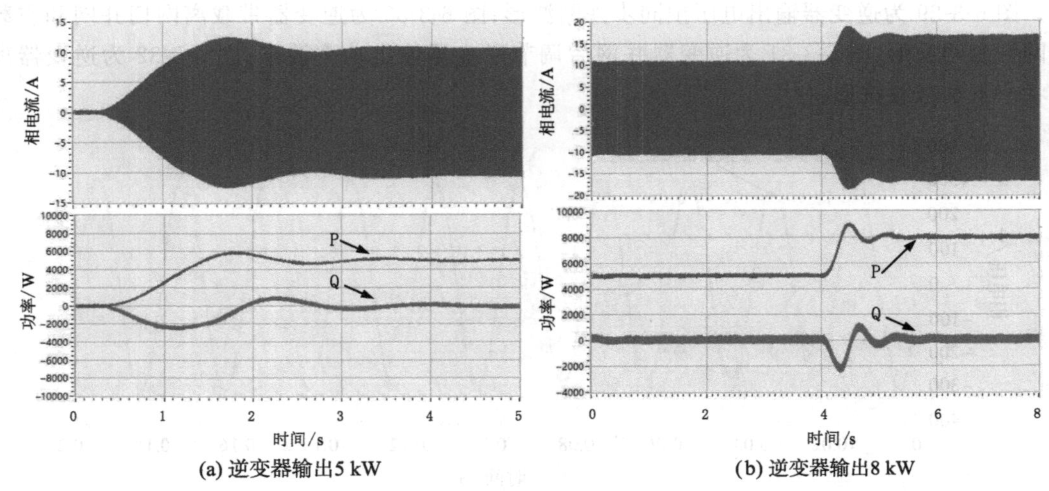

(a) 逆变器输出5 kW　　(b) 逆变器输出8 kW

图 6-3-31　逆变器并网状态调节功率

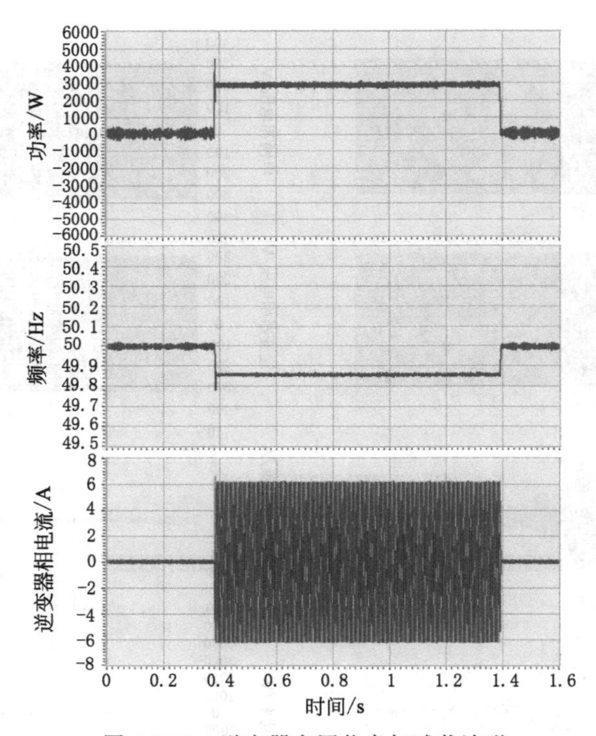

图 6-3-32　逆变器离网状态加减载波形

第7章 硬件在环实时仿真测试

本章介绍硬件在环实时仿真测试系统及其仿真测试过程，并以永磁同步电机和三相并网逆变器控制为例进行说明。

7.1 HIL 实时仿真测试系统的结构与功能

7.1.1 HIL 实时仿真测试系统结构

硬件在环(HIL)实时仿真测试系统结构如图 7-1-1 所示，该系统主要由三部分组成：仿真测试部分、调试部分和转接部分。仿真测试部分包括实际控制器和实时仿真器，调试部分包括 PC 上位机和示波器，转接部分包括交换机和测试板。另外，还需使用一些信号连接线，在设备之间建立物理连接。图 7-1-2 所示为 HIL 实时仿真测试系统实物。

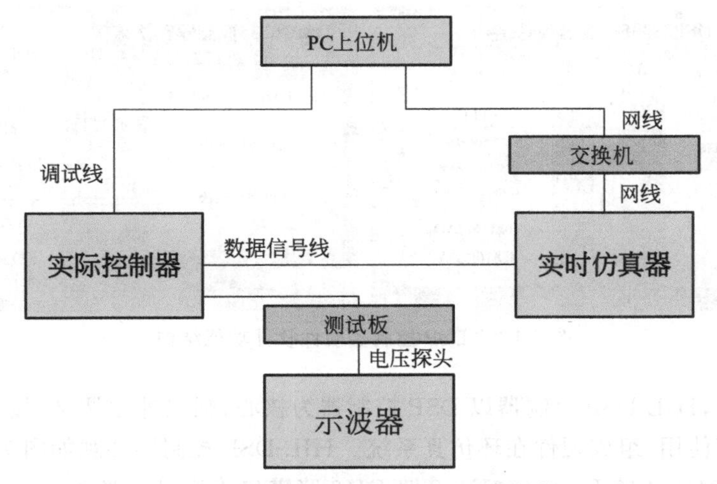

图 7-1-1　HIL 实时仿真测试系统结构

实际控制器主要用于运行控制算法，验证算法在实际控制器中的可行性，并且优化控制算法，完善实际控制中的逻辑判断功能。该系统的实际控制器为 DSP 控制器。

实时仿真器主要用于运行主电路模型，验证主电路的合理性与可行性，为实际控制器提

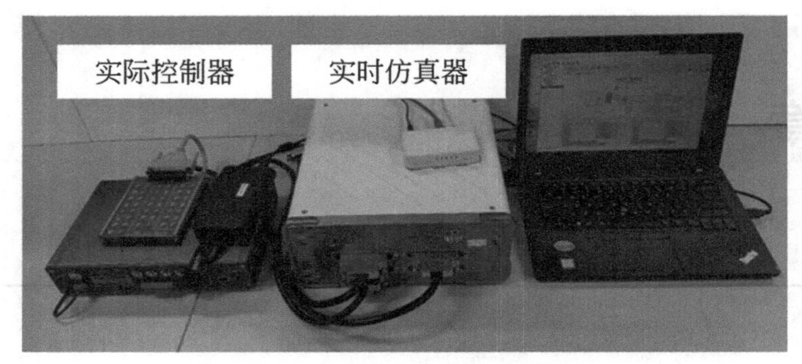

图 7-1-2 HIL 实时仿真测试系统实物

供主电路不同运行状态，配置与外部实际控制器的接口。该系统使用的实时仿真器为 MT6020。

PC 上位机主要用于搭建主电路模型、设计控制算法、部署主电路模型、部署控制算法和进行监控调试工作。

交换机用于将 PC 上位机和实时仿真器组成局域网，实现不同设备间互联互通。

测试板主要用于实际控制器和实时仿真器的外部信号转接和引出测量端子。

示波器用于电气量和控制算法的中间变量瞬时波形的捕捉分析。

7.1.2 HIL-DSP 控制器

DSP 广泛应用在电力电子与电机控制领域，HIL 系统中实际控制器的控制芯片选择具有代表性的 DSP。这里 DSP 控制芯片采用 TI 公司的 TMS320F28335，控制器采用 DSP+CPLD 架构，硬件资源更加丰富。控制器的软硬件结构如图 7-1-3 所示。

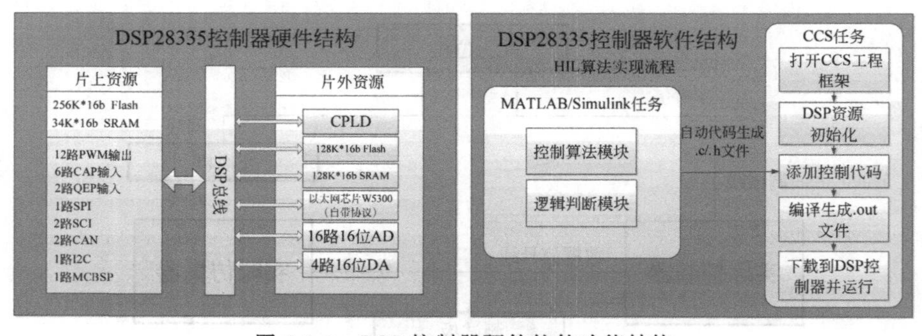

图 7-1-3 DSP 控制器硬件软件功能结构

在此基础上，HIL-DSP 控制器以 DSP 控制器为核心，辅以外围调试、接口电路，与模型实时仿真器配套使用，组成硬件在环仿真系统。HIL-DSP 控制器外观如图 7-1-4 所示，它具有 8 路 AD(±10V)，4 路 DA(±10V)，8 路 DI(3 路霍尔传感器，3 路编码器，2 路通用 DI)，28 路 DO(2 组 7 路 PWM，8 路继电器，6 路通用 DO)，1 路网口，1 路 WIFI，2 路 485，2 路 CAN。控制器正面引出调试端子和按钮，背面 DIO1 及 MIO0 接口与实时仿真器相连，Test Port 接口接测量板，用于示波器观测。

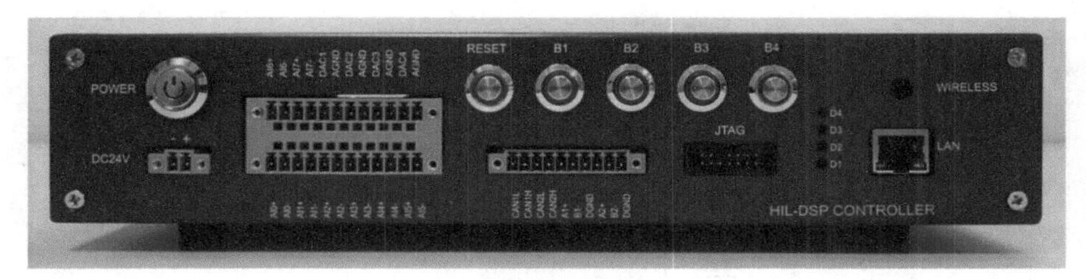

(a) 正面板

(b) 背面板

图 7-1-4　HIL-DSP 控制器外观

7.1.3　Simulink 离线仿真模型分割

HIL 实时仿真中控制算法需要运行在实际控制器中，模拟被控对象模型运行在实时仿真器中。控制算法用到 Simulink 自动代码生成技术，所以需要将 Simulink 离线仿真模型进行模型分割，分成主电路部分和控制部分。

以永磁同步电机调速控制系统为例，Simulink 永磁同步电机调速控制系统由电路和控制两部分组成，如图 7-1-5 所示。在进行 HIL 实时仿真之前，将三相永磁同步电机控制系统模型分割成电路部分和控制部分，分别单独保存为新的 Simulink 文件 x_PM_750_circuit.slx 和 wl_PM_750_control_dsp.slx。控制部分加载到实际控制器 HIL-DSP Controller，电路部分加载到实时仿真器 MT6020，如图 7-1-6 所示。

通过 HIL 实时仿真过程，可以快速验证控制原理和观察控制效果，系统具有 I/O 交互接口，可对实际控制器进行全面、系统的测试。

7.1.4　DSP 控制器自动代码生成过程

在嵌入式系统开发中使用 Simulink 自动代码生成技术可以缩短开发周期，提高开发效率，方便程序调试与程序升级。这里采用的实际控制器为 DSP 控制器，所以 Simulink 自动生成的代码需要在 DSP 中识别和调用。

下面以 park 变换为例，介绍 Simulink 自动生成 DSP 可用代码的步骤。

第一步：在 MATLAB 当前文件夹下建立 Simulink 模型文件，MATLAB 必须指定当前文件夹，最后生成的代码会保存在该文件夹下，如图 7-1-7 和图 7-1-8 所示。

第二步：搭建 park 变换模块。在 Simscape 工具箱中的 Transformations 子工具箱下找到相应的模块，添加输入/输出端口，如图 7-1-9 所示。

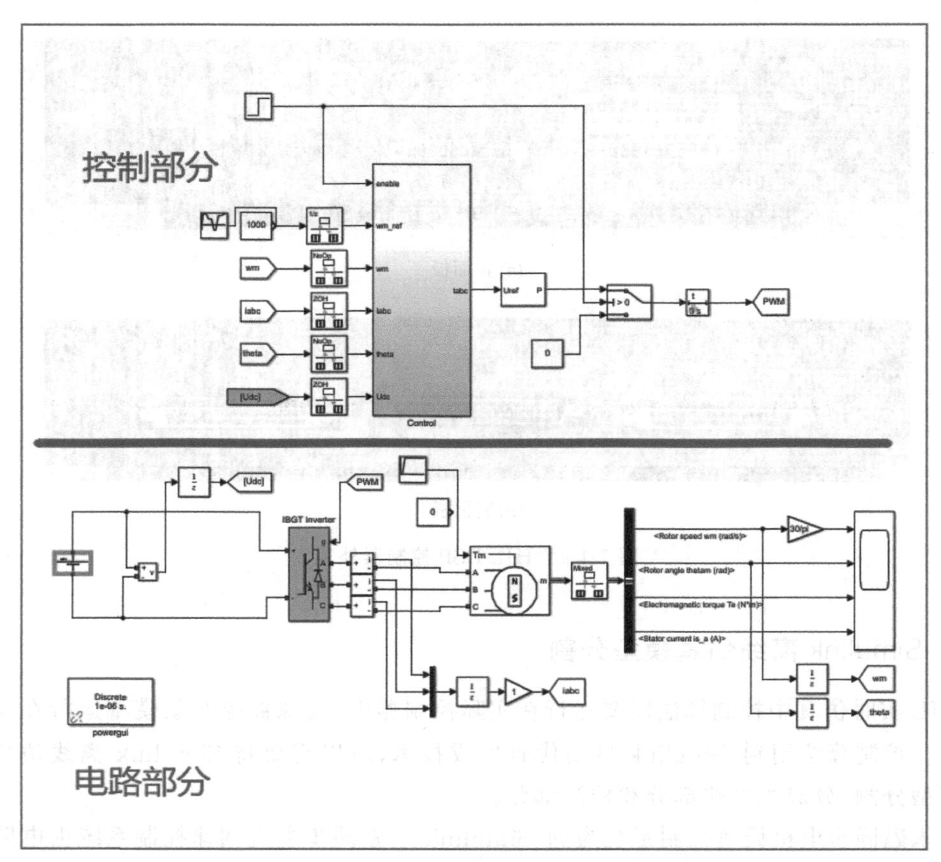

图 7-1-5 Simulink 永磁同步电机调速控制系统

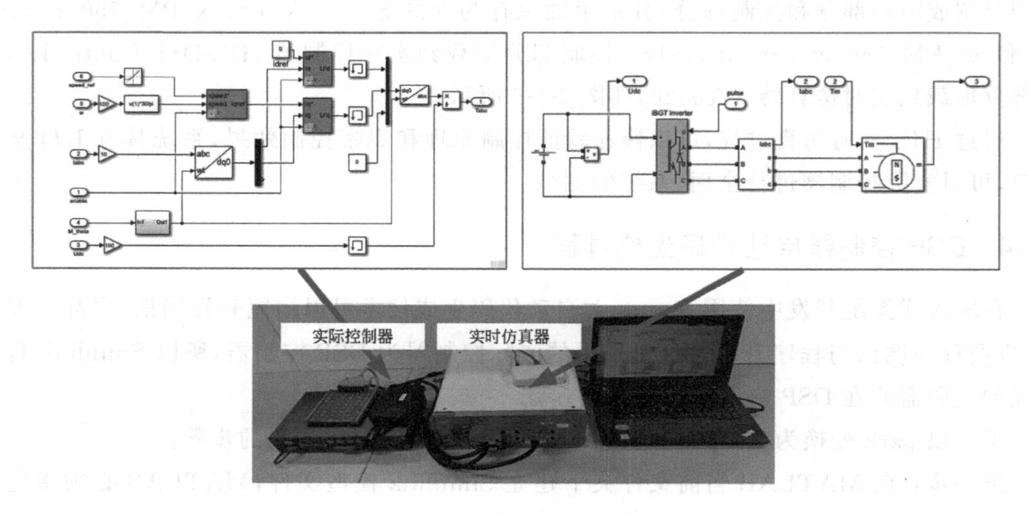

图 7-1-6 控制算法与主电路模型部署位置

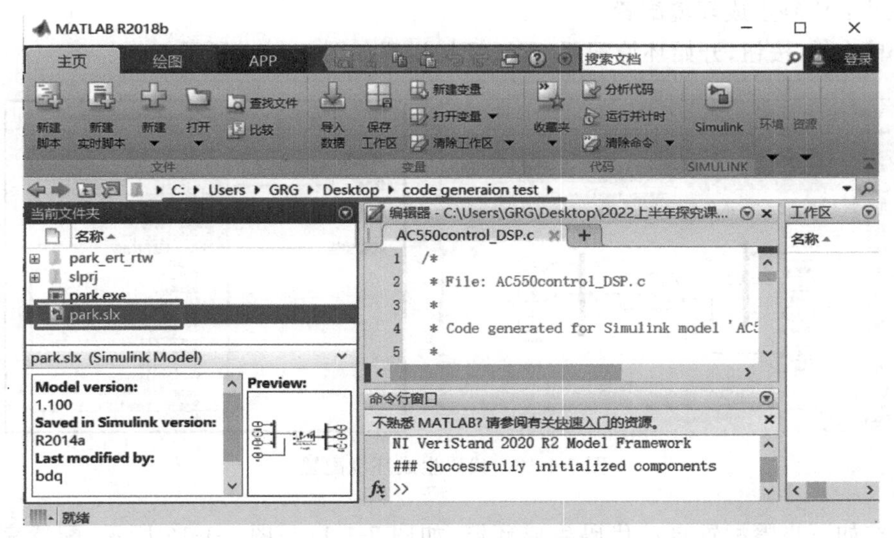

图 7-1-7　MATLAB 环境

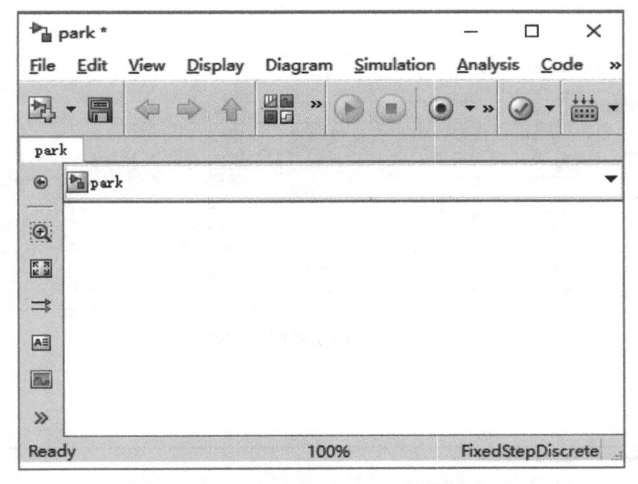

图 7-1-8　Simulink 工程环境

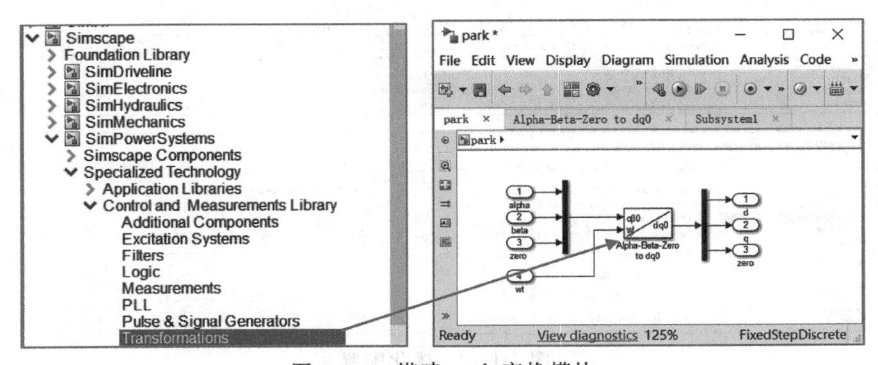

图 7-1-9　搭建 park 变换模块

第三步：代码生成环境配置。

(1) 单击 按钮，开始环境配置，配置环境说明如图 7-1-10 所示。

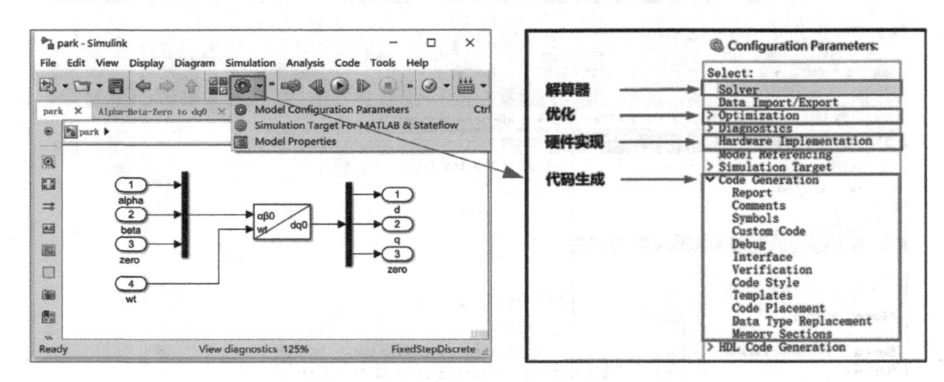

图 7-1-10　代码生成环境配置

(2) 按如下步骤配置自动代码生成环境，如图 7-1-11～图 7-1-16 所示，配置完后单击 OK 按钮保存。

① 解算器配置

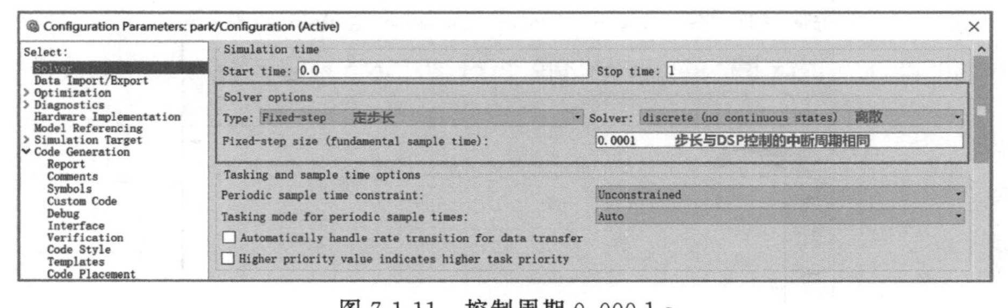

图 7-1-11　控制周期 0.000 1 s

② 优化配置

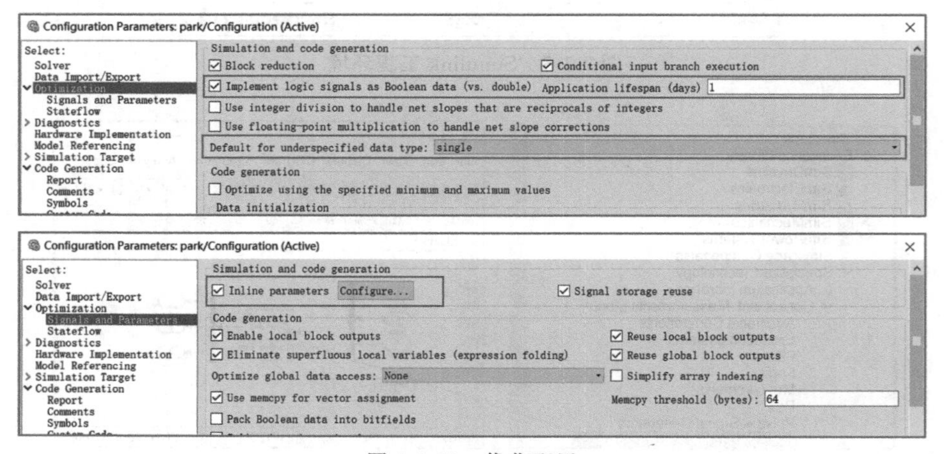

图 7-1-12　优化配置

③ 硬件实现配置

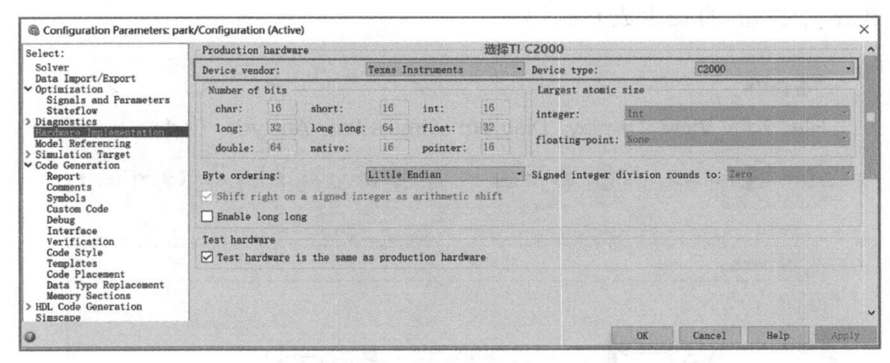

图 7-1-13　选择应用硬件 TI C2000

④ 代码生成配置

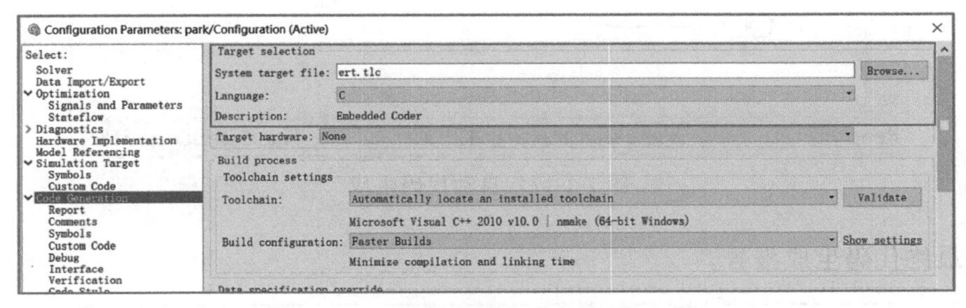

图 7-1-14　选择代码生成方式(嵌入式)

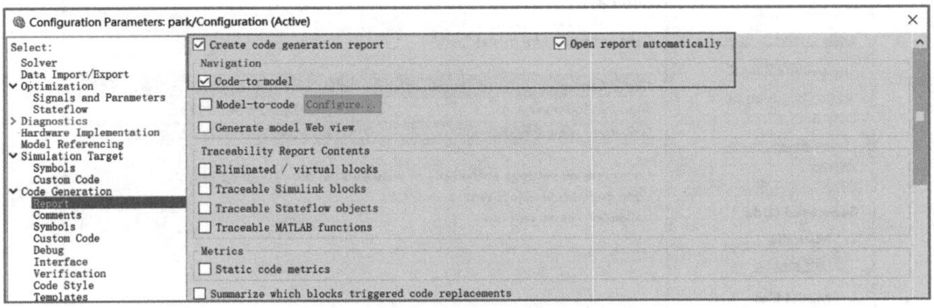

图 7-1-15　生成报告

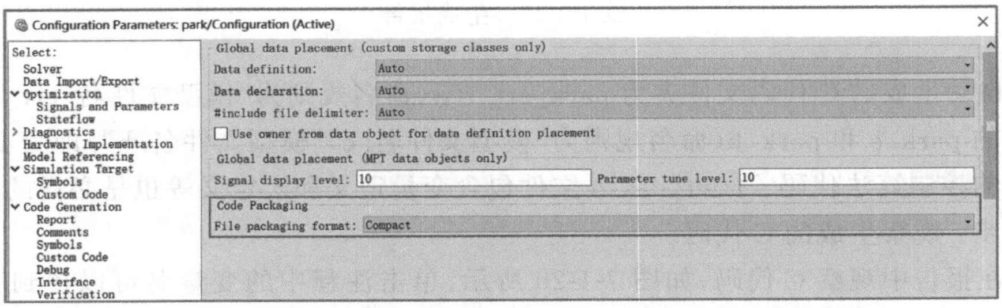

图 7-1-16　生成文件的组织方式(Compact 生成的文件最少)

第四步：开始模型C代码的自动生成，主要操作过程如图7-1-17～图7-1-19所示。

(1) 单击按钮，自动生成C代码。

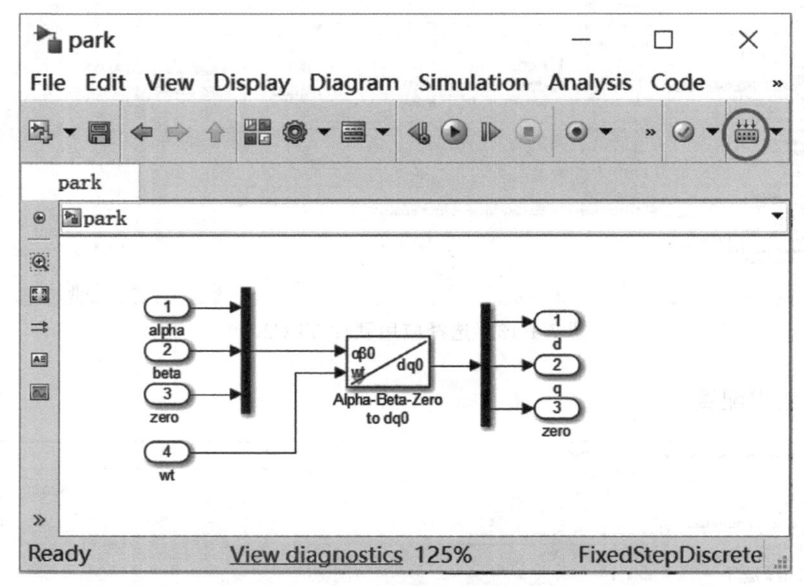

图7-1-17 自动代码生成

(2) 最终代码生成报告。

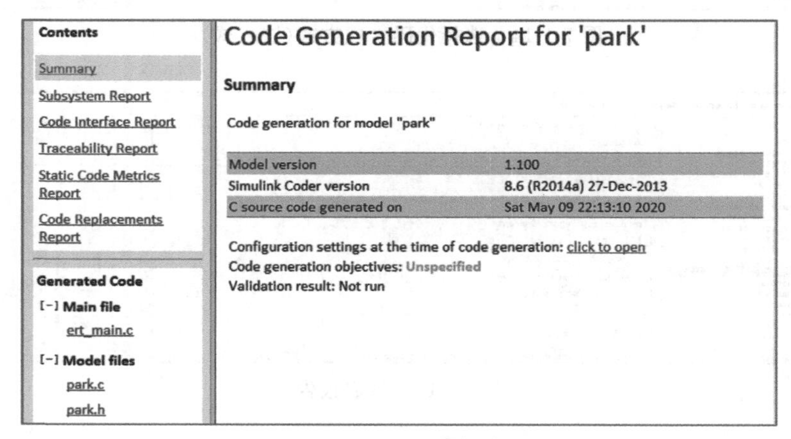

图7-1-18 生成报告

(3) 自动生成的C代码文件夹为park_ert_rtw(命名规则为“模型文件名_ert_rtw”)，该文件夹下的park.c和park.h(命名规则为“模型文件名.c”“模型文件名.h”)即为DSP编程所需调用的控制算法代码。rtwtypes.h文件包含变量定义和宏定义等也是必需的。

第五步：观察生成的C代码。

(1) 在报告中观察C代码，如图7-1-20所示，单击注释中的变量名可以找到Simulink模型中对应的变量位置。

(2) 在park.h文件中查看函数和变量。

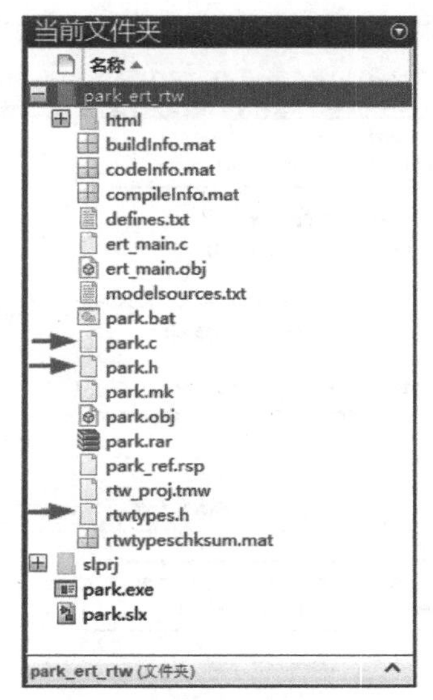

图 7-1-19　自动代码生成文件的位置

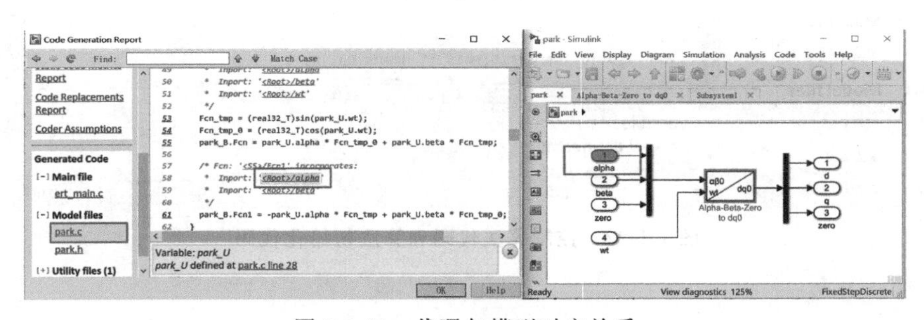

图 7-1-20　代码与模型对应关系

生成的函数主要有初始化函数和功能函数(将在 DSP 中调用),函数定义在 park. h 文件中,如图 7-1-21 所示。

模型的输入变量定义结构体为“模型名_U”,其成员为“模型名_U. 输入端口名”;

模型的输出变量定义结构体为“模型名_Y”,其成员为“模型名_Y. 输出端口名”。

在 park. c 文件中,park_step()函数的代码表示模型所搭建的控制算法,park_initialize()函数的代码为模型的初始化,如图 7-1-22 所示。

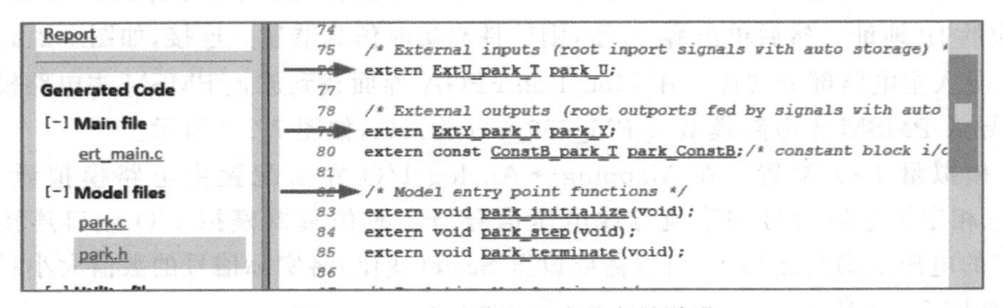

图 7-1-21　自动代码生成的变量说明

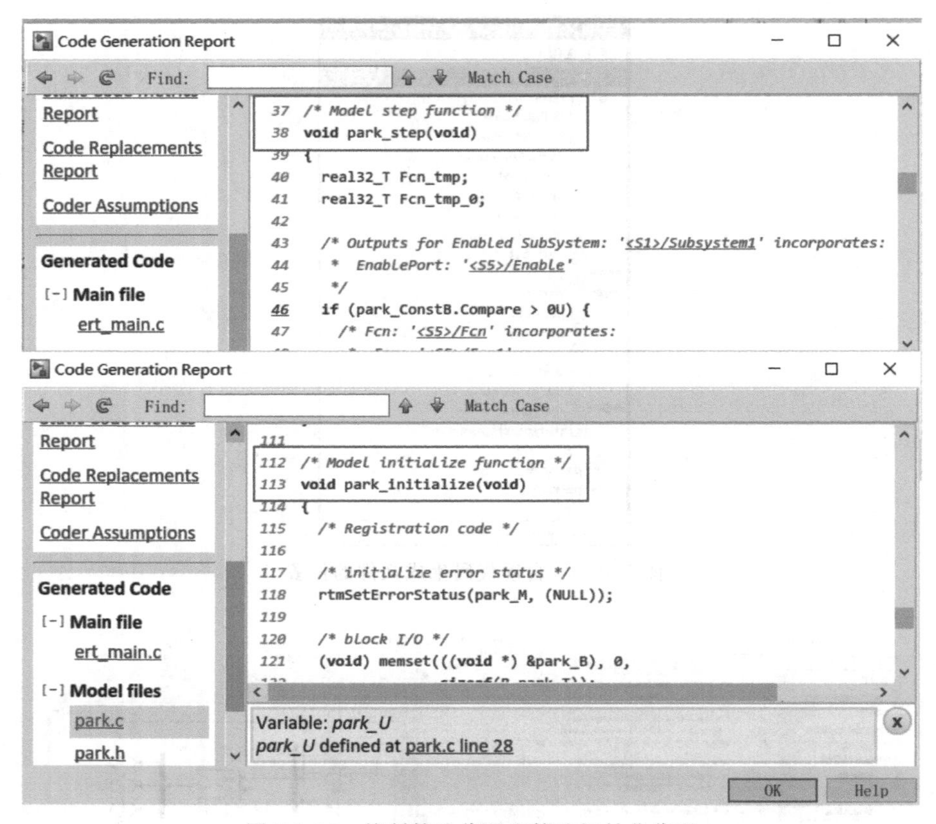

图 7-1-22　控制算法代码和算法初始化代码

7.2　HIL 实时仿真——永磁同步电机调速控制

7.2.1　PMSM 主电路加载到实时仿真器的过程

(1) 新建一个文件夹，如 DSP_PMSM_HIL。将 PMSM 主电路 Simulink 文件放置在该文件夹下。然后在该文件夹下新建一个 StarSim HIL 工程文件，命名为 x_PM_750_motor_6020.sfprj，如图 7-2-1 所示。

(2) 双击打开新建的 PMSM 主电路 StarSim HIL 文件，配置实时仿真器类型为 6020，以及对应的 IP 地址。然后单击按钮，则软件与实时仿真器建立连接，如图 7-2-2 所示。

(3) 导入主电路部分文件。在 Model on FPGA 界面找到放置 PMSM 主电路模型文件的路径，导入 PMSM 主电路模型 x_PM_750_circuit.slx，如图 7-2-3 所示。

(4) 模拟量 I/O 配置。在 Mapping→Analog I/O 界面配置主电路模拟量 I/O，将 PMSM 三相定子电流信号和直流母线电压信号与实时仿真器模拟 I/O 接口连接。由于 I/O 接口的电压范围是±10 V，所以需要设置 Scale(变比)将实际信号的数值大小折算在此范围内，如图 7-2-4 所示。

(5) 数字量 I/O 配置。在 Mapping→Digital I/O 界面配置主电路数字量 I/O，如

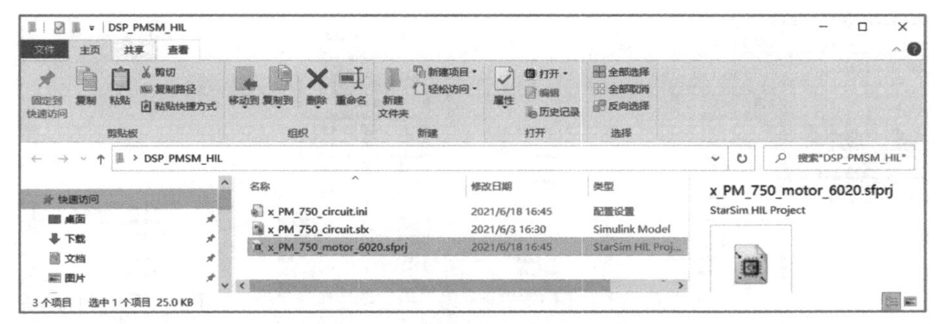

图 7-2-1　仿真器 MT6020 文件

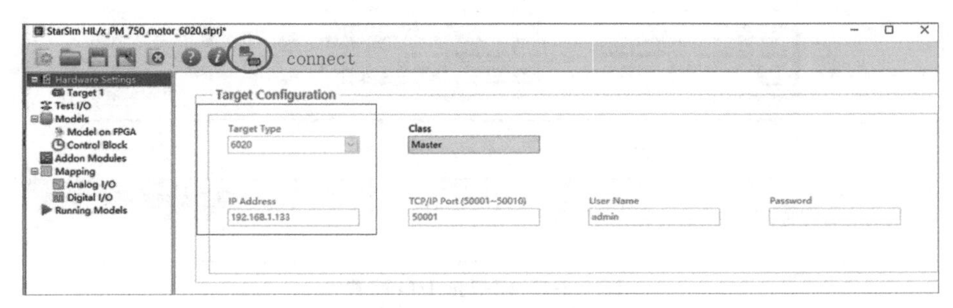

图 7-2-2　StarSim HIL 基础配置

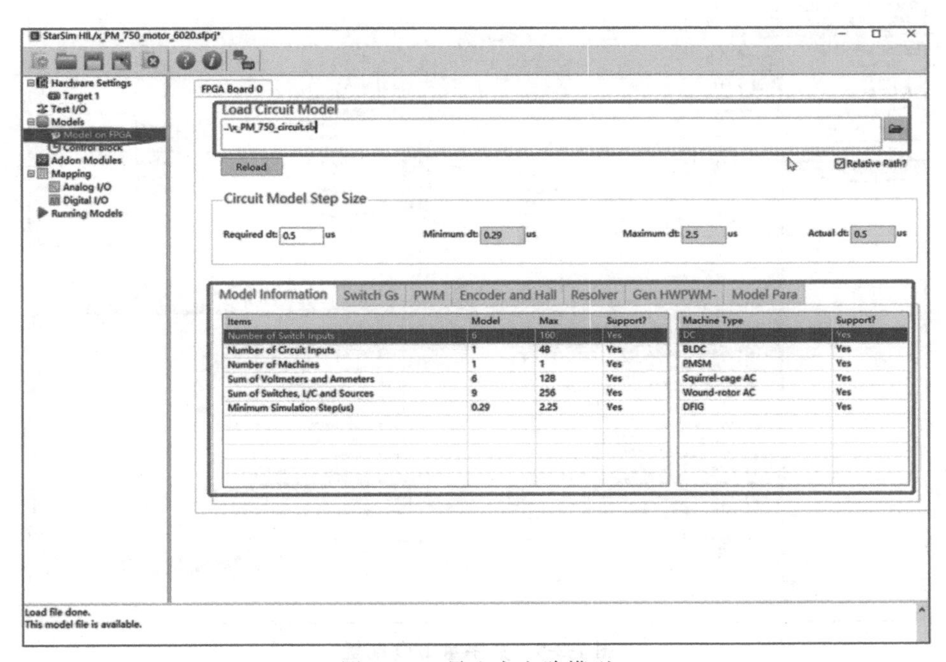

图 7-2-3　导入主电路模型

PWM、编码器和开关量等信号。将实时仿真器输入数字 I/O 与 PMSM 主电路 PWM 信号建立连接，将 PMSM 主电路的编码器信号和实时仿真器输出数字 I/O 建立连接，如图 7-2-5 所示。

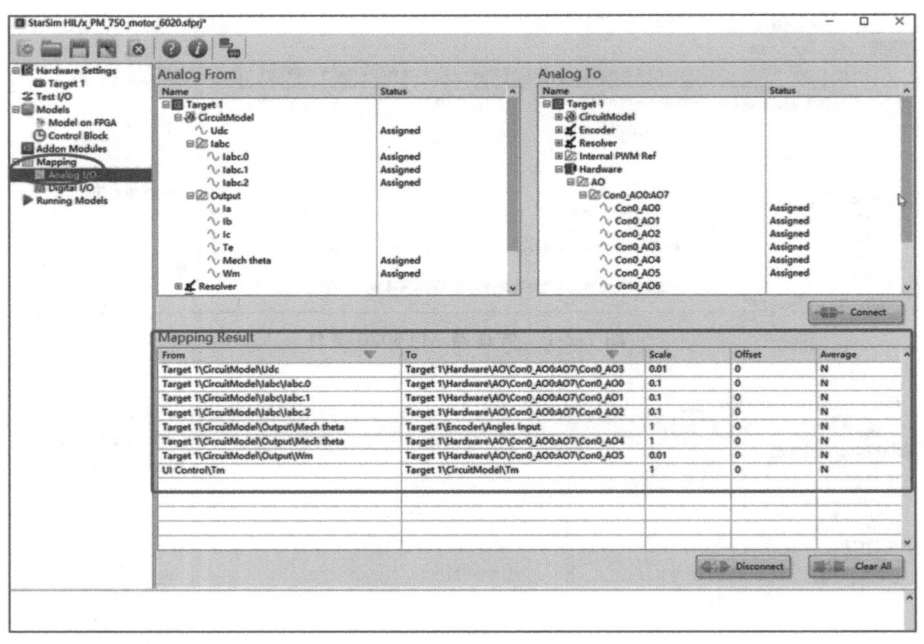

图 7-2-4　模拟量 I/O 配置

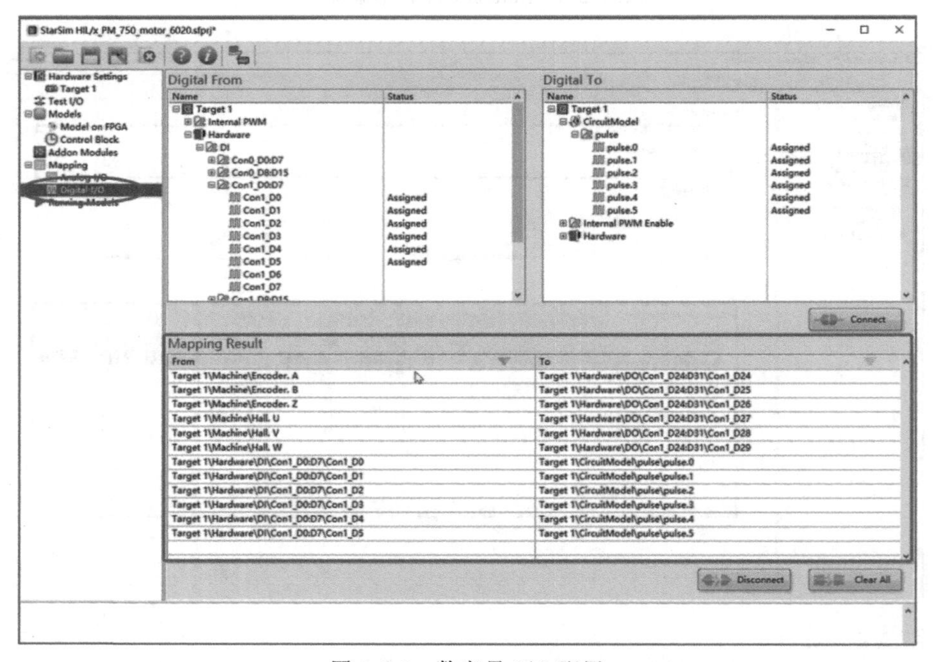

图 7-2-5　数字量 I/O 配置

(6) 打开 Running Models 界面，搭建 PMSM 主电路数据监测上位机界面，从 Palette 中拖拽波形显示控件与指令给定控件到工作空间，如图 7-2-6 所示，建立两个示波器和一个转矩给定。双击示波器选择需要观察的变量，如选择三相定子电流、转矩和转速变量，如图 7-2-7 所示。

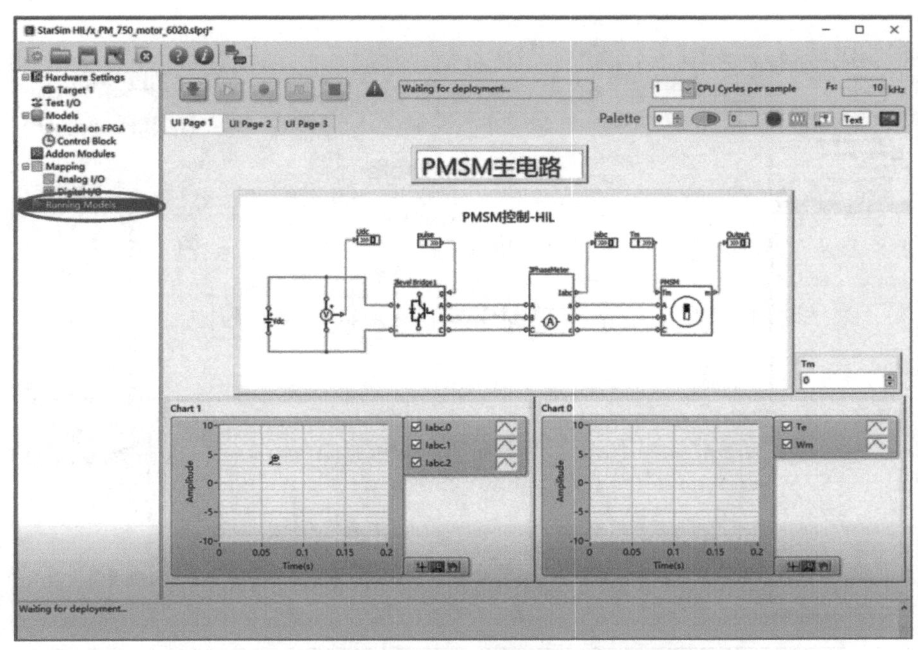

图 7-2-6 PMSM 主电路数据监测上位机界面

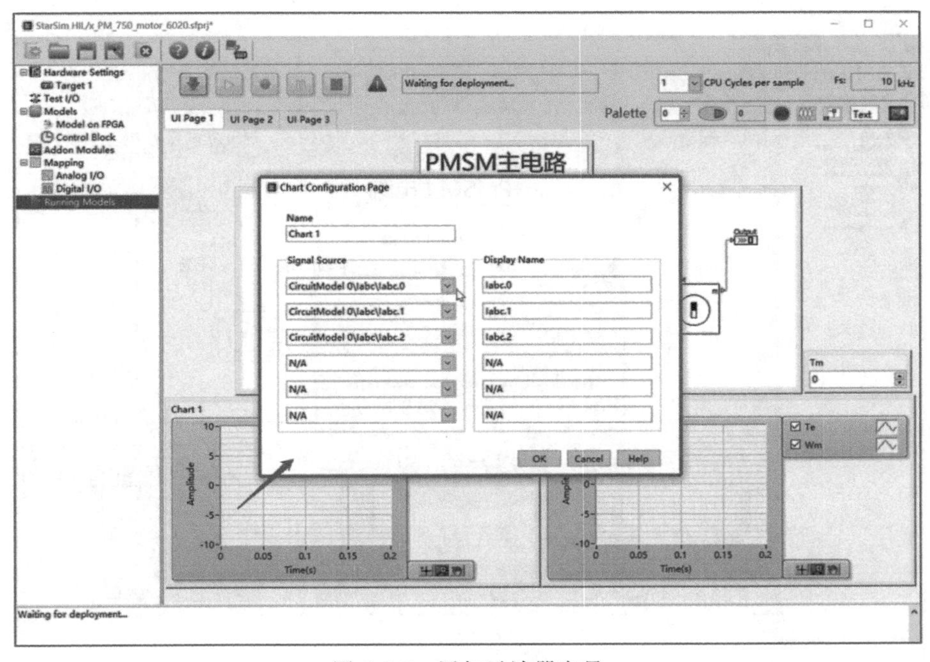

图 7-2-7 添加示波器变量

(7) 单击 按钮，将 PMSM 主电路部署到实时仿真器 MT6020 中，如图 7-2-8 所示；然后单击 ▷ 按钮，运行实时仿真器中的主电路模型。此时示波器数据开始刷新，可以观察到模型实时初始运行状态，如图 7-2-9 所示。

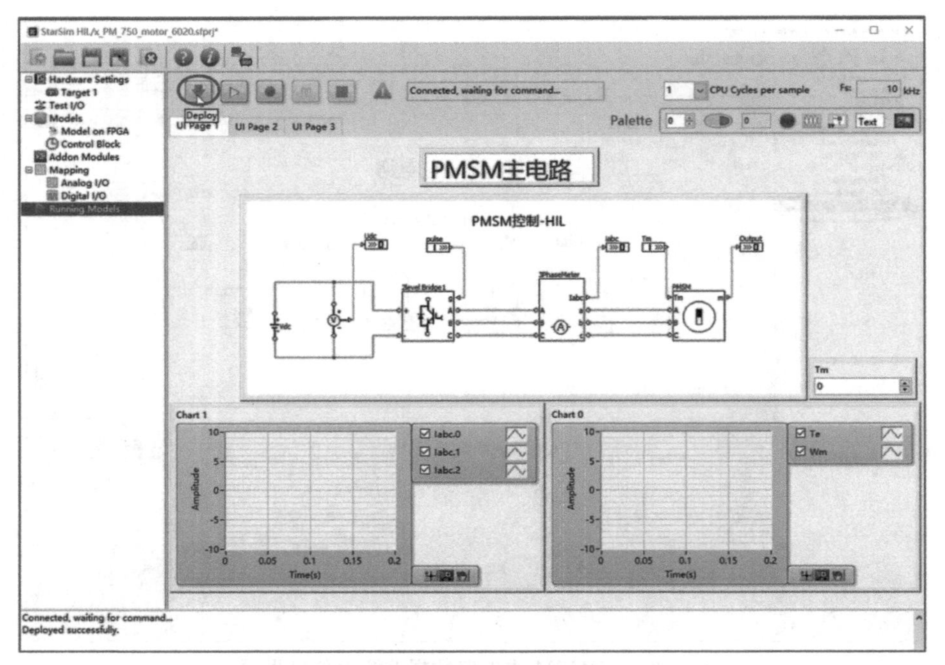

图 7-2-8　部署 PMSM 主电路模型

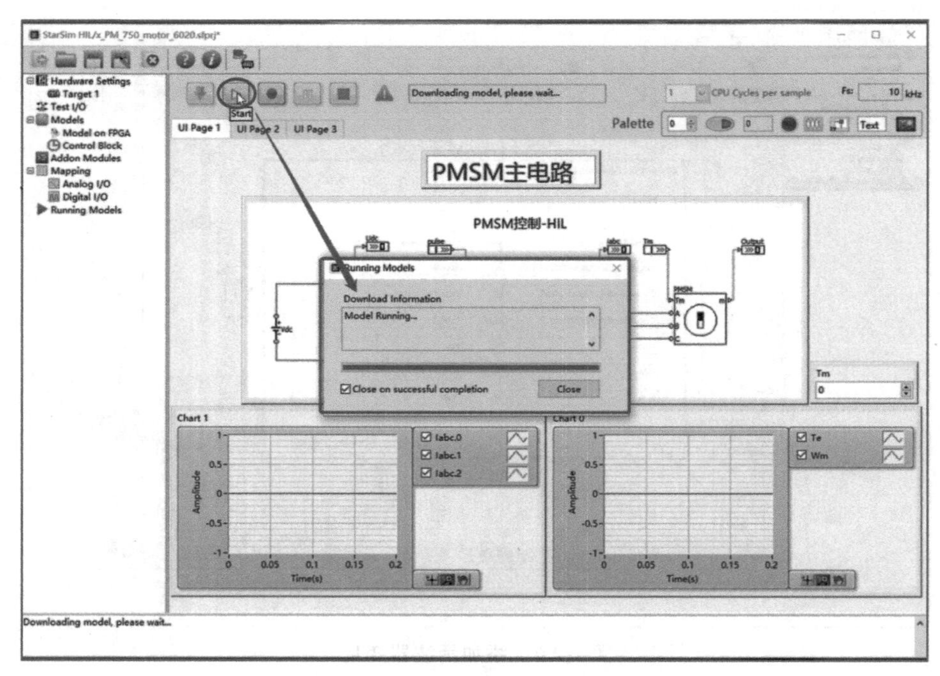

图 7-2-9　运行 PMSM 主电路模型

7.2.2　PMSM 控制部分加载到 DSP 控制器的过程

(1) 已建立文件夹 DSP_PMSM_HIL，将 PMSM 控制部分的 Simulink 文件 wl_PM_750_control_dsp.slx 放置在该文件夹下，如图 7-2-10 所示。

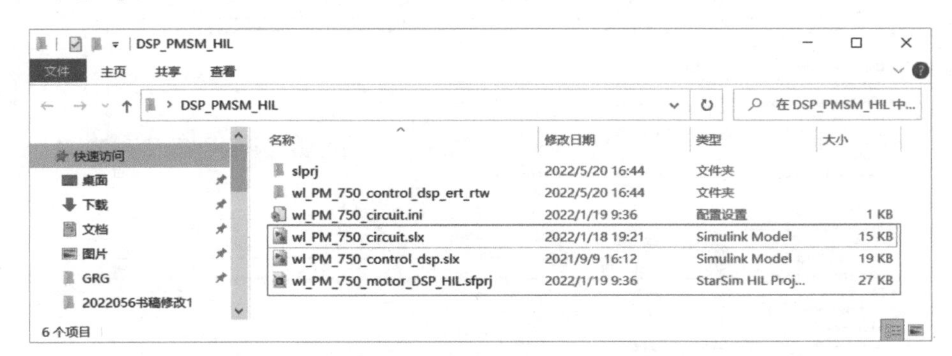

图 7-2-10　PMSM 控制部分的 Simulink 模型文件

(2) 打开 PMSM 控制部分的 Simulink 文件，将输入信号乘一个变比，将±10 V 内的检测信号转换为实际信号大小(变比和实时仿真器 6020 模拟量 I/O 配置界面的 Scale 有关)，如图 7-2-11 所示。为了自动生成可执行代码，需要配置解算器，如图 7-2-12 所示，具体方法参考 7.1.4 节。最后单击 按钮，生成 PMSM 控制部分相关的 C 代码文件，如图 7-2-13 所示。

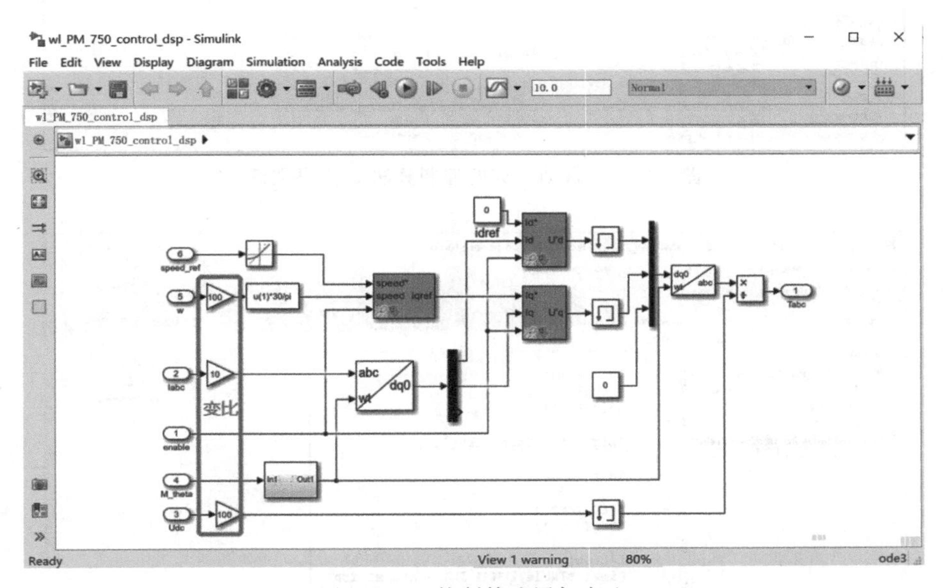

图 7-2-11　控制算法添加变比

(3) 创建 CCS 基础配置工程。首先创建一个不含算法的基础工程文件 wl_PM_750w_2p，进行时钟、GPIO、中断、PWM 等基础配置，如图 7-2-14 所示。

(4) 复制自动生成的.c 和.h 文件到工程

将自动代码生成的.c 和.h 文件复制到 CCS 的基础工程文件下，如图 7-2-15 所示。

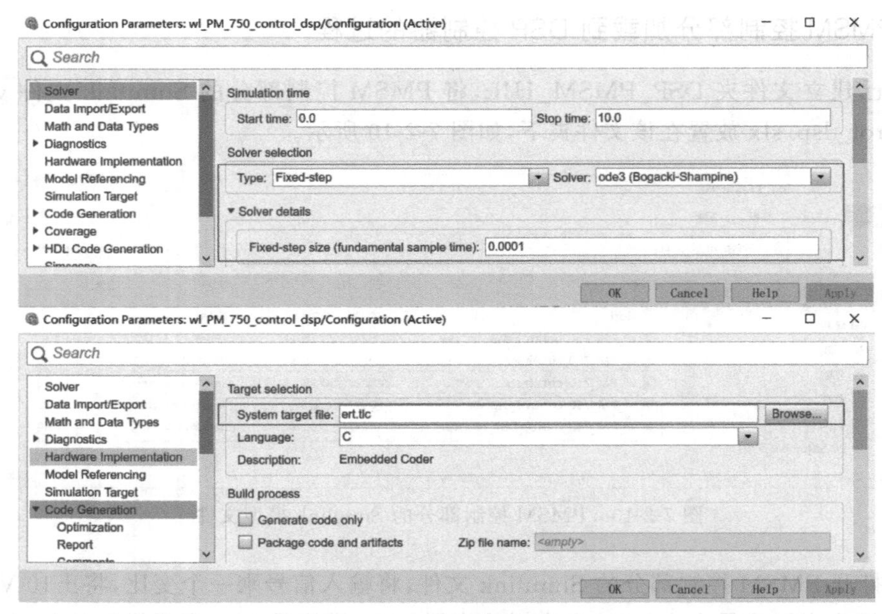

图 7-2-12　解算器配置

名称	修改日期	类型	大小
rtwtypes	2021/6/30 18:30	C/C++ Header	7 KB
rtwtypeschksum	2021/6/30 18:30	Microsoft Acces...	2 KB
wl_PM_750_control_dsp	2021/6/30 17:50	Windows 批处理...	1 KB
wl_PM_750_control_dsp	2021/6/30 18:30	C Source	15 KB
wl_PM_750_control_dsp	2021/6/30 18:30	C/C++ Header	8 KB
wl_PM_750_control_dsp	2021/6/30 17:50	Makefile	13 KB
wl_PM_750_control_dsp	2021/6/30 18:30	Object File	8 KB

图 7-2-13　自动生成的控制算法 C 代码文件

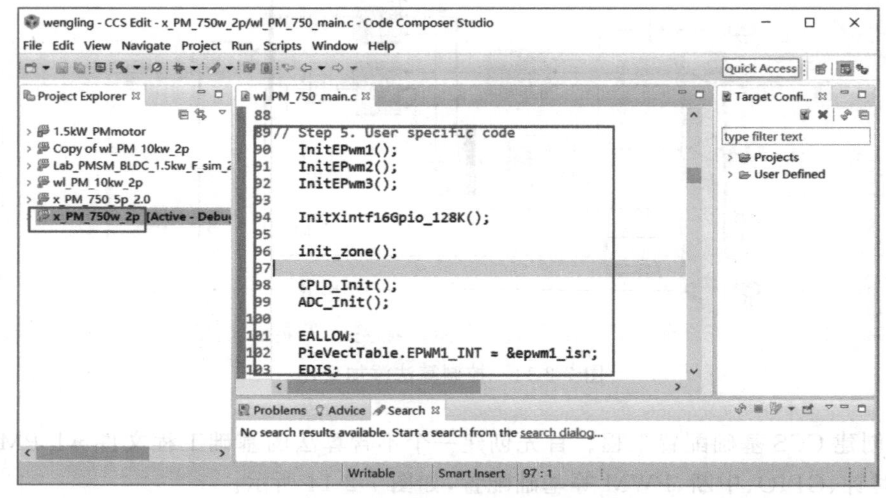

图 7-2-14　CCS 工程初始化基本配置

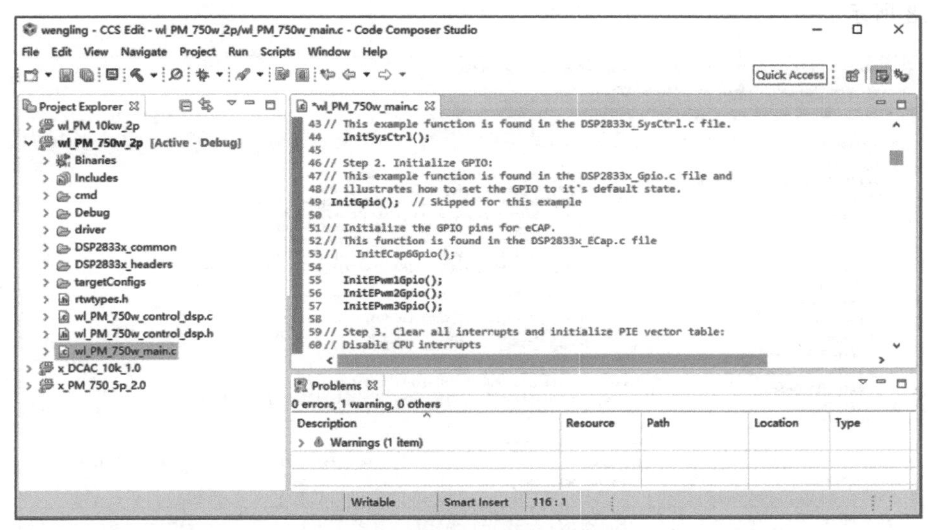

图 7-2-15　添加自动代码生成文件

(5) CCS 中添加算法模块

在主函数中，添加自动代码生成算法的头文件和初始化函数，如图 7-2-16 所示。

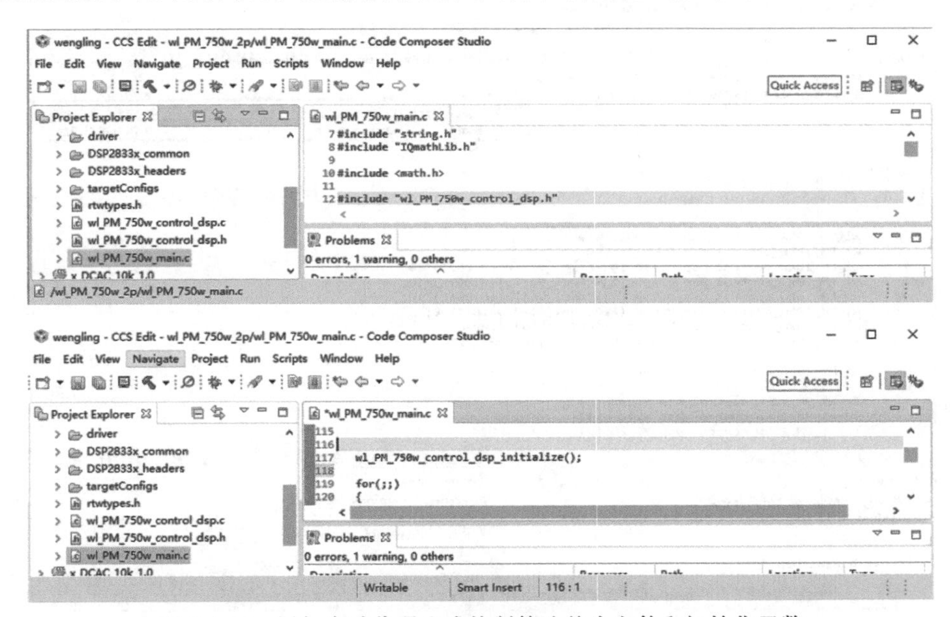

图 7-2-16　添加自动代码生成控制算法的头文件和初始化函数

(6) CCS 工程中引用算法程序

将控制算法执行函数 wl_PM_750w_control_dsp_step()添加到中断控制中，将 DSP 的 AD 采样值赋值给控制算法输入变量，控制算法程序生成的调制波赋值给 PWM 比较寄存器，如图 7-2-17 所示。

(7) 运行 CCS 工程

运行 CCS 工程，验证永磁电机控制算法的正确性，在线实时改变变量，使能控制器，如

图 7-2-18 所示。

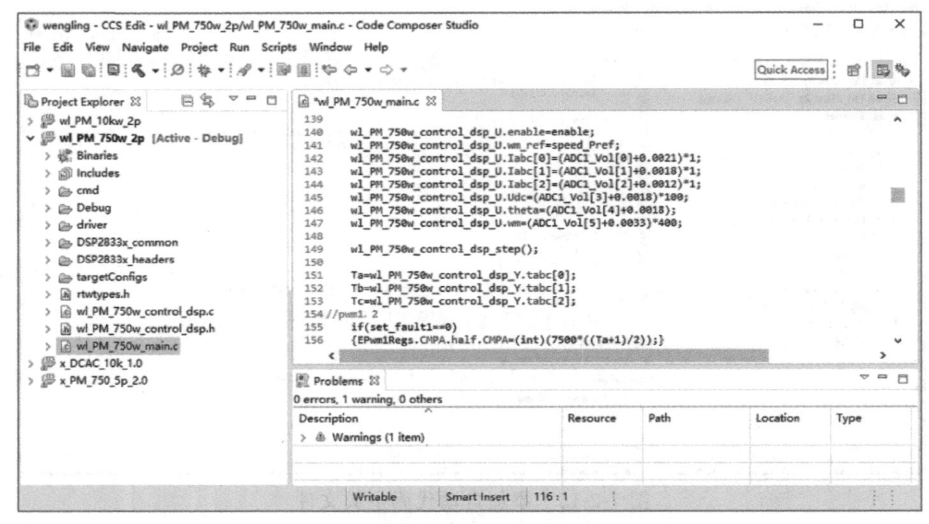

图 7-2-17　控制算法执行函数的输入/输出配置

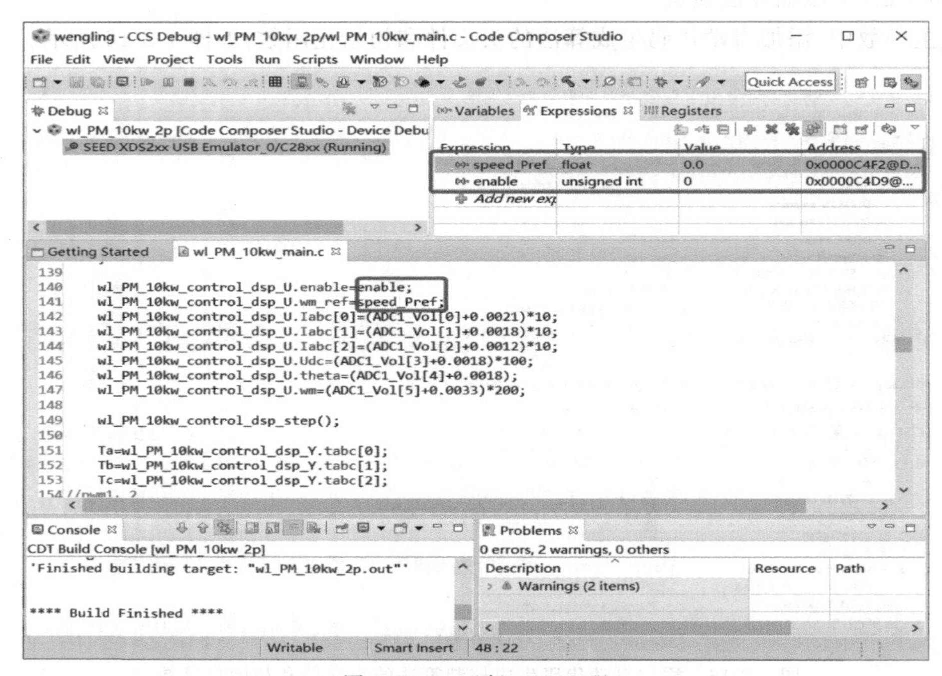

图 7-2-18　运行 CCS 工程

7.2.3　PMSM HIL 实时仿真测试实验

1. 空载启动运行实验

在运行的 PMSM 控制 CCS 工程中，在线给定转速为 200 r/min，然后使能控制器，如图 7-2-19 所示。

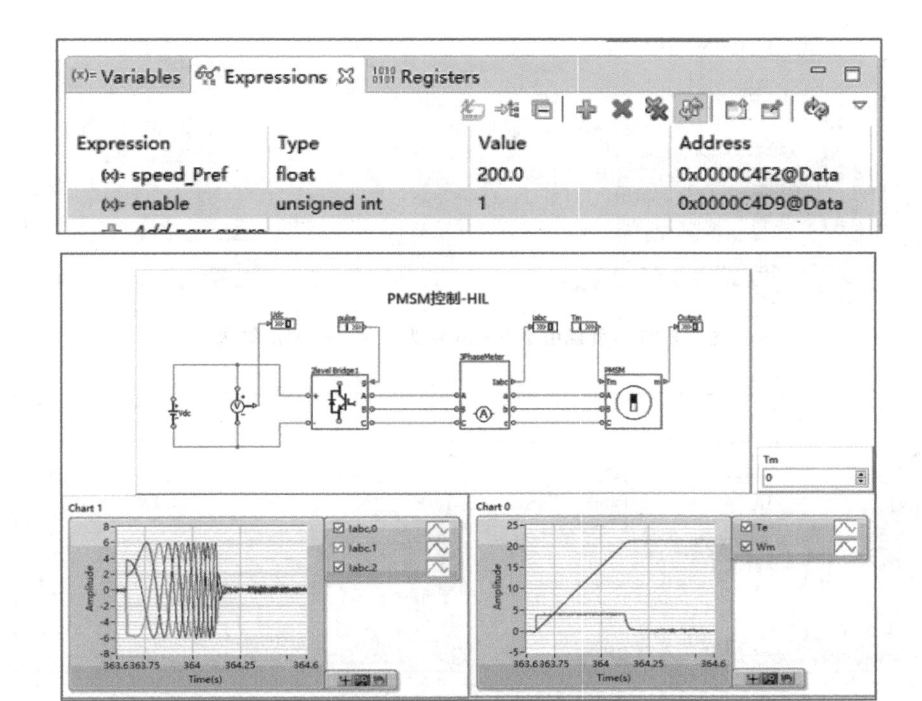

图 7-2-19　PMSM 控制运行

2. 恒速转矩突变实验

使转速恒定在 200 r/min，负载由 0 N・m 变为 2 N・m，控制器测试结果如图 7-2-20 所示；负载由 2 N・m 变为 3 N・m，控制器测试结果如图 7-2-21 所示。

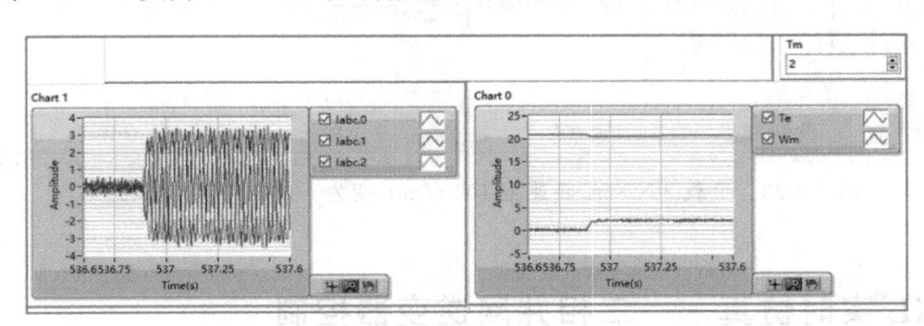

图 7-2-20　负载由 0 N・m 变为 2 N・m 测试结果

3. 带载正反转变化实验

保持负载为 1 N・m，转速由 100 r/min 变为 −100 r/min，控制器实验测试结果如图 7-2-22 所示；保持负载为 2 N・m，转速由 100 r/min 变为 −100 r/min，控制器实验测试结果如图 7-2-23 所示。

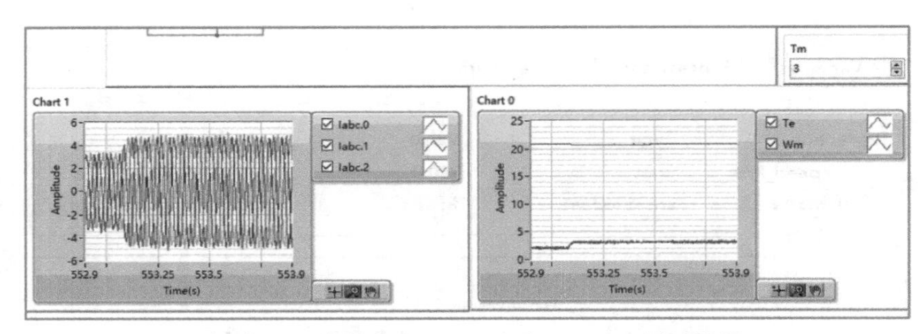

图 7-2-21 负载由 2 N・m 变为 3 N・m 测试结果

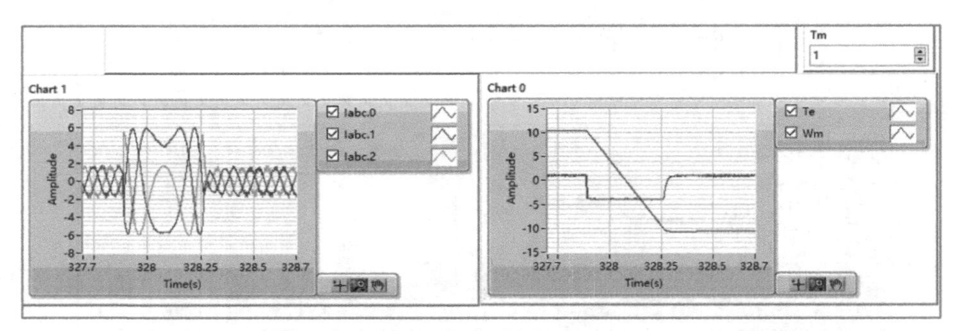

图 7-2-22 负载 1 N・m,转速由 100 r/min 变为－100 r/min 测试结果

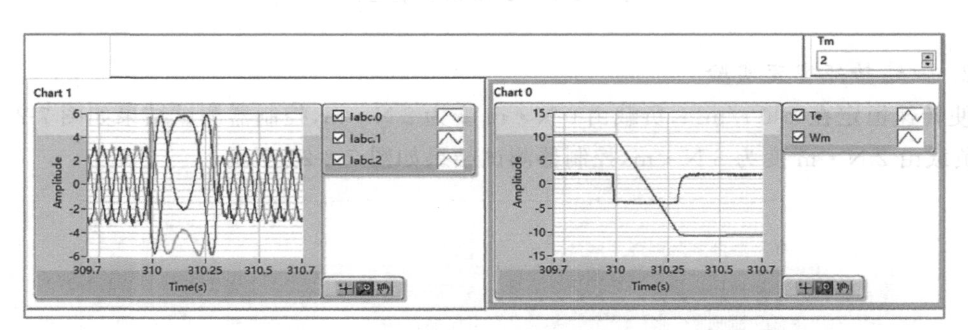

图 7-2-23 负载 2 N・m,转速由 100 r/min 变为－100 r/min 测试结果

7.3 HIL 实时仿真——三相并网逆变器控制

7.3.1 三相并网逆变器主电路部分加载到实时仿真器的过程

(1) 新建一个文件夹,如 DSP_PCS_HIL。将三相逆变器主电路 Simulink 文件 DCAC_G_circuit2014a. slx 放置在该文件夹下。然后在该文件夹下新建一个三相并网逆变器的 StarSim HIL 工程文件,命名为 DCAC_G_circuit. sfprj,如图 7-3-1 所示。三相并网逆变器系统主电路如图 7-3-2 所示。

(2) 双击打开新建的三相并网逆变器的 StarSim HIL 工程文件,配置实时仿真器类型为 6020,以及对应的 IP 地址。然后单击 按钮,则软件与实时仿真器建立连接,如图 7-3-3 所示。

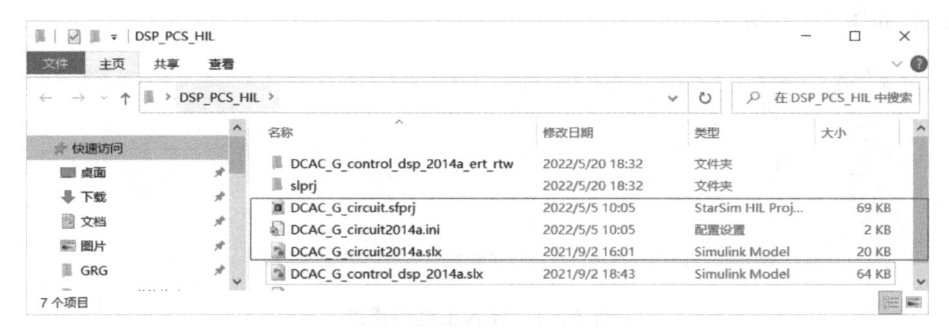

图 7-3-1　仿真器 MT6020 文件

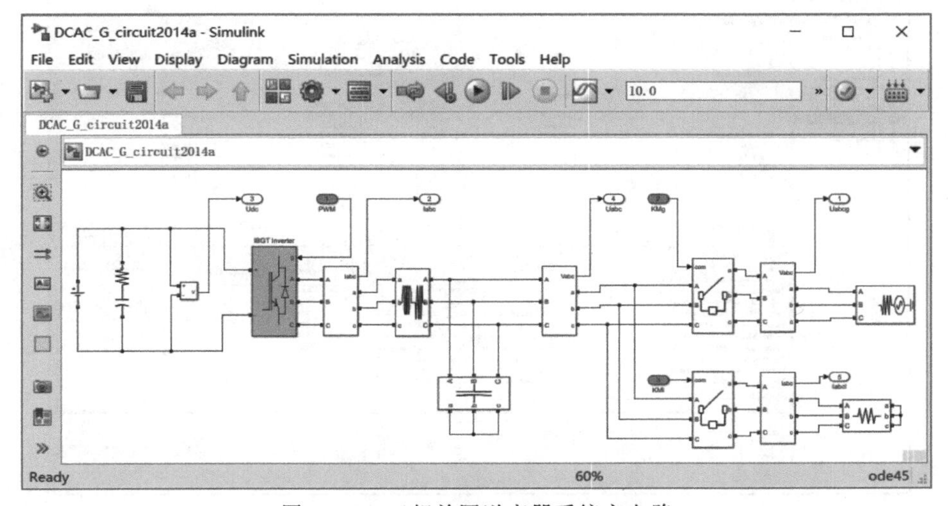

图 7-3-2　三相并网逆变器系统主电路

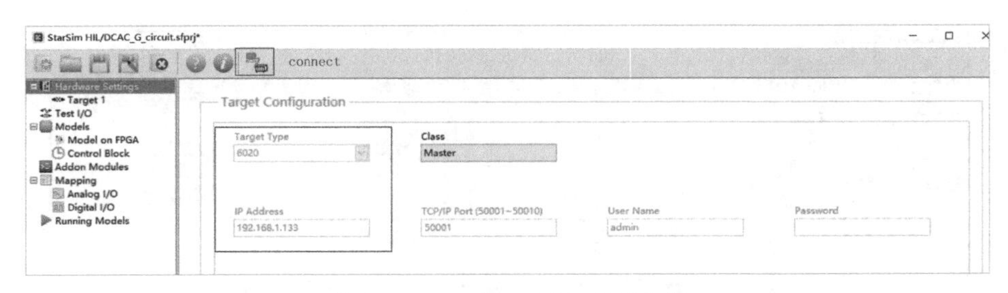

图 7-3-3　StarSim HIL 基础配置

(3) 导入主电路部分文件。在 Model on FPGA 界面找到放置三相并网逆变器主电路的路径,导入逆变器主电路模型 DCAC_G_circuit2014a. slx,如图 7-3-4 所示。

(4) 模拟量 I/O 配置。在 Mapping→Analog I/O 界面配置主电路模拟量 I/O,将逆变器三相电流信号、三相电压信号和直流母线电压信号映射到实时仿真器模拟 I/O 接口。由于 I/O 接口的电压范围是±10 V,所以需要设置 Scale(变比)将实际信号的数值大小设定在此范围内,如图 7-3-5 所示。

(5) 数字量 I/O 配置。在 Mapping→Digital I/O 界面配置主电路数字量 I/O,如 PWM、开关量等信号。将实时仿真器输入数字 I/O 与三相并网逆变器主电路 PWM 信号建立连接，如图 7-3-6 所示。

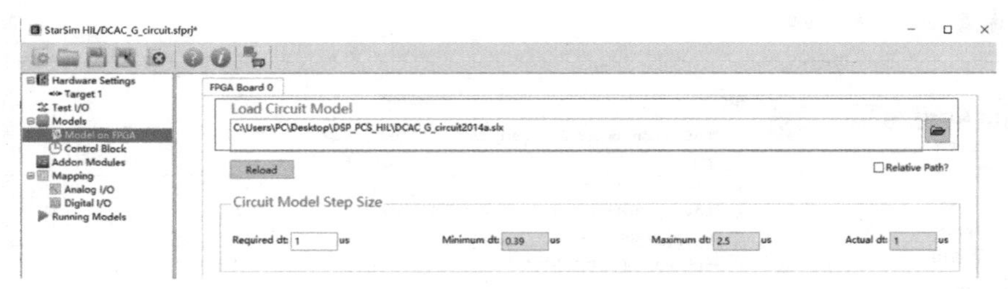

图 7-3-4　导入主电路模型

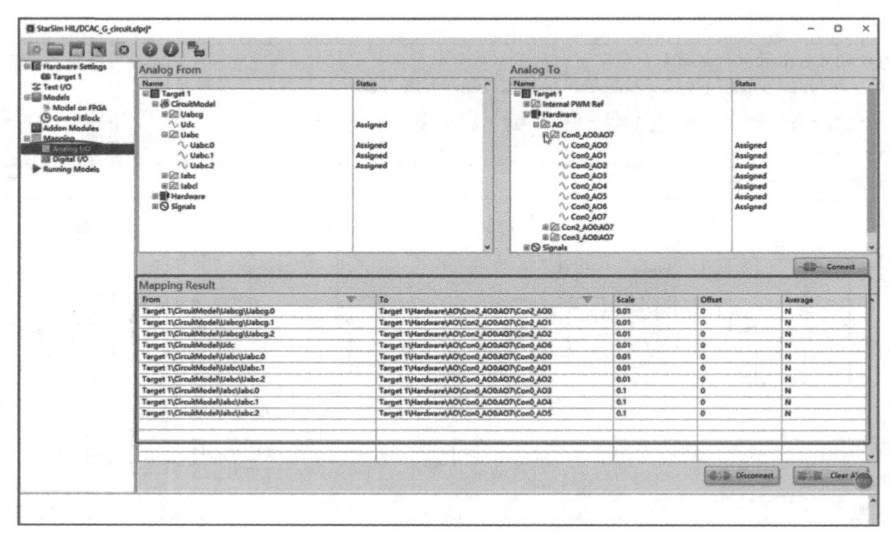

图 7-3-5　模拟量 I/O 配置

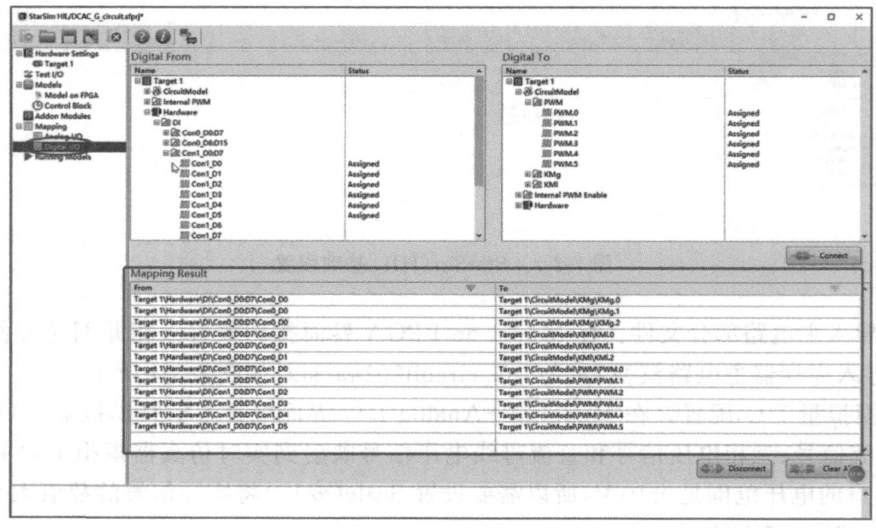

图 7-3-6　数字量 I/O 配置

(6) 打开 Running Models 界面,搭建三相并网逆变器主电路数据监测上位机界面,从 Palette 中拖拽波形显示控件与指令给定控件到工作空间,如图 7-3-7 所示,创建两个示波器和两个开关指示灯(并网开关 kmg 和负载开关 kml)。双击示波器选择需要观察的变量,如选择电网电压 Uabcg、逆变器输出电压 Uabc、逆变器输出电流 Iabc 和负载电流 Iabcl,如图 7-3-8 所示。

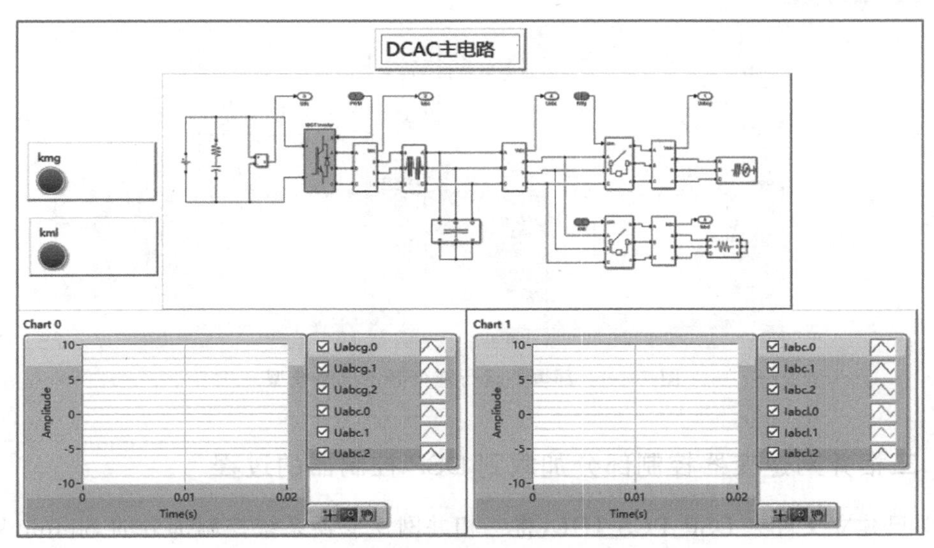

图 7-3-7　三相逆变器主电路数据监测上位机界面

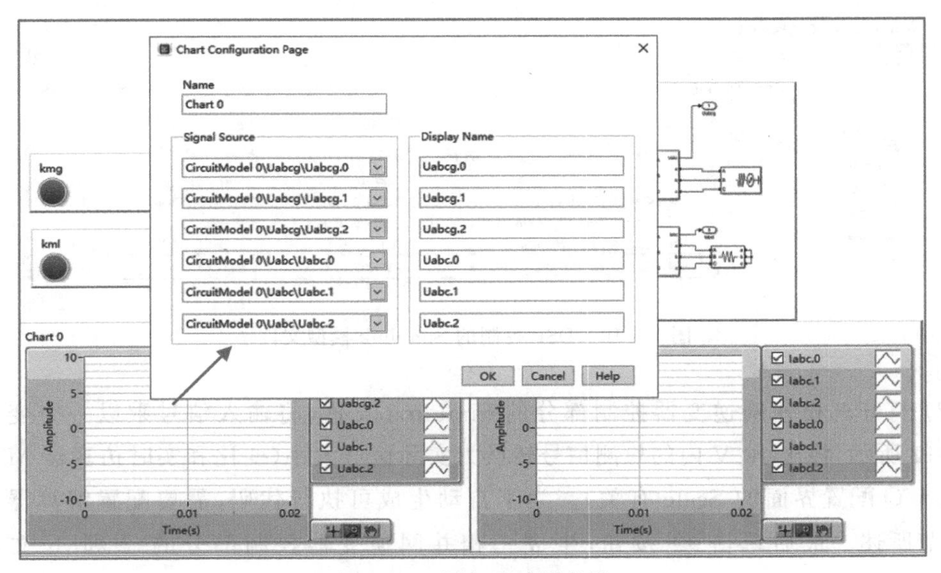

图 7-3-8　添加示波器变量

(7) 单击 按钮,将逆变器主电路部署到实时仿真器 MT6020 中;然后单击 ▷ 按钮,运行实时仿真器中的主电路模型。此时示波器数据开始刷新,可以观察到模型实时运行初始状态,如图 7-3-9 所示。

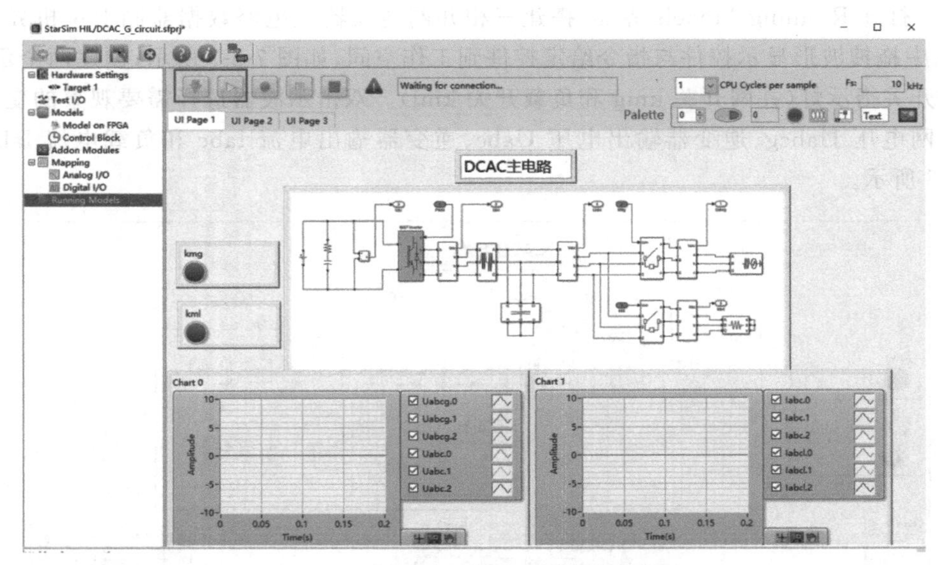

图 7-3-9　部署并运行逆变器主电路模型

7.3.2　三相并网逆变器控制部分加载到 DSP 控制器的过程

(1) 已建立文件夹 DSP_PCS_HIL，将三相并网逆变器系统控制部分的 Simulink 文件 DCAC_G_control_dsp_2014a. slx 放置在该文件夹下，如图 7-3-10 所示。

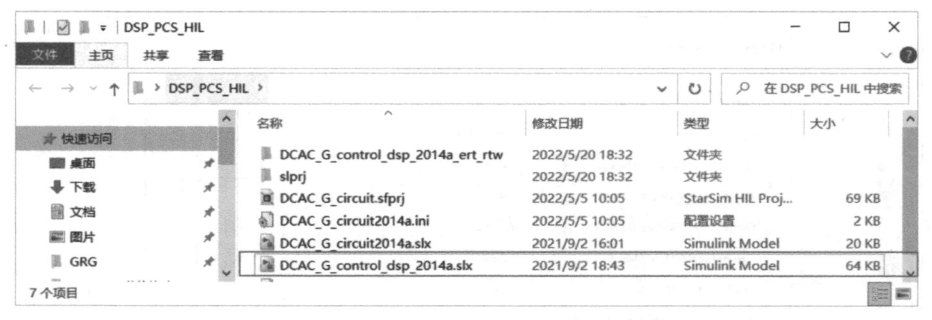

图 7-3-10　DSP 控制的 Simulink 模型文件

(2) 打开三相并网逆变器控制部分的 Simulink 文件，将输入信号乘以一个变比，如图 7-3-11 所示，将±10 V 内的检测信号转换为实际信号大小(变比和实时仿真器 MT6020 模拟量 I/O 配置界面的 Scale 有关)。为了自动生成可执行代码，需要配置解算器，参见 7.1.4 节所述。最后单击 按钮，生成三相并网逆变器控制部分的. c 和. h 文件，如图 7-3-12 所示。

(3) 创建 CCS 基础配置工程。首先创建一个不含算法的 CCS 基础工程文件，进行时钟、GPIO、中断以及 PWM 等基础配置，如图 7-3-13 所示。

(4) 复制生成的. c 和. h 文件到工程。将自动代码生成的. c 和. h 文件复制到 CCS 的基础工程下，如图 7-3-14 所示。

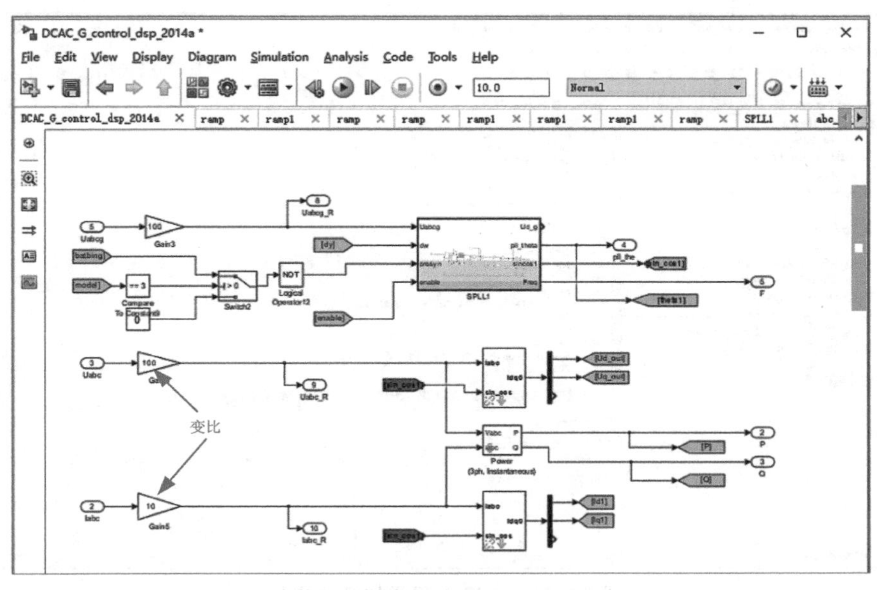

图 7-3-11　控制算法添加变比

名称	修改日期	类型	大小
codeInfo	2021/9/1 10:13	Microsoft Acces...	6 KB
compileInfo	2021/9/1 10:13	Microsoft Acces...	1 KB
DCAC_G_control_dsp_2014a	2021/9/1 10:13	Windows 批处理...	1 KB
DCAC_G_control_dsp_2014a	2021/9/1 10:13	C Source	82 KB
DCAC_G_control_dsp_2014a	2021/9/1 10:13	C/C++ Header	12 KB
DCAC_G_control_dsp_2014a	2021/9/1 10:13	Makefile	13 KB
DCAC_G_control_dsp_2014a	2021/9/1 10:13	Object File	35 KB
DCAC_G_control_dsp_2014a_ref.rsp	2021/9/1 10:13	RSP 文件	0 KB

快速访问　桌面　下载　文档　图片　DSP_PCS_HIL　wl_DSP_HIL

18 个项目　已选择 2 个项目 93.5 KB

图 7-3-12　自动生成的控制算法 C 代码文件

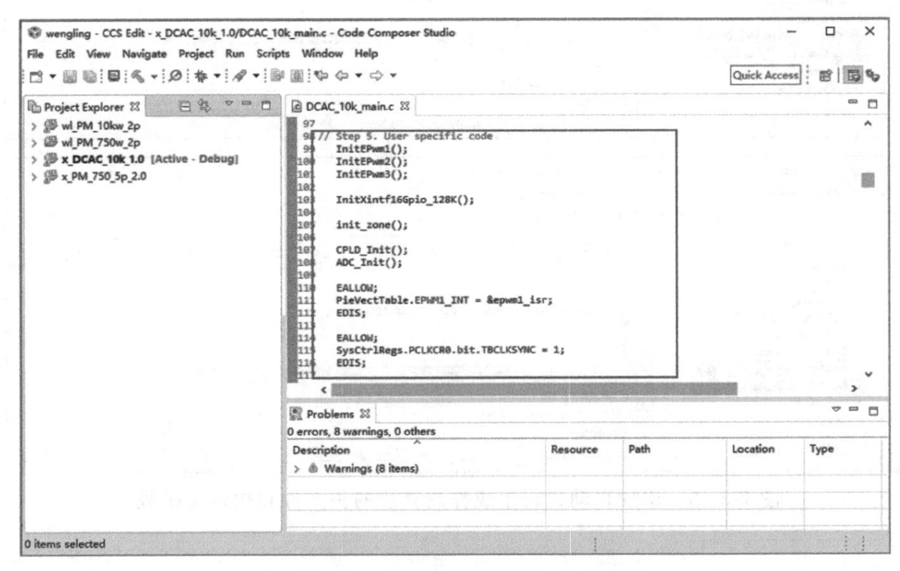

图 7-3-13　CCS 工程初始化基本配置

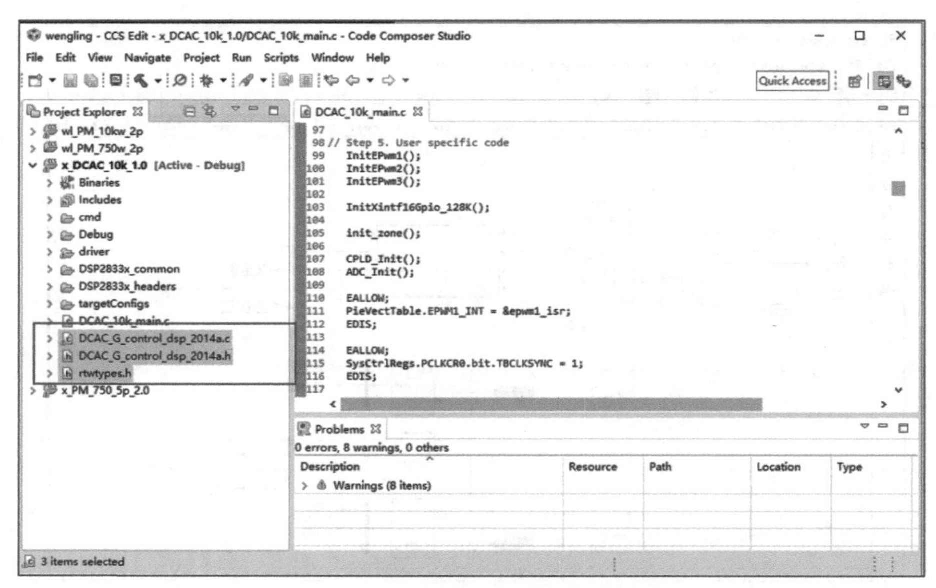

图 7-3-14　CCS 工程添加算法文件

(5) CCS 中添加算法模块。在主函数中，添加自动代码生成算法的头文件和初始化程序，如图 7-3-15 所示。

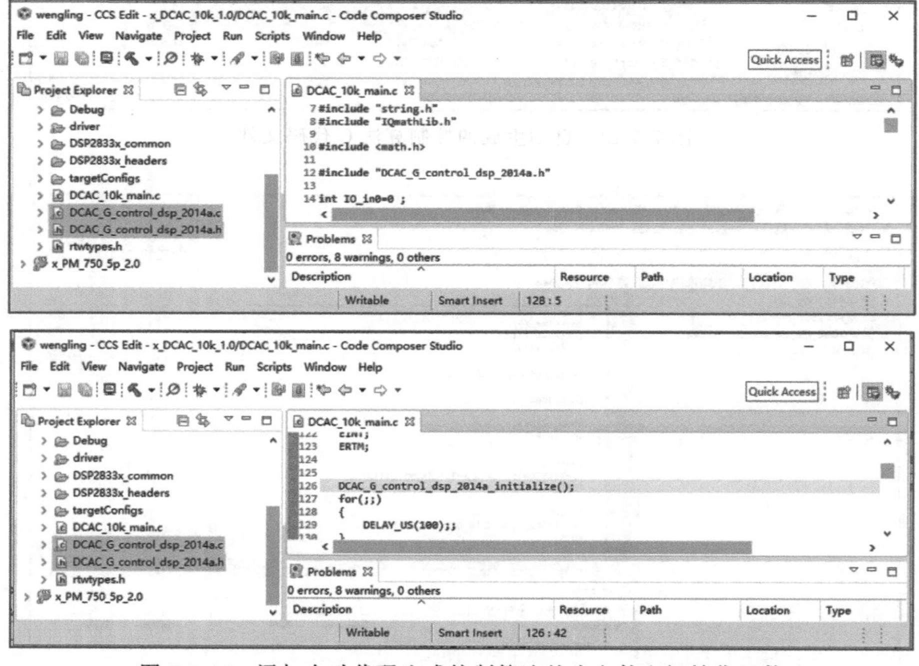

图 7-3-15　添加自动代码生成控制算法的头文件和初始化函数

(6) CCS 工程中引用算法程序。将控制算法执行函数 DCAC_G_control_dsp_2014a_step()添加到中断控制中，将 DSP 的 AD 采样值赋值给算法输入变量，控制算法程序生成的调制波赋值给 PWM 比较寄存器，如图 7-3-16 所示。

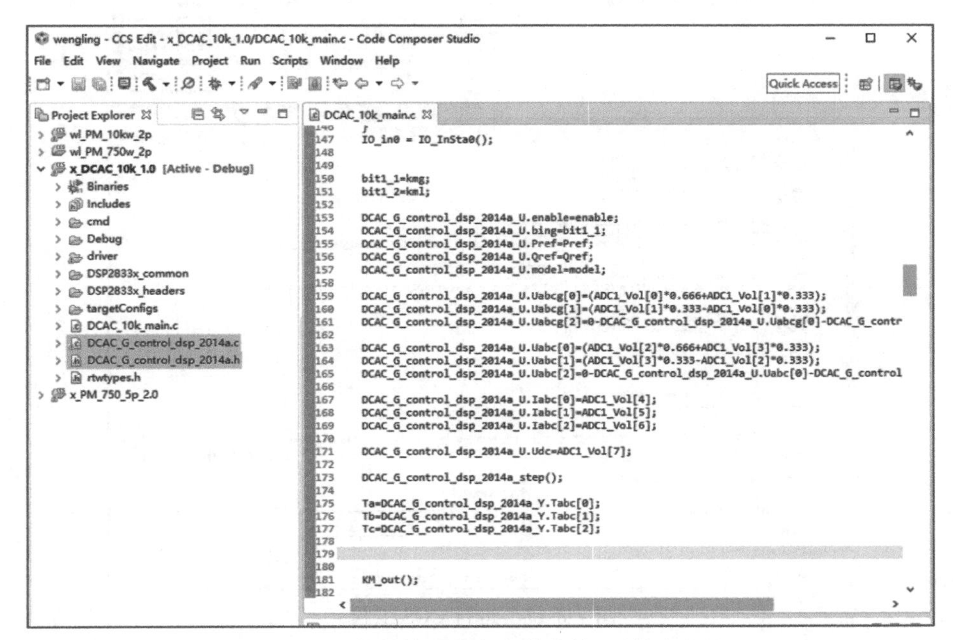

图 7-3-16　控制算法执行函数的输入/输出配置

(7) 运行 CCS 工程。运行 CCS 工程，验证三相并网逆变器控制算法的正确性，在线实时改变变量，使能控制器。如图 7-3-17 所示，变量有控制模式 model(0：PQ 控制；1：VF 控制；3：下垂控制)，使能控制 enable(0：停止；1：运行)，并网开关 kmg(1：并网；0：离网)，负载开关 kml(0：卸载；1：加载)，有功功率指令 Pref，无功功率指令 Qref。

7.3.3　三相并网逆变器控制 HIL 实时仿真测试实验

当三相逆变器系统的主电路和控制算法全部部署完成，并在设备中实时运行后，就可以开始进行逆变器控制测试实验。本节通过逆变器的 PQ 控制实验、VF 控制实验和下垂控制等 HIL 实时仿真实验，测试三相并网逆变器控制算法的性能。

1. PQ 控制实验

首先设置控制模式 model=0，即选择 PQ 控制，然后闭合并网开关，即令 kmg=1，最后设置有功功率和无功功率 Pref 和 Qref。不同的功率指令控制结果如图 7-3-18～图 7-3-21 所示。

2. VF 控制实验

设置控制模式 model=1，即选择 VF 控制；然后控制负载开关 kml，观察电流波形变化。主电路中负载为 1 500 W。负载变化的控制结果如图 7-3-22 及图 7-3-23 所示。

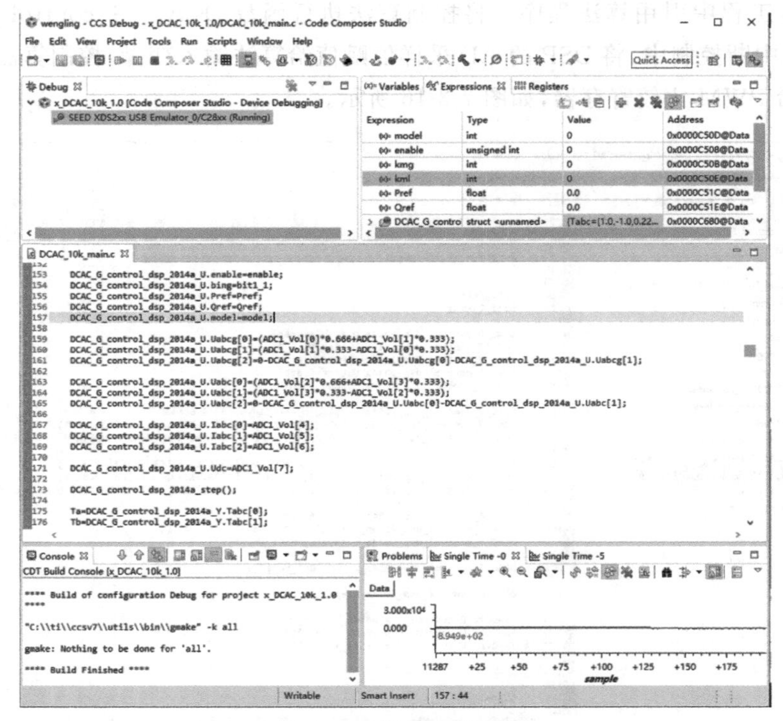

图 7-3-17　运行 CCS 工程

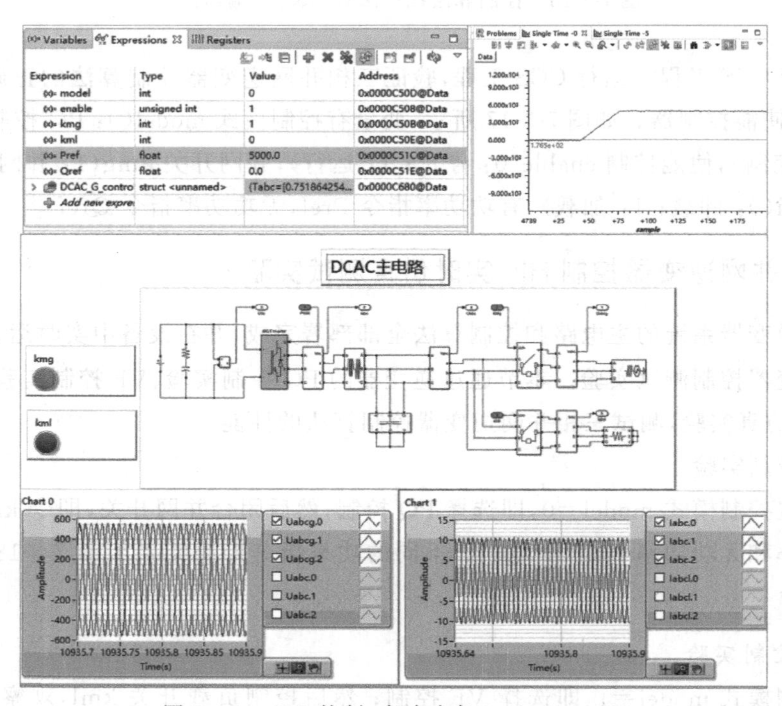

图 7-3-18　PQ 控制，有功功率 Pref＝5 000 W

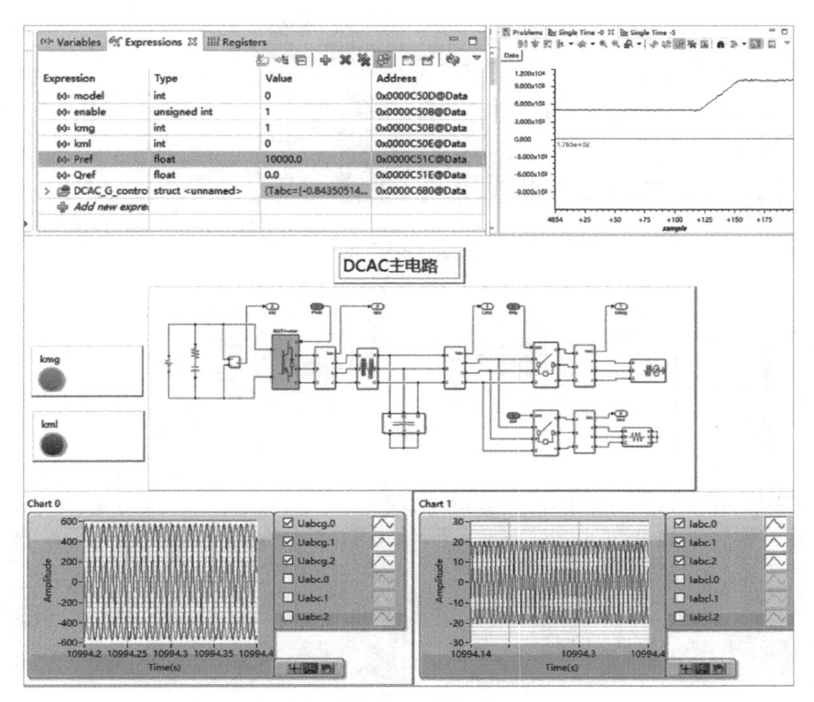

图 7-3-19　PQ 控制，有功功率 Pref=10 000 W

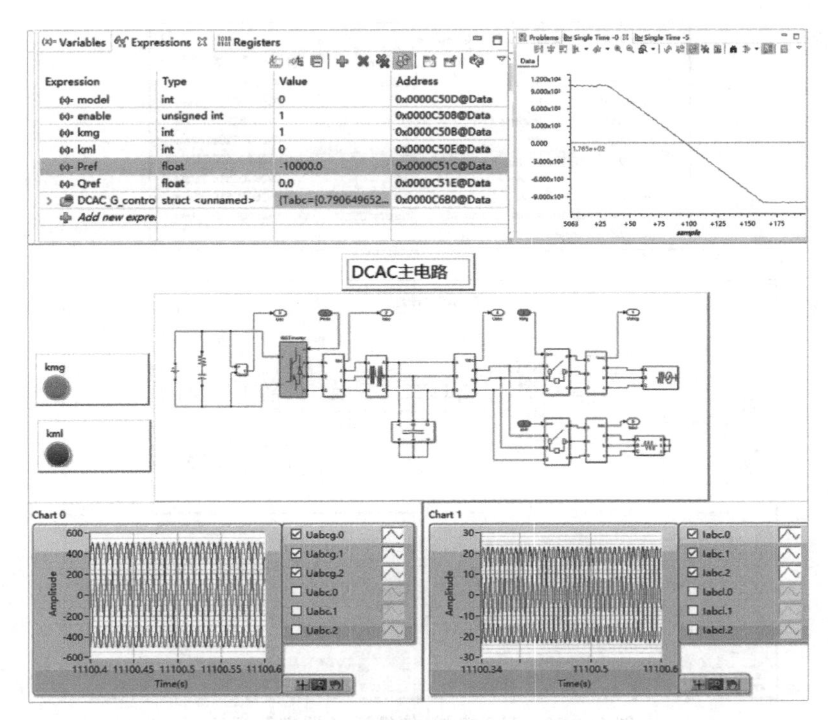

图 7-3-20　PQ 控制，有功功率由+10 000 W 变为-10 000 W

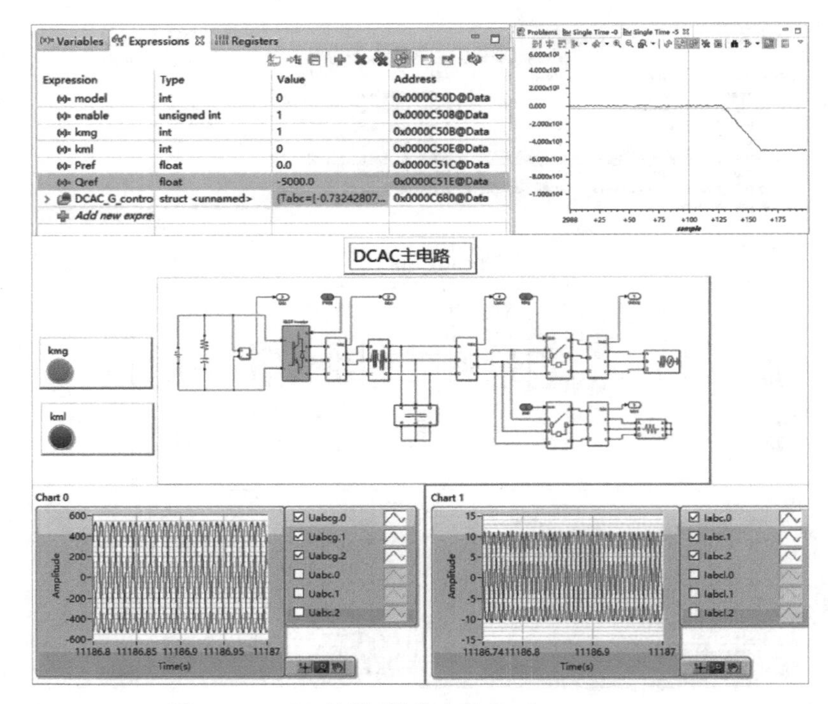

图 7-3-21　PQ 控制，无功功率 Qref＝－5 000 var

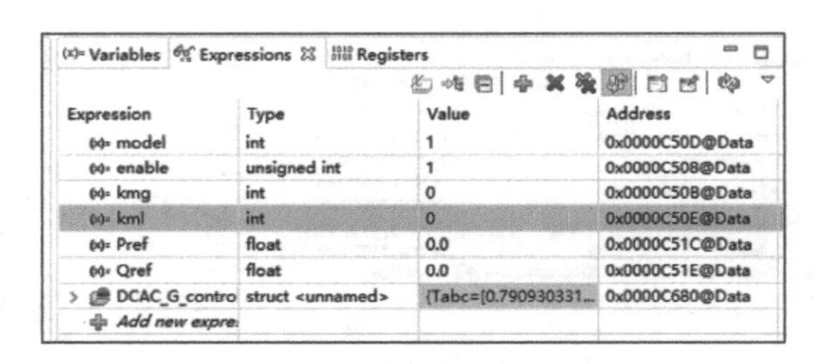

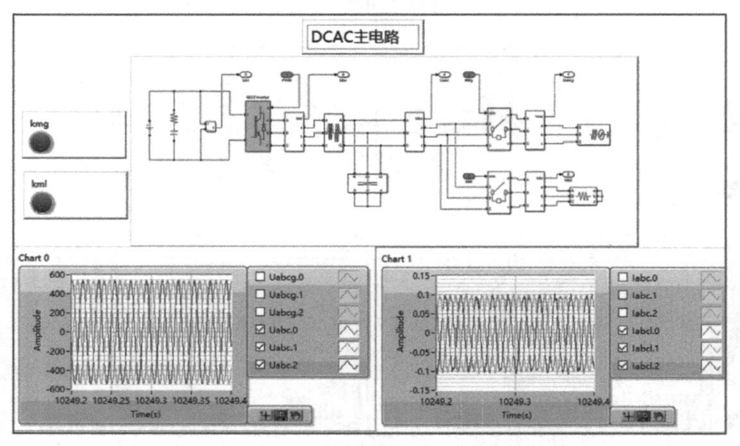

图 7-3-22　VF 控制，使能逆变器空载运行

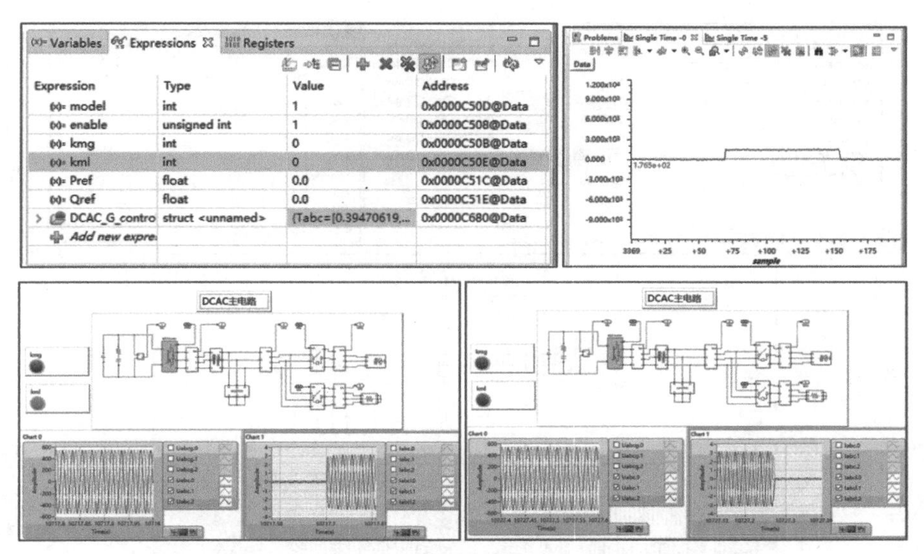

图 7-3-23　VF 控制，控制负载开关 kml，进行加载、卸载过程

3. 下垂控制实验

设置控制模式 model＝3，即选择下垂控制，使能控制；然后控制并网开关 kmg 和负载开关 kml，并网后调节有功功率 Pref 和无功功率 Qref。不同的功率指令控制结果如图 7-3-24～图 7-3-27 所示。

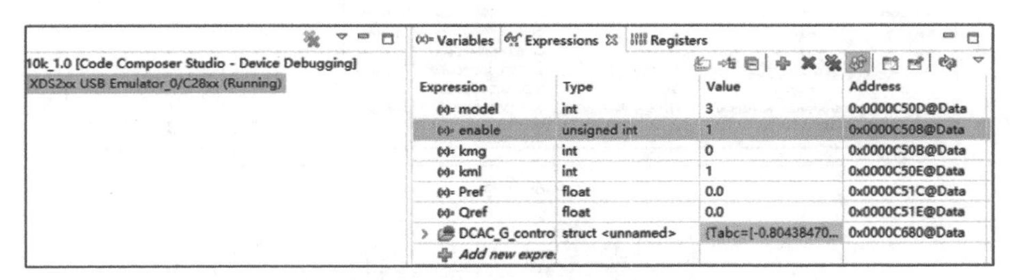

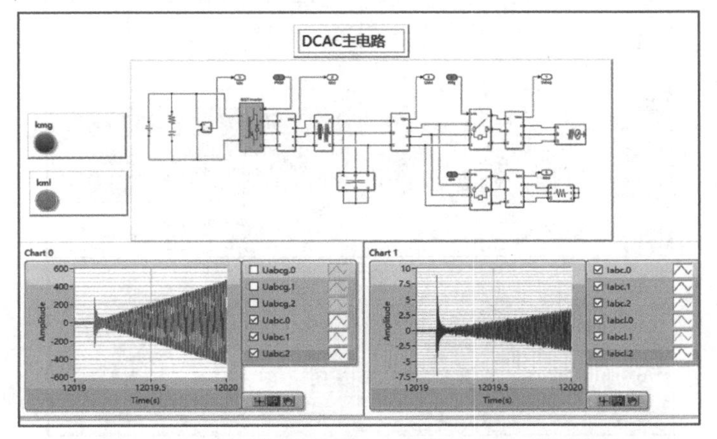

图 7-3-24　下垂控制，闭合 kml，断开 kmg，带载启动

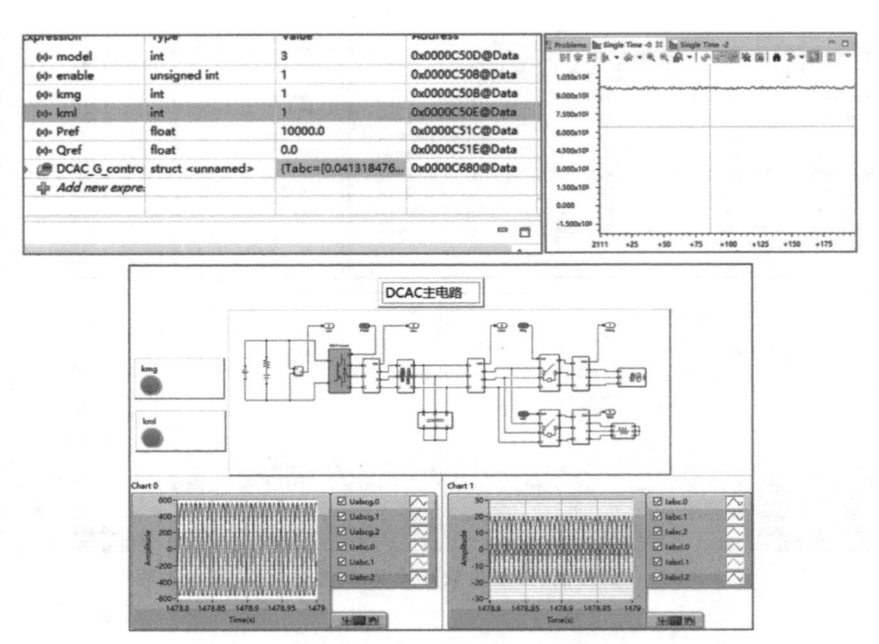

图 7-3-25　下垂控制，闭合 kml，闭合 kmg，Pref=10 000 W

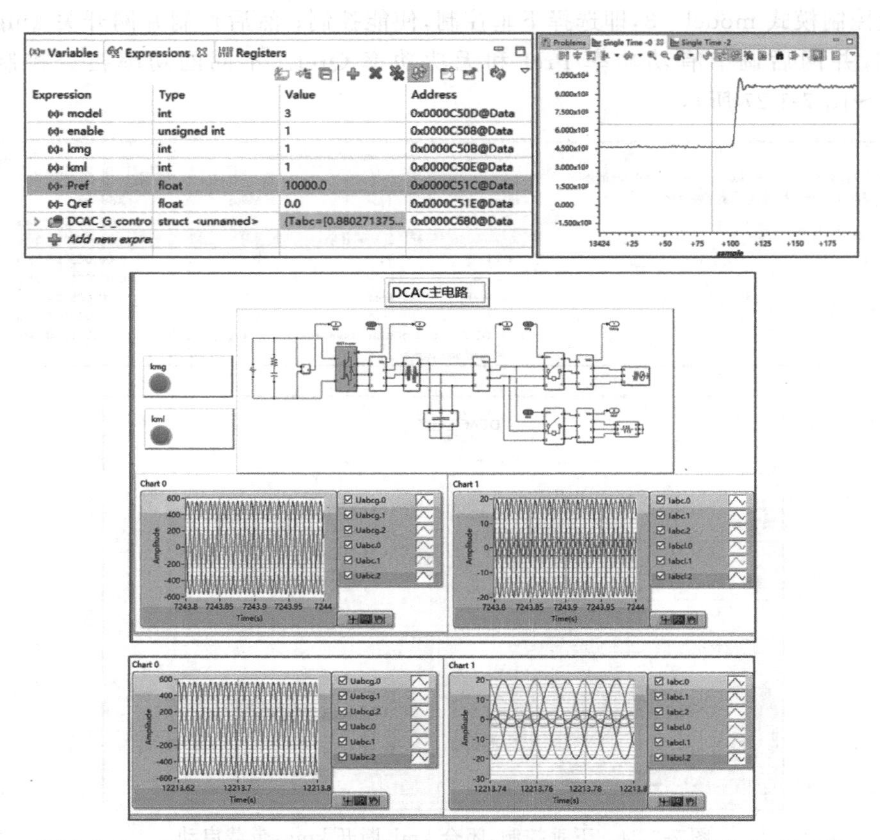

图 7-3-26　下垂控制，闭合 kml，闭合 kmg，有功功率由 5 000 W 变为 10 000 W

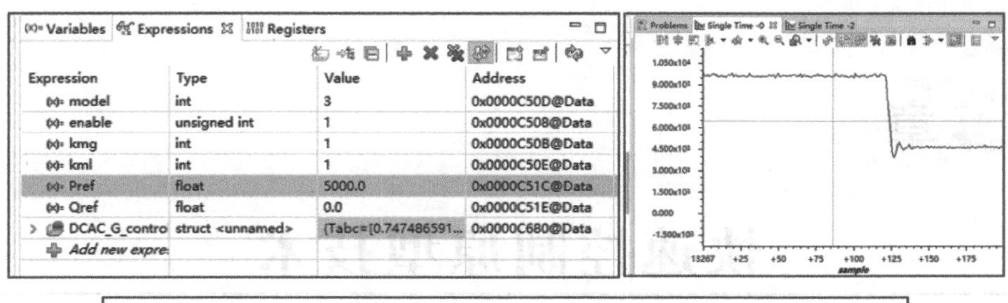

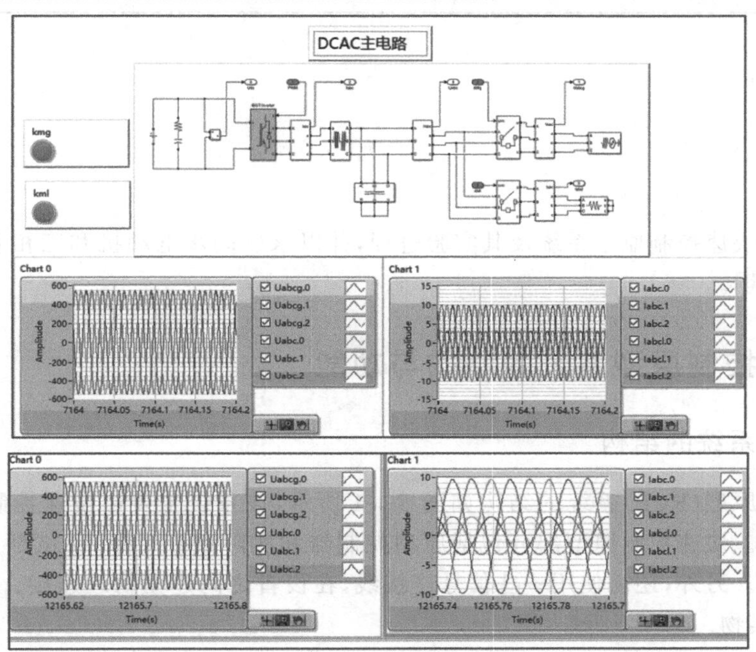

图 7-3-27　下垂控制，闭合 kml，闭合 kmg，有功功率由 10 000 W 变为 5 000 W

快速控制原型技术

本章介绍快速控制原型系统及其实验过程,并以永磁同步电动机和三相并网逆变器控制为例进行说明。

8.1 快速控制原型系统的结构与功能

8.1.1 RCP 系统的结构

快速控制原型(RCP)系统的结构如图 8-1-1 所示,该系统主要由快速控制原型部分和调试部分组成。快速控制原型部分包括原型控制器和实际被控对象,调试部分包括 PC 上位机和示波器。另外,还需使用一些信号连接线,在设备之间建立物理连接。图 8-1-2 所示为 RCP 系统实物。

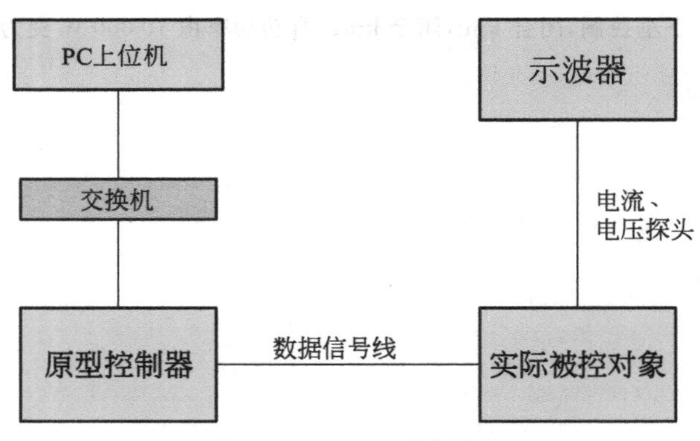

图 8-1-1 RCP 系统结构

原型控制器主要用于运行控制算法,快速验证算法的正确性,并且优化控制算法,观察和分析变量的暂态和稳态情况。该系统使用的原型控制器为 MT1050。

实际被控对象为由电力电子变换器和电机组成的实际主电路。

PC 上位机主要用于设计控制算法、部署控制算法和进行上位机监控调试工作。

交换机用于将 PC 上位机、通用控制器组成局域网,实现不同设备间的互联。

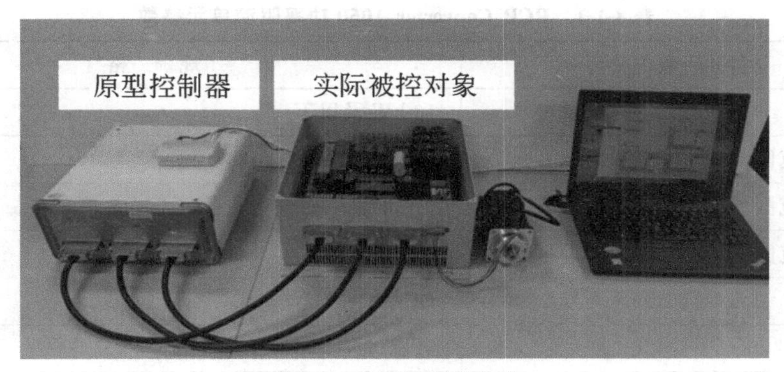

图 8-1-2 RCP 系统实物

示波器用于电气量和控制算法的中间变量瞬时波形的捕捉分析。

8.1.2 RCP_Converter_1050 功率驱动单元

RCP_Converter_1050 功率驱动单元是配合 MT1050 实时控制器设计的两电平功率单元。设计专用 I/O 接口，可以实现功率单元与原型控制器无缝连接。它具有结构简单实用、功能丰富、保护可靠，以及可进行高精度采样等特点，其拓扑结构如图 8-1-3 所示，实物如图 8-1-4 所示，参数如表 8-1-1 所示。

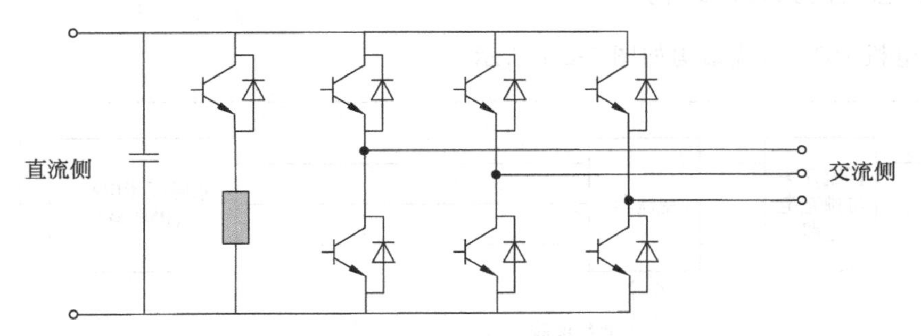

图 8-1-3 RCP_Converter_1050 功率驱动单元拓扑结构

图 8-1-4 RCP_Converter_1050 功率驱动单元实物

表 8-1-1 RCP_Converter_1050 功率驱动单元参数

参数	规格
功率范围	10 kW 及以下
直流侧电压范围	700 V 以下
交流侧电压范围	0～380 V
交流侧频率范围	0～60 Hz
拓扑结构	DC/AC
故障保护	过流、过压、过温
应用模式	离网逆变、并网逆变、可控整流、电机控制等
冷却方式	风冷
尺寸(长×宽×高)	520 mm×370 mm×160 mm

8.2 基于 RCP 的永磁同步电机调速控制

8.2.1 永磁同步电机 RCP 结构

永磁同步电机 RCP 系统结构如图 8-2-1 所示。

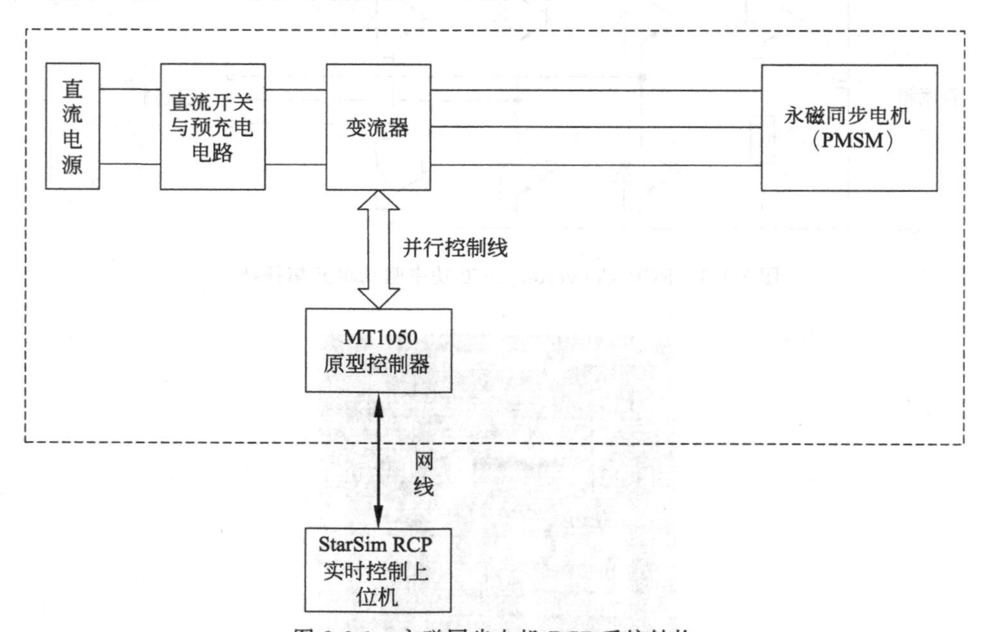

图 8-2-1 永磁同步电机 RCP 系统结构

8.2.2 PMSM 控制部分加载到原型控制器的过程

(1) 新建一个文件夹 PMSM_1.5_RCP，将 PMSM 控制部分的 Simulink 文件 x_PM_

750_control. slx 放置在该文件夹下。然后在该文件夹下新建一个 PMSM 控制的 StarSim RCP 工程文件，命名为 PM_750_control_1050. srcp，如图 8-2-2 所示。

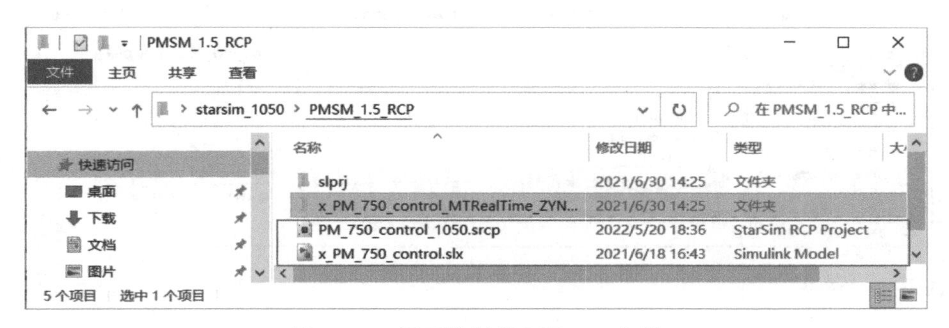

图 8-2-2　原型控制器 MT1050 文件

(2) 打开 PMSM 控制部分的 Simulink 文件，将输入信号乘以一个变比，将±10 V 内的检测信号转换为实际信号大小(变比和实际传感器变比有关)，如图 8-2-3 所示。为了自动生成可执行代码，需要配置解算器，具体方法参见 6. 1. 5 节。最后单击按钮，生成 PMSM 控制部分可执行文件 libx_PM_750_control. a，如图 8-2-4 所示。

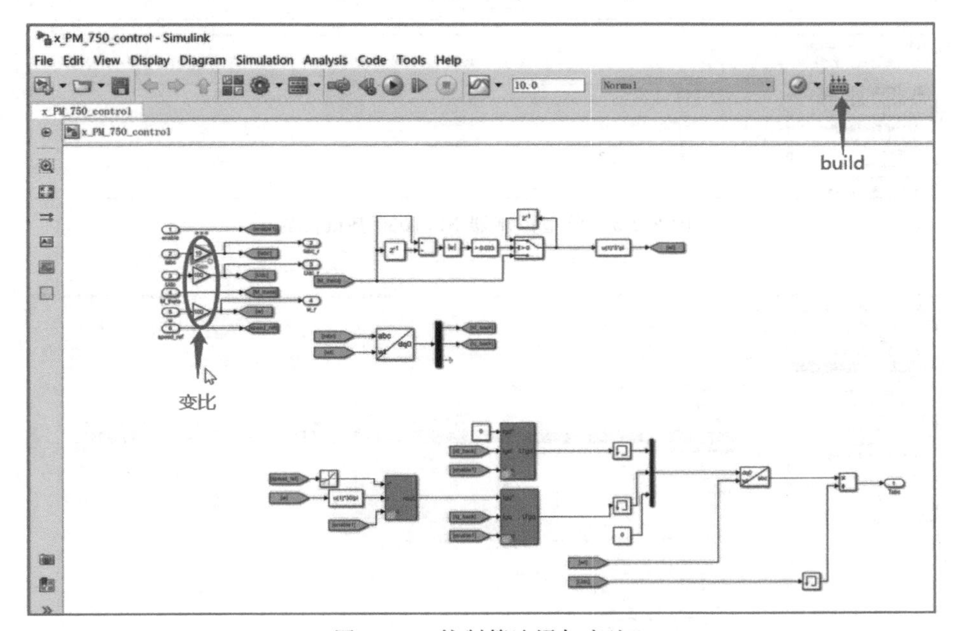

图 8-2-3　控制算法添加变比

(3) 双击打开新建文件夹下 StarSim RCP 工程文件，配置控制器 IP 和控制器类型，控制器选择 1050。然后单击按钮，则 StarSim RCP 软件与通用控制器 MT1050 建立连接，如图 8-2-5 所示。

(4) 切换到 FPGA Boards 界面，配置控制器输出 PWM 频率、死区时间和编码器。开关频率设置为 10 kHz，死区时间设置为 1 μs，如图 8-2-6 所示。

(5) 切换到 Load Controller File 界面，添加自动代码生成的 PMSM 控制算法可执行文

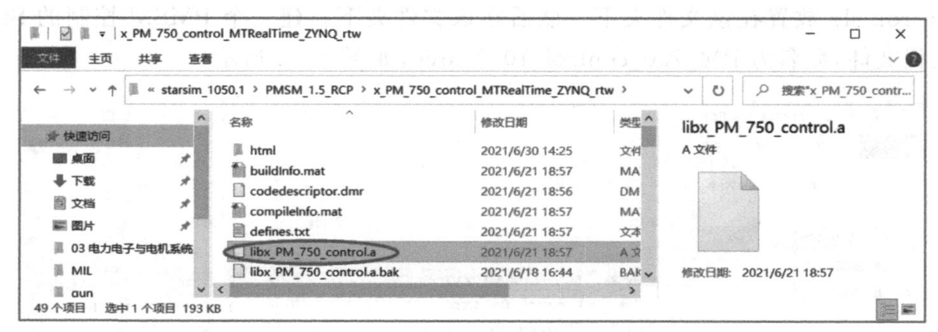

图 8-2-4 控制算法可执行文件

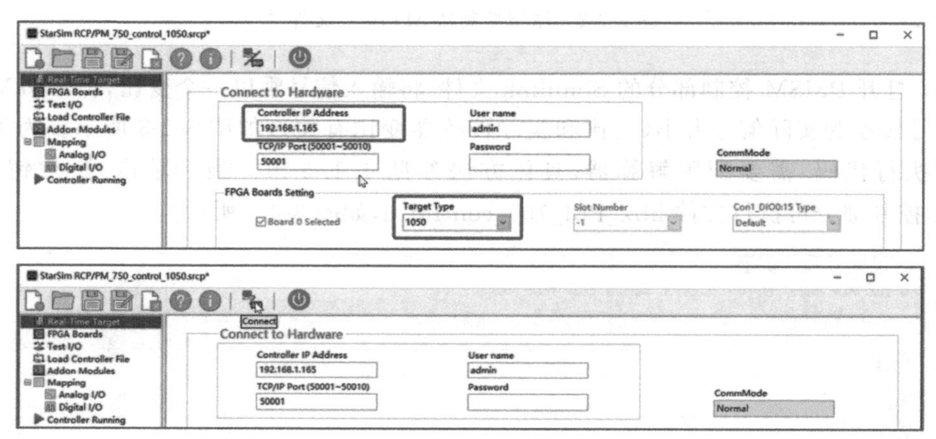

图 8-2-5 原型控制器 MT1050 基础配置

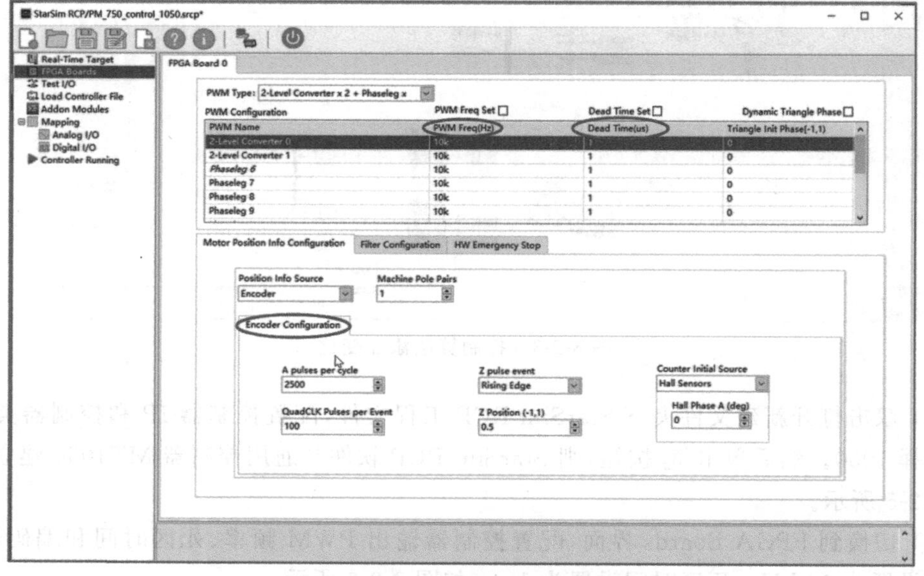

图 8-2-6 PWM 频率、死区时间和编码器配置

件 libx_PM_750_control.a，配置控制算法的输入/输出，确定每个输入/输出变量的数据类型，如图 8-2-7 所示。

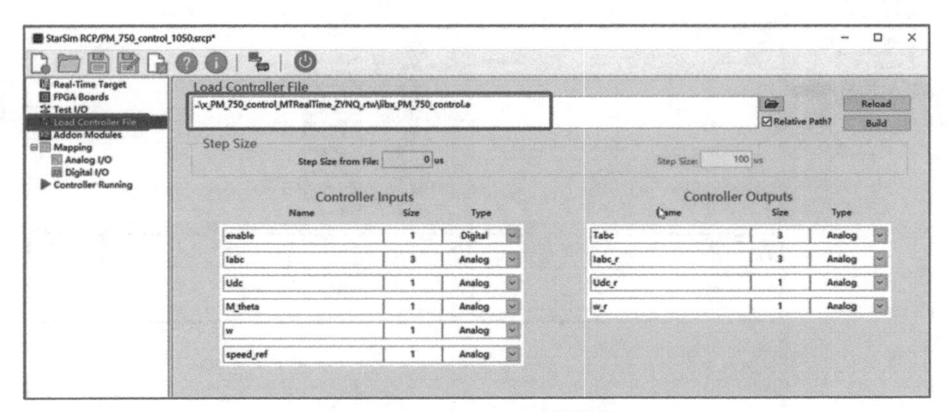

图 8-2-7　导入 PMSM 控制算法

(6) 配置模拟量 I/O。打开 Mapping→Analog I/O 界面，将原型控制器 MT1050 模拟量 I/O 接口与控制算法的输入变量连接，控制算法的输出变量与原型控制器内部生成 PWM 模块的指令变量连接，如图 8-2-8 所示。

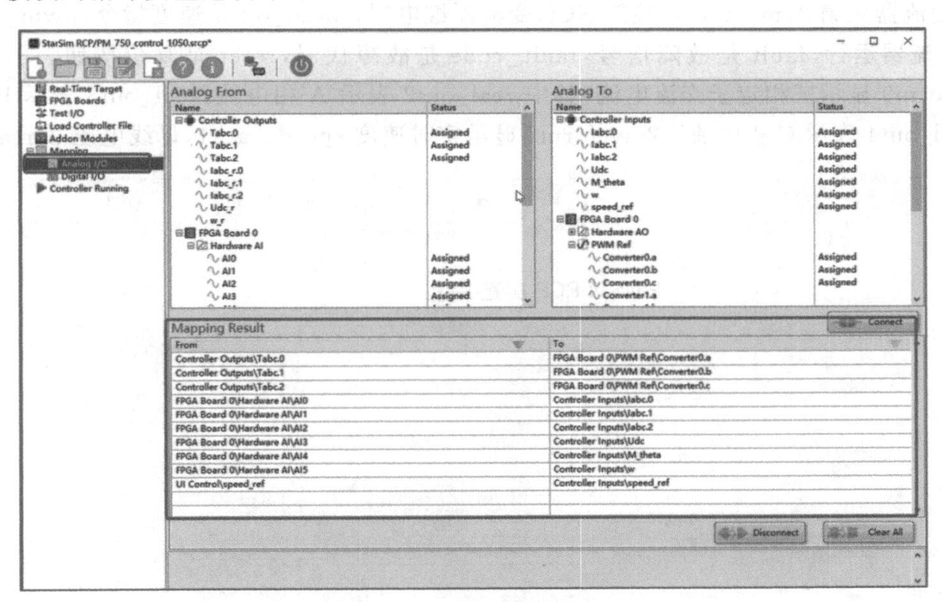

图 8-2-8　模拟量 I/O 配置

(7) 配置数字量 I/O。控制器自带的 PWM 模块生成的脉冲信号和自带编码器解码模块 ABZ 信号与控制器 MT1050 相关的数字 I/O 自动连接。在 Controller Running 面板添加一个 enable 控制信号，然后将控制算法的 enable 使能信号和 PWM 模块的使能信号连接，控制 PMSM 算法的运行，如图 8-2-9 所示。

(8) 切换到 Controller Running 界面，搭建 PMSM 控制界面，在 Palette 中选择控件。如图 8-2-10 所示，控制指令为：按钮 Fan_main 控制 RCP 变流器风扇 1，Fan_second 控制

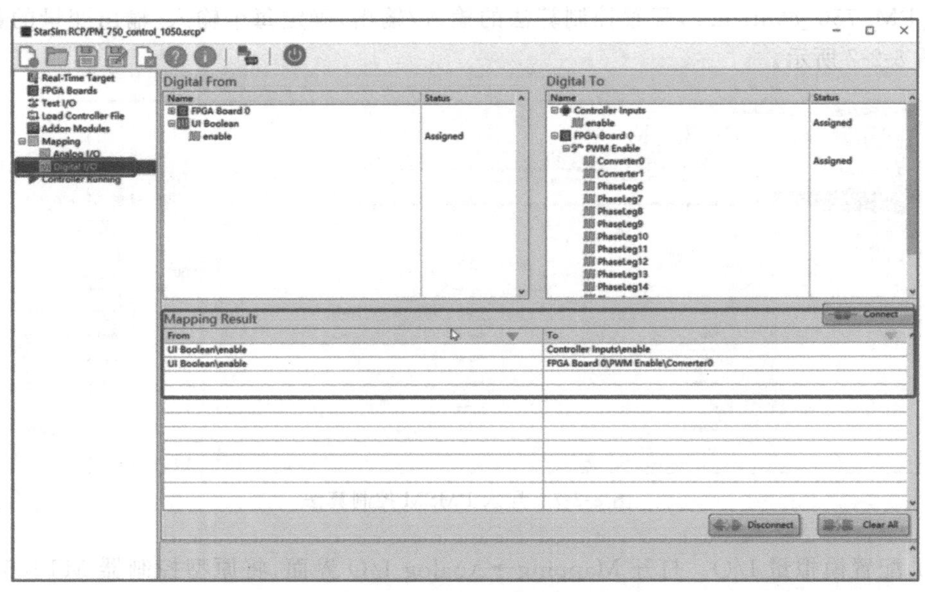

图 8-2-9 数字量 I/O 配置

RCP 变流器风扇 2，main_KM 控制 RCP 变流器继电器，speed_ref 是速度指令，pwm_enable 启动变流器运行，fault 是故障信号，fault_code 是故障代码，reset 是复位按钮。示波器：Waveform0 显示三相定子交流电流，其中 real_out2 表示 A 相电流，real_out3 表示 B 相电流，real_out4 表示 C 相电流；Waveform2 显示实时速度 speed_back1，母线电压 u_real。

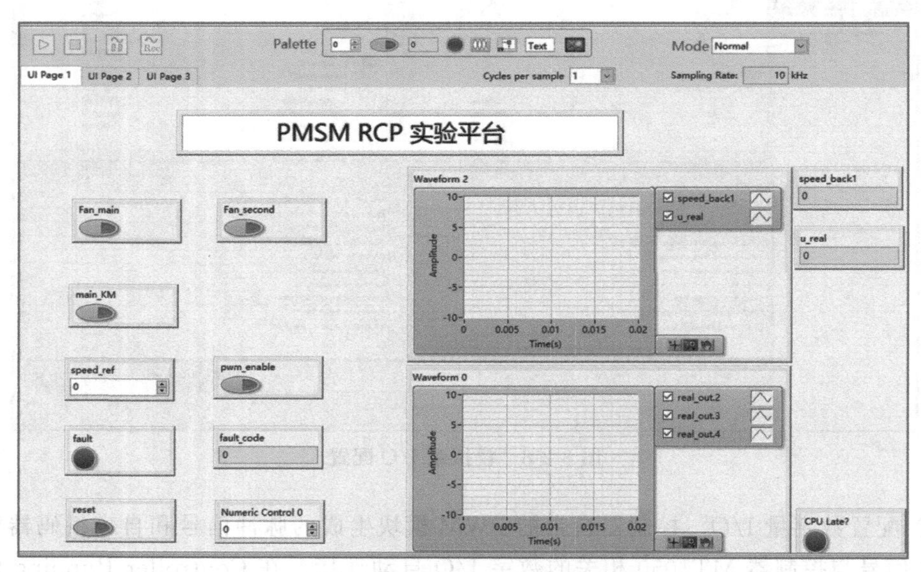

图 8-2-10 PMSM 监控界面

(9) 单击 ▷ 按钮，运行原型控制器中的控制算法。此时示波器波形开始刷新，控制算法开始工作，如图 8-2-11 所示。

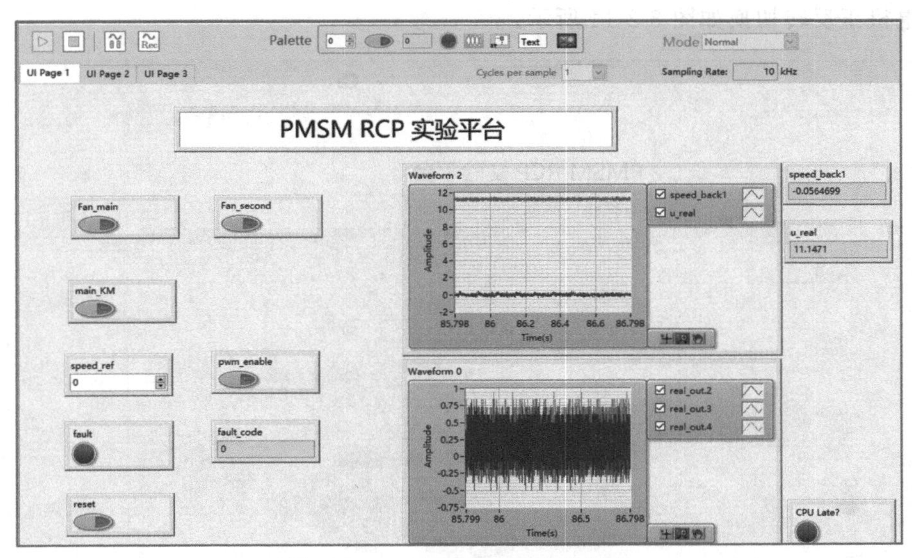

图 8-2-11　PMSM RCP 实验界面

8.2.3　基于 RCP 的 PMSM 控制系统实验

当 PMSM 系统控制算法部署完成，并在设备中实时运行后，就可以开始进行 PMSM 控制实验。本节验证基于 RCP 的 PMSM 调速控制系统性能。

此处示波器显示转速和电机转速给定单位为 r/min。

首先通过实际预充电电路为逆变器直流母线充电，如图 8-2-12 所示。

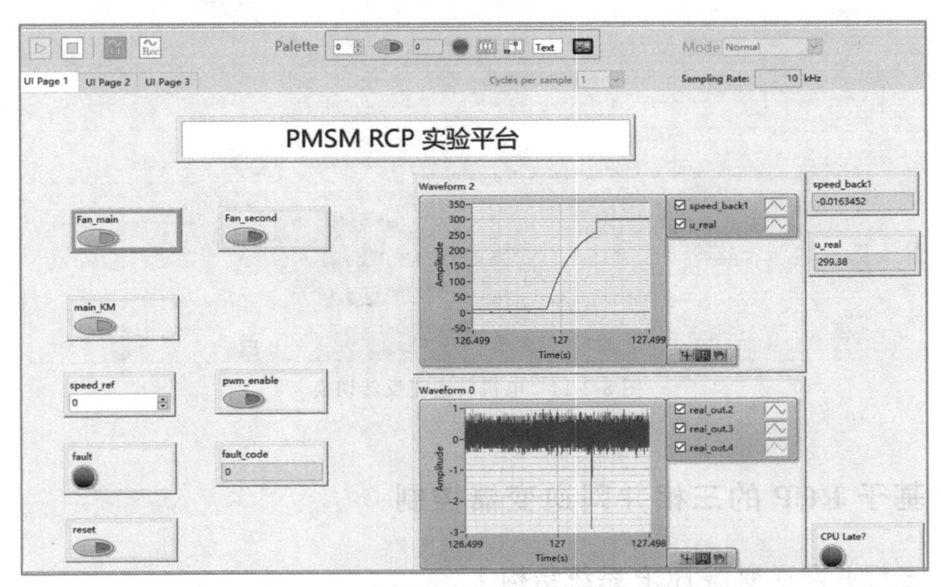

图 8-2-12　电机驱动器直流母线预充电过程

然后在 PMSM RCP 实验界面中，给定转速 500 r/min，电机负载为 0，然后单击 enable 按钮，空载启动 PMSM 控制。可以观察到电子电流和转速、转矩瞬间变化过程，如图 8-2-13

所示。电机正反转切换如图 8-2-14 所示。

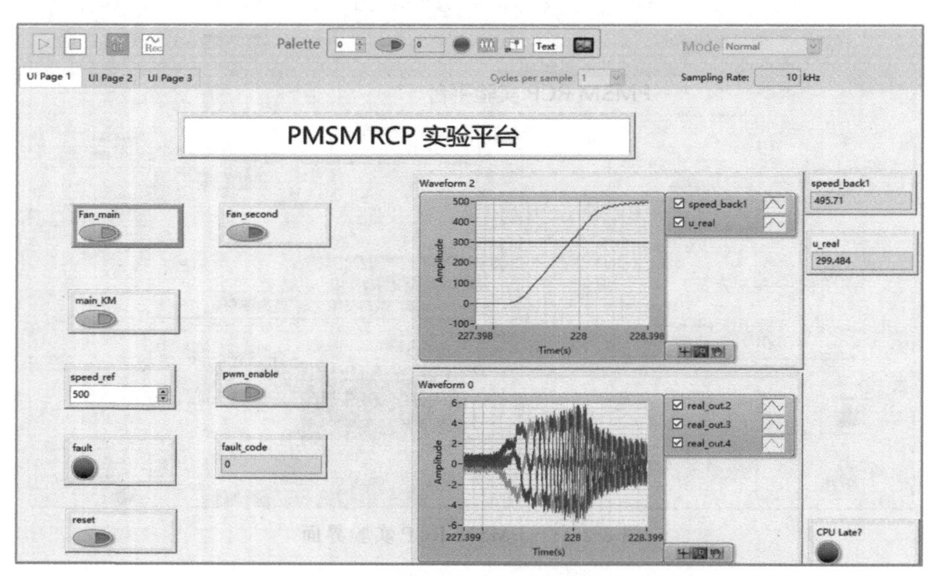

图 8-2-13　电机转速 500 r/min 启动运行

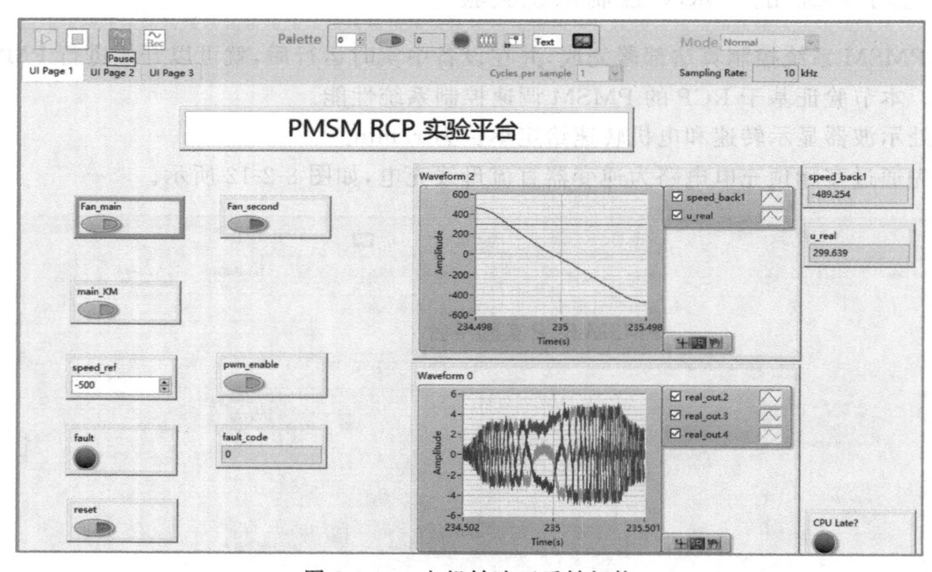

图 8-2-14　电机转速正反转切换

8.3　基于 RCP 的三相并网逆变器控制

8.3.1　三相并网逆变器 RCP 系统结构

三相并网逆变器系统的主电路模型如图 8-3-1 所示，RCP 结构如图 8-3-2 所示。

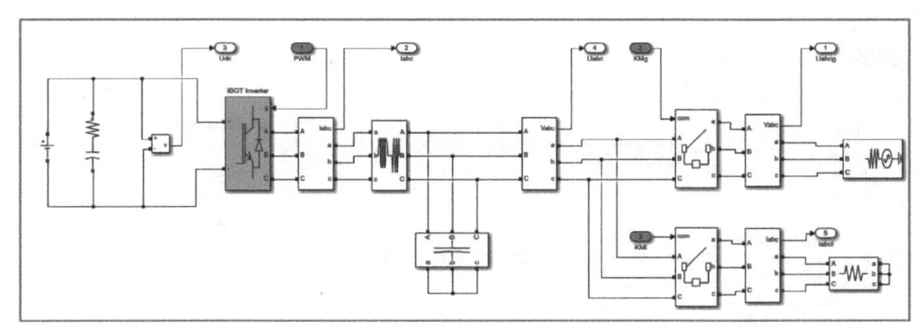

图 8-3-1　三相并网逆变器系统主电路模型

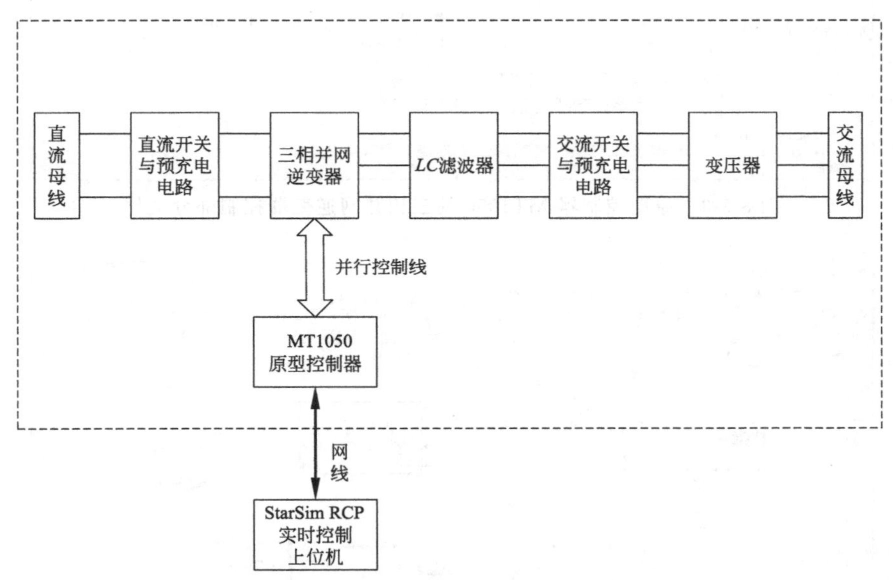

图 8-3-2　三相并网逆变器 RCP 系统结构

8.3.2　三相并网逆变器控制部分加载到原型控制器的过程

(1) 新建一个文件夹 DCAC_G_RCP，将三相并网逆变器控制部分的 Simulink 文件 DCAC_G_control_1050.slx 放置在该文件夹下。然后在该文件夹下新建一个三相并网逆变器的 StarSim RCP 工程文件，命名为 DCAC_G_control_1050.srcp，如图 8-3-3 所示。

(2) 打开三相并网逆变器控制部分的 Simulink 文件，将输入信号乘以一个变比，将 ±10 V 内的检测信号转换为实际信号大小(变比和实际传感器变比有关)，如图 8-3-4 所示。为了自动生成可执行代码，需要配置解算器，具体方法参见 6.1.5 节。最后单击按钮，生成并网逆变器控制部分可执行文件 libDCAC_G_control_1050.a，如图 8-3-5 所示。

(3) 双击打开新建文件夹下三相并网逆变器的 StarSim RCP 工程文件，配置控制器 IP 和控制器类型，控制器选择 1050。然后单击按钮，则 StarSim RCP 软件与 MT1050 控制器建立连接，如图 8-3-6 所示。

(4) 切换到 FPGA Boards 界面，配置控制器输出 PWM 频率和死区时间。开关频率设置为 10 kHz，死区时间设置为 1 μs，如图 8-3-7 所示。

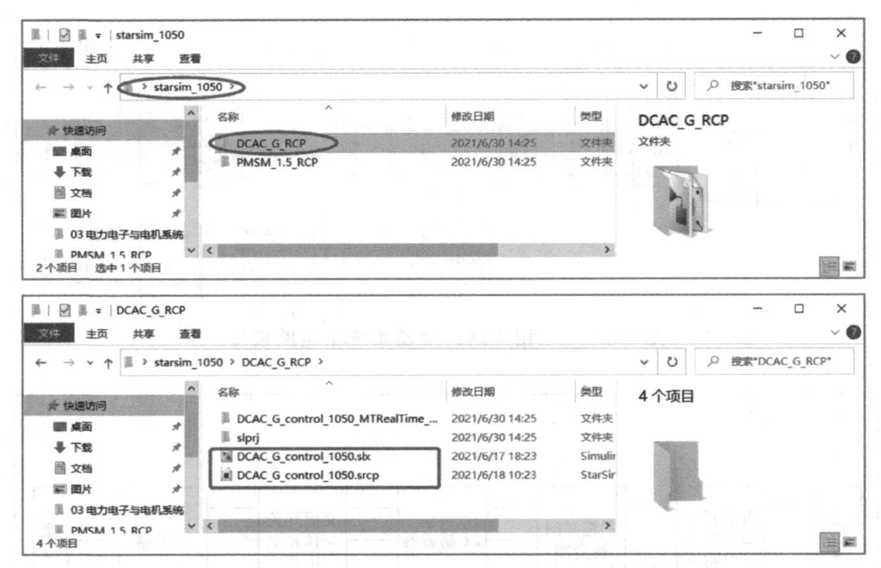

图 8-3-3 原型控制器 MT1050 的三相并网逆变器控制部分文件

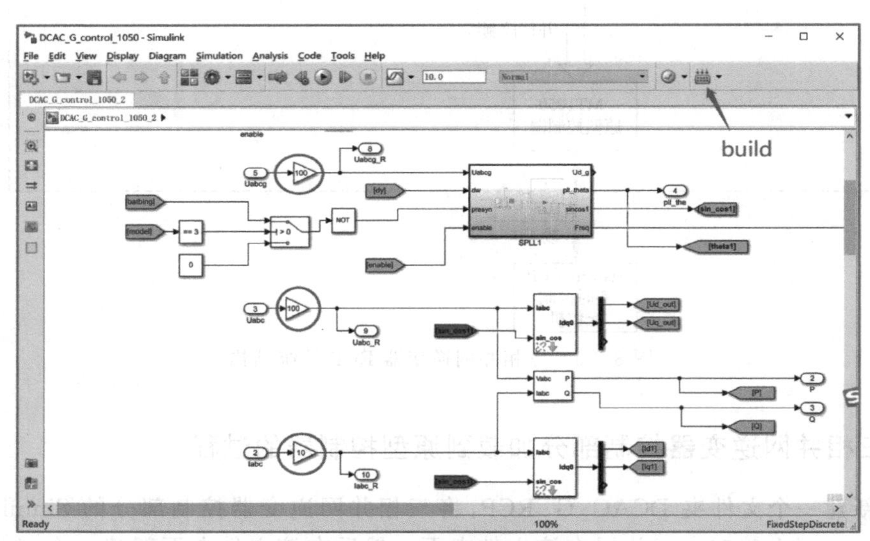

图 8-3-4 控制算法添加变比

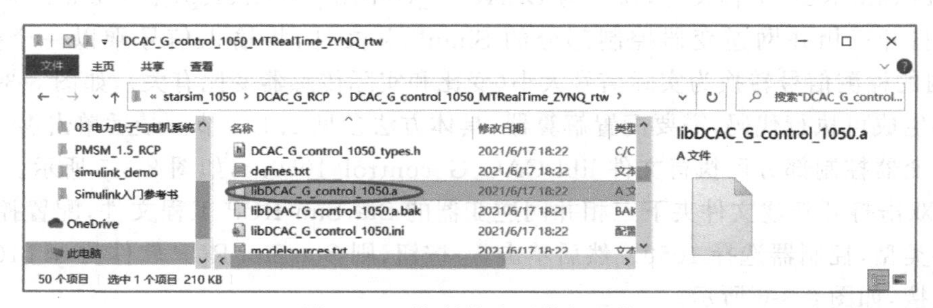

图 8-3-5 控制算法可执行文件

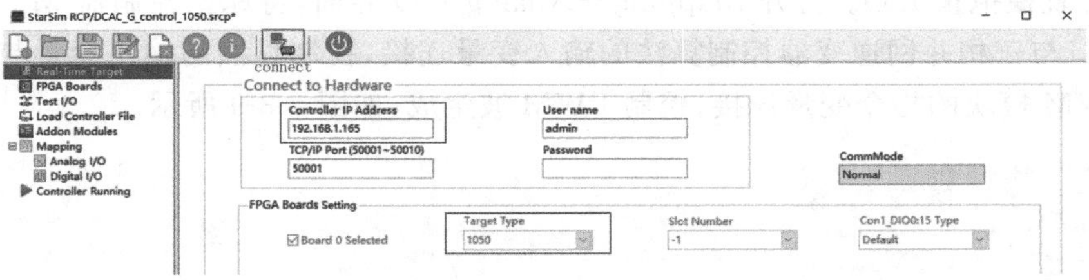

图 8-3-6　MT1050 基础配置

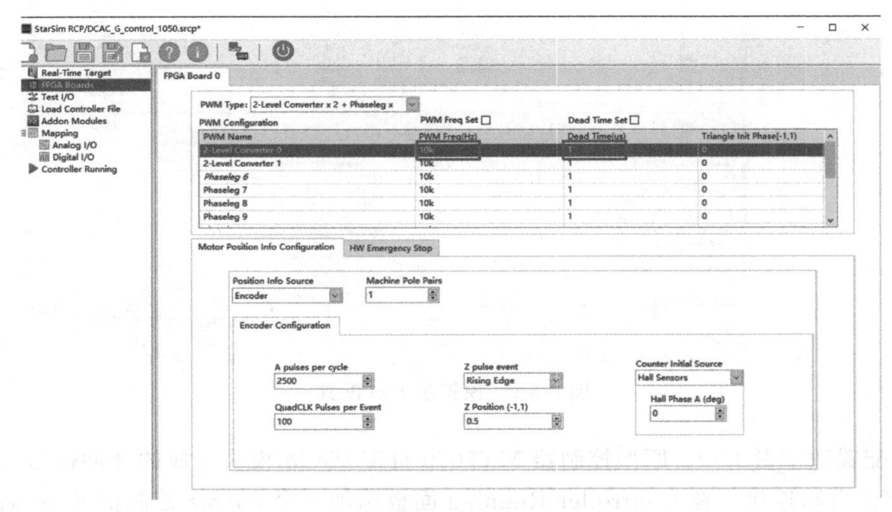

图 8-3-7　PWM 频率和死区时间配置

(5) 切换到 Load Controller File 界面，添加自动代码生成的三相并网逆变器控制算法可执行文件 libDCAC_G_control_1050. a，配置控制算法的输入/输出，确定每个输入/输出变量的数据类型，如图 8-3-8 所示。

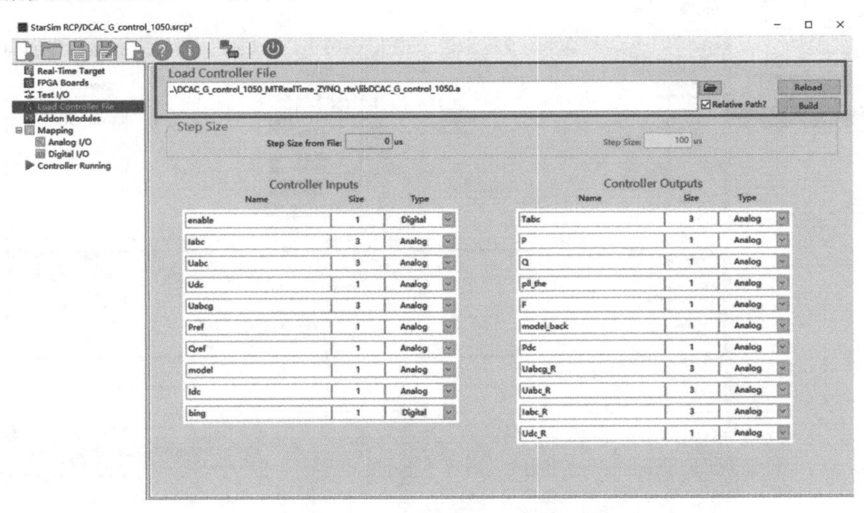

图 8-3-8　导入三相并网逆变器控制算法

(6) 配置模拟量 I/O。打开 Mapping→Analog I/O 界面，将原型控制器 MT1050 模拟量 I/O 接口与三相并网逆变器控制算法的输入变量连接，控制算法的输出变量与原型控制器内部 PWM 模块的指令变量连接，控制 PWM 波生成，如图 8-3-9 所示。

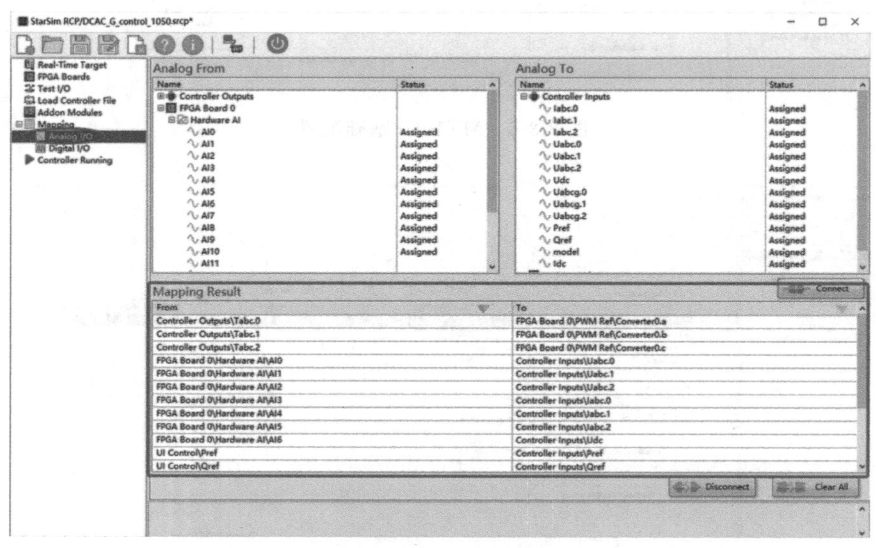

图 8-3-9 模拟量 I/O 配置

(7) 配置数字量 I/O。原型控制器 MT1050 自带 PWM 模块生成的脉冲信号与其相关的数字 I/O 自动连接。在 Controller Running 面板添加一个 enable 控制信号，然后将控制算法的 enable 使能信号和 PWM 模块的使能信号连接，控制三相并网逆变器算法的运行。在 Controller Running 面板添加两个开关控制信号 KM_g、KM_l，分别控制逆变器的并网开关和离网开关，如图 8-3-10 所示。

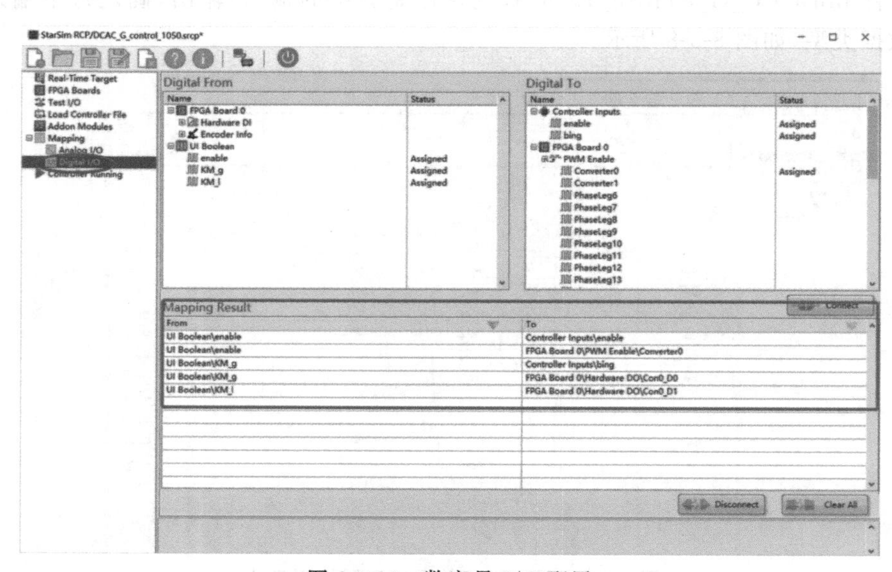

图 8-3-10 数字量 I/O 配置

(8) 切换到 Controller Running 界面，搭建三相逆变器控制界面，从 Palette 中选择控件。如图 8-3-11 所示，上位机控制指令主要有控制使能 enable、控制模式选择 model、有功功率给定 Pref、无功功率给定 Qref、直流母线电压控制 Udcref、并网继电器控制 AC_KM 和复位指令 reset。上位机检测信号主要有故障指示灯 PCS_fault、故障代码 PCS_fault_code、逆变器控制模式 PCS_model_back、逆变器直流电压显示 PCS_udcR 和交流电频率 PCS_Freq。示波器有两个 chart 0 和 chart 1。chart 0 主要显示逆变器直流电压 PCS_udcR 和直流母线电压 PCS_udc_real1；chart 1 主要显示逆变器输出三相电压 PCS_uabcR.0，PCS_uabcR.1，PCS_uabcR.2 和逆变器输出三相电流 PCS_iabcR.0，PCS_iabcR.1，PCS_iabcR.2。

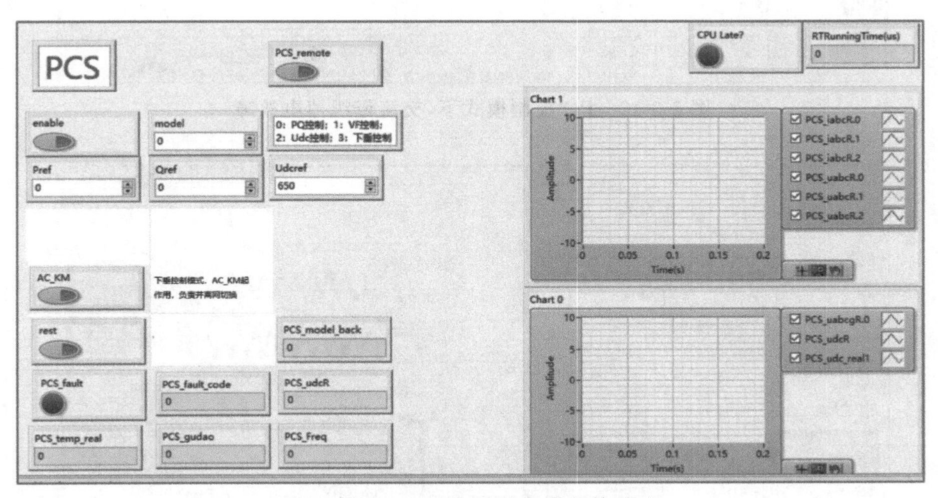

图 8-3-11　三相并网逆变器监控界面

(9) 单击 ▷ 按钮，运行原型控制器中的控制算法。此时示波器波形开始刷新，控制算法开始工作。

8.3.3　基于 RCP 的三相并网逆变器原型实验

在原型控制器运行的条件下，结合主电路运行完成相关实验。

1. PQ 控制实验

第一步：给三相并网逆变器上控制电。

第二步：给直流母线和交流母线供电。

在 model=0 PQ 控制模式下，如果交流母线没有三相 380 V 交流电压，系统会报掉电故障，如图 8-3-12 所示。首先需要给逆变器交流侧提供三相 380V 线电压，直流母线侧提供 650 V 直流电。然后清除故障，如图 8-3-13 所示。

第三步：运行 PCS。

设置 Pref=0，Qref=0，单击 enable 按钮运行逆变器。首先进行预充电，如图 8-3-14 所示，直流母线电压逐渐达到 650 V，如图 8-3-15 所示。最后逆变器开始工作，如图 8-3-16 所示，因为有功功率指令值和无功功率指令值为 0，所以交流电流很小。

第四步：调节逆变器功率。

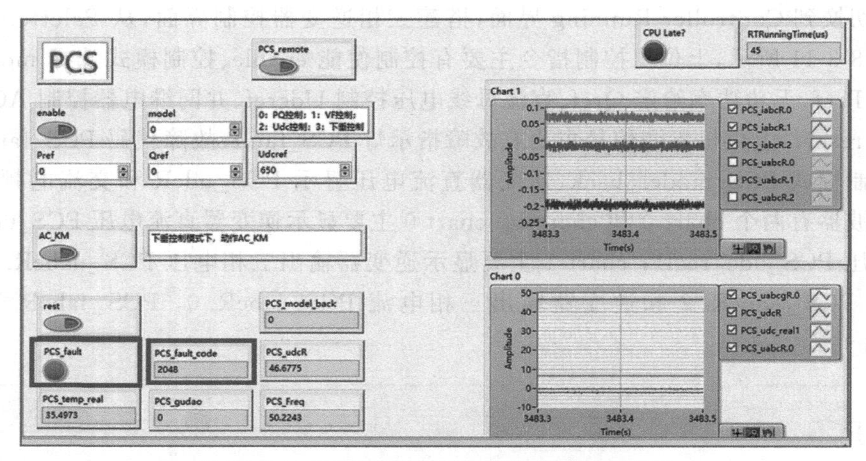

图 8-3-12　PQ 控制模式下，交流母线掉电故障

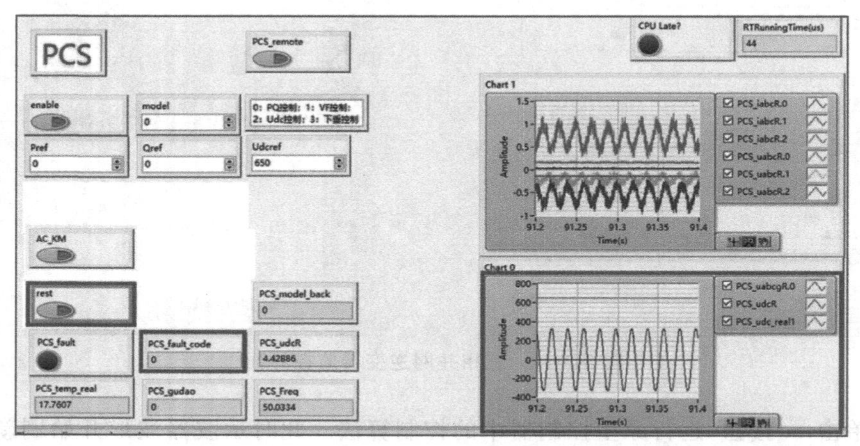

图 8-3-13　交流侧加三相相电压 220 V，直流侧加直流电 650 V，清除故障

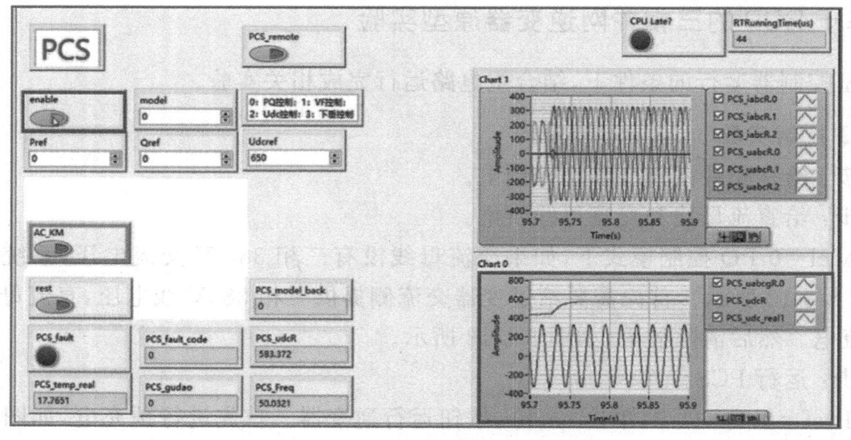

图 8-3-14　直流侧预充电

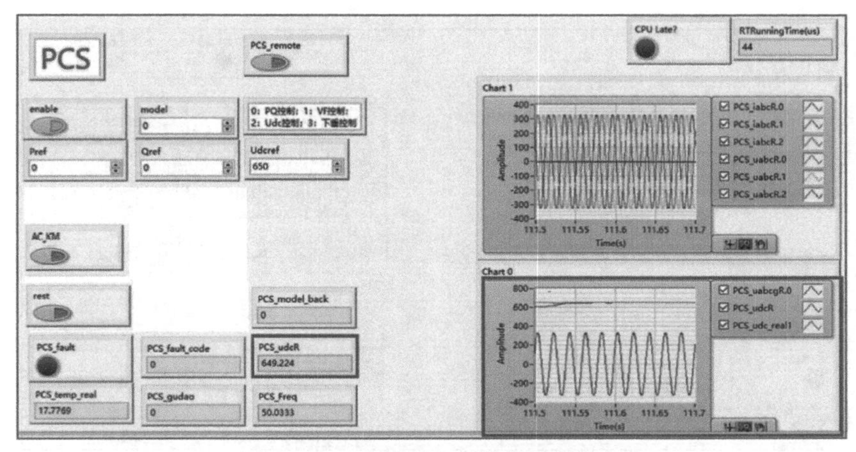

图 8-3-15　直流侧和交流侧电压稳定

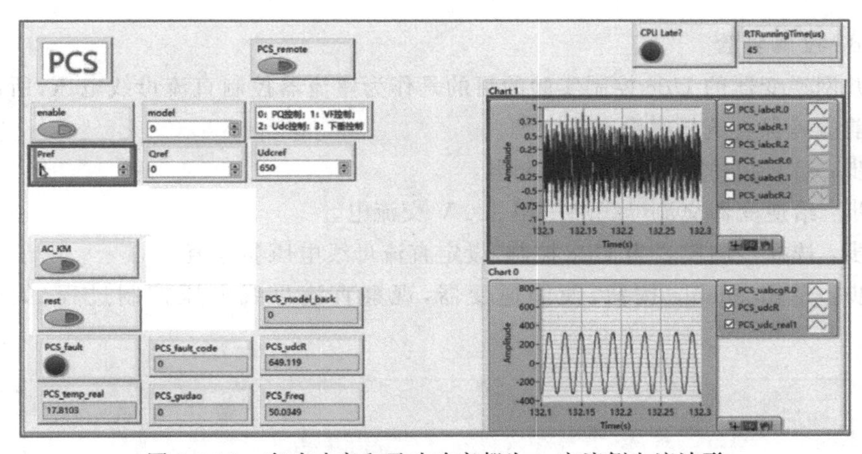

图 8-3-16　有功功率和无功功率都为 0，交流侧电流波形

进一步调节并网有功功率、无功功率的设定值，可以是正功率也可以是负功率，电流波形变化如图 8-3-17 和图 8-3-18 所示。

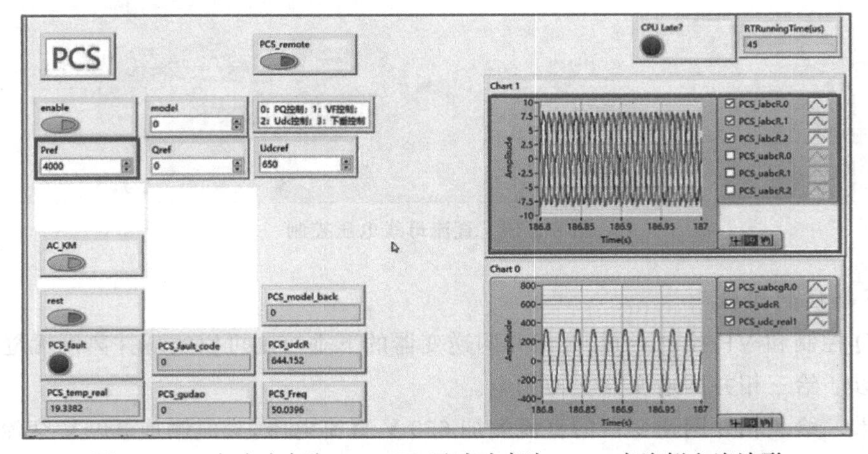

图 8-3-17　有功功率为 4 000 W，无功功率为 0 var，交流侧电流波形

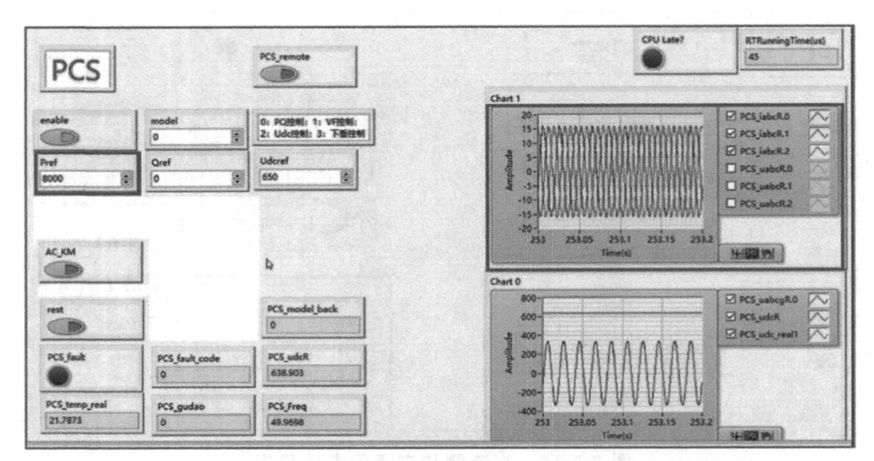

图 8-3-18　有功功率为 8 000 W，无功功率为 0 var，交流侧电流波形

2．Udc 控制实验

三相并网逆变器的 Udc 控制实验的目的是作为整流器控制直流母线电压，所以在逆变器运行之前应确保直流母线没有直流源。

第一步：给三相并网逆变器上控制电。

第二步：给逆变器交流母线加三相 380 V 交流电。

第三步：选择控制模式为 Udc 控制，设定直流母线电压参考值。

第四步：单击 enable 按钮，使能逆变器，观察直流母线电压控制过程，如图 8-3-19 所示。

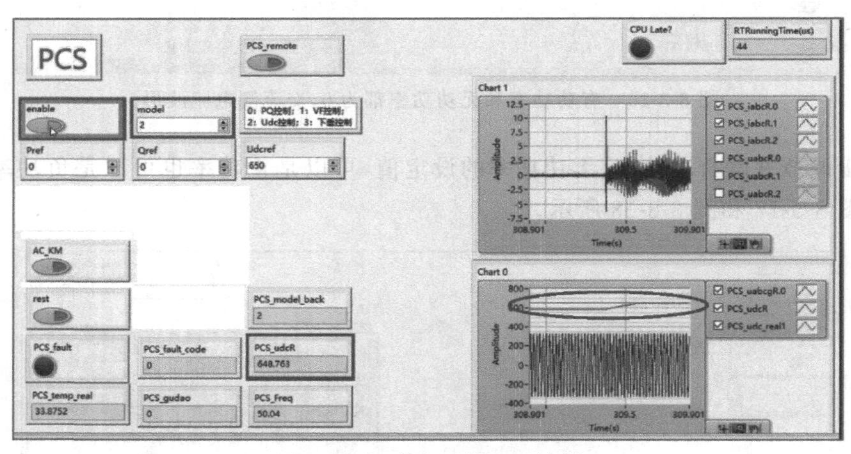

图 8-3-19　直流母线电压控制

3．下垂控制实验

与 PQ 控制和 VF 控制不同，三相并网逆变器的下垂控制可以实现并离网无缝切换。

第一步：给三相并网逆变器上控制电。

第二步：给三相并网逆变器的直流侧加 650 V 直流电压，交流侧加 380 V 交流电压。

第三步：三相并网逆变器控制模式选择下垂控制，如图 8-3-20 所示。

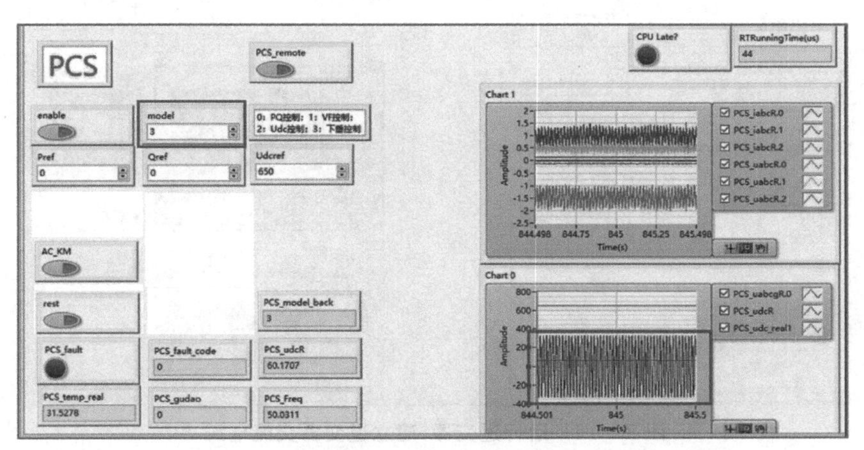

图 8-3-20　选择控制模式为下垂控制，交流侧和直流侧给电

第四步：运行 PCS。

单击 enable 按钮，使能三相并网逆变器。首先通过预充电过程给直流母线电容充电，电压最终达到 650 V，如图 8-3-21 所示。然后逆变器开始工作，交流侧有电压输出，如图 8-3-22 所示。

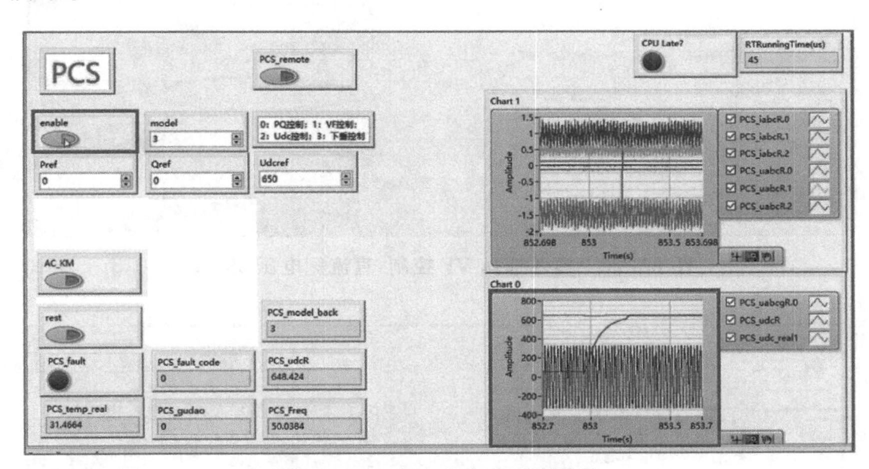

图 8-3-21　直流电容自动预充电

4. VF 控制实验

三相并网逆变器的 VF 控制实验目的是在离网下控制交流侧输出电压。

第一步：给三相并网逆变器上控制电。

第二步：给逆变器直流侧加 650 V 直流电。

第三步：选择控制模式为 VF 控制，如图 8-3-23 所示。

第四步：运行 PCS。

单击 enable 按钮，使能三相并网逆变器，空载时电流、电压如图 8-3-24 所示。

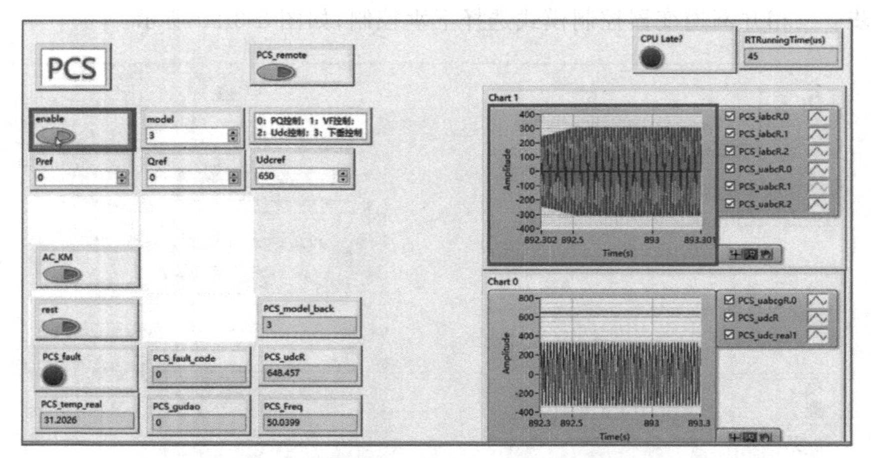

图 8-3-22　运行逆变器，建立逆变器交流电压

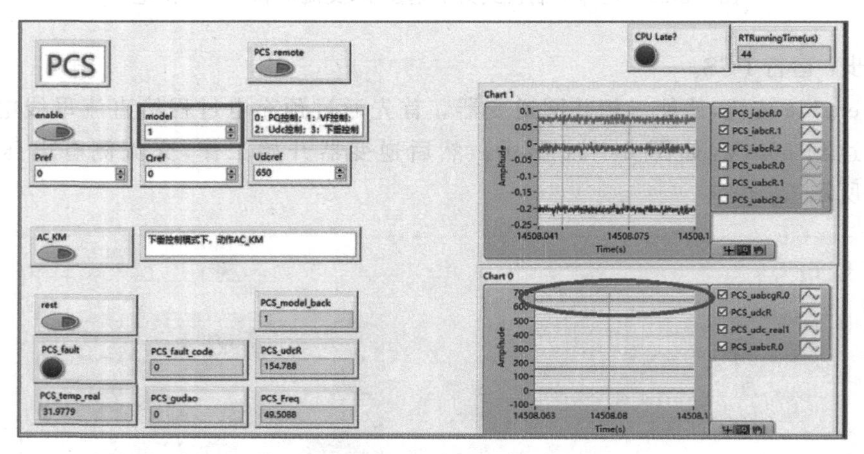

图 8-3-23　模式选择 VF 控制，直流侧电压 650 V

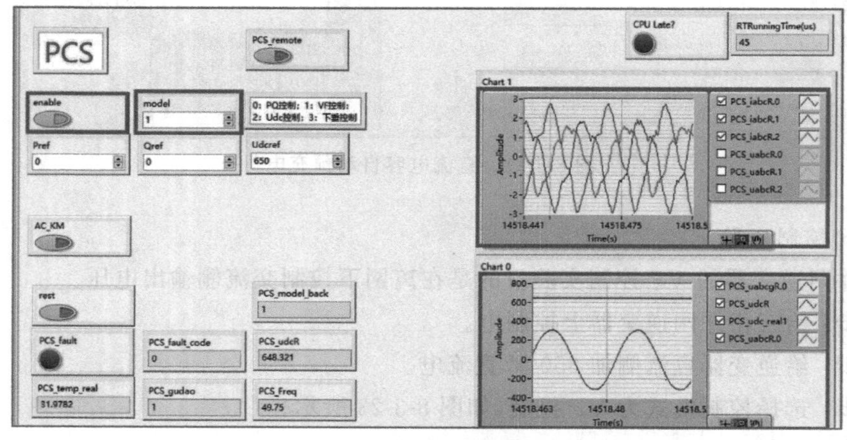

图 8-3-24　运行逆变器观察电流、电压变化

第五步：加载。

逆变器交流输出 220 V 三相相电压后，交流侧接 7 200 W 电阻负载电流、电压波形如图 8-3-25 所示。

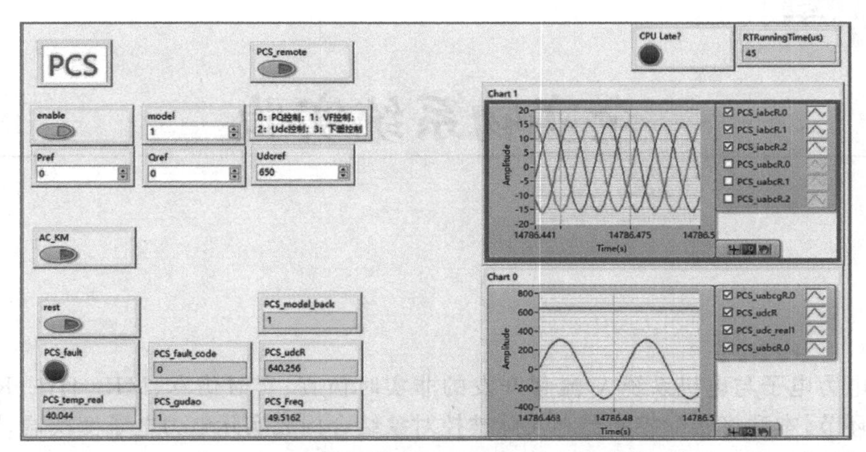

图 8-3-25　加载 7 200 W 电流、电压波形

第9章

全实物系统实验

经过电力电子与电机系统 V 流程开发的非实时仿真、实时仿真、MIL、HIL、RCP 等仿真与测试环节,本章将实际控制器和实际被控对象结合构成实际电力电子变换器,用于电机控制或并网控制,完成样机开发或实验项目的最后测试。

9.1 三相 DC/AC 变换器实物

将 RCP 系统中的三相逆变器主电路与 HIL 测试中的 DSP 控制器结合起来,组成实际三相 DC/AC 变换器,变换器实物如图 9-1-1 所示,具体参数见表 9-1-1。该变换器可以作为 DC/AC 并网逆变器、AC/DC 整流器以及电机驱动器使用。

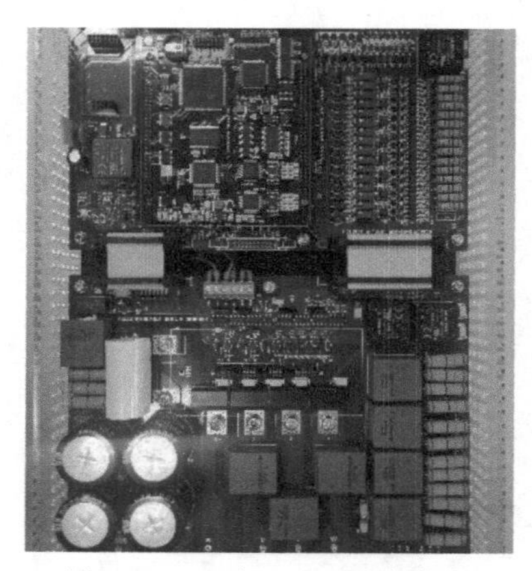

图 9-1-1 三相 DC/AC 变换器

表 9-1-1 三相 DC/AC 变换器主要参数

参　　数	规　　格
控制器	TI DSP TMS320F28335
功率	10 kW
交流侧电压/频率	380 V/50 Hz

续表

参　　数	规　　格
直流侧电压	650 V
拓扑结构	两电平 DC/AC
故障保护	过流、过压、过温
应用模式	电机控制、储能、光伏发电、风力发电等
通信类型	RS-485、CAN 总线、网口
冷却方式	风冷

9.2 全实物系统实验——永磁同步电机调速控制

9.2.1 PMSM 控制硬件结构

PMSM 实物控制的主要组成有直流源、三相变换器、永磁同步电机和 PC 上位机。直流源连接三相变换器直流输入端子，永磁同步电机连接三相变换器交流输出端子，PC 上位机连接 DSP 程序下载与调试端口。PMSM 控制系统组成如图 9-2-1 所示，PMSM 控制系统实物如图 9-2-2 所示。

图 9-2-1　PMSM 控制系统组成

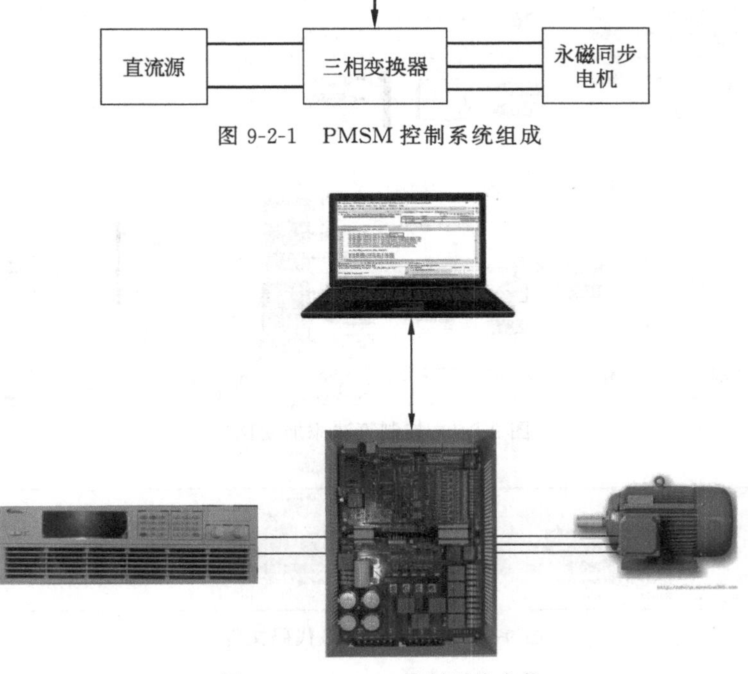

图 9-2-2　PMSM 控制系统实物

9.2.2 PMSM 控制部分加载到 DSP 控制器的过程

（1）新建一个文件夹 DSP_PMSM，将 PMSM 控制部分的 Simulink 文件 wl_PM_750_control_dsp. slx 放置在该文件夹下，如图 9-2-3 所示。

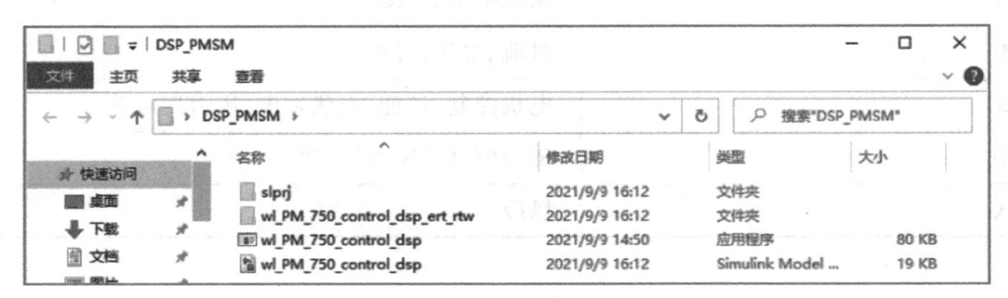

图 9-2-3　DSP-Simulink 文件

（2）打开 PMSM 控制部分的 Simulink 文件，如图 9-2-4 所示，将输入信号乘以一个变比，将检测信号转换为实际信号大小（变比和三相变换器实际传感器有关）。为了自动生成可执行代码，需要单击 按钮配置解算器，参见 7.1.4 节。最后单击 按钮，生成 PMSM 控制部分的 C 代码文件，如图 9-2-5 所示。

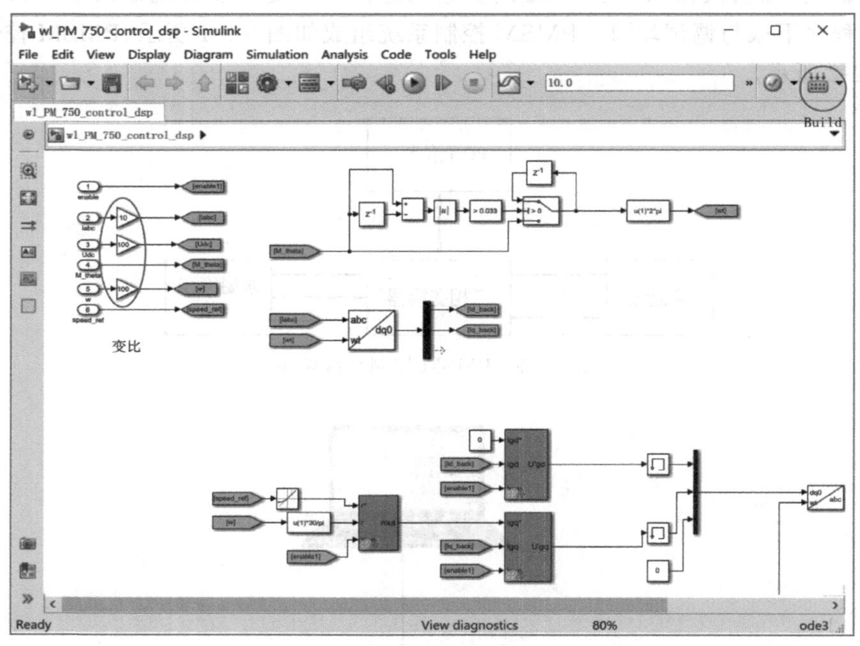

图 9-2-4　控制算法添加变比

桌面
下载
文档
图片
DSP_PCS_HIL
wl_DSP_HIL

名称	修改日期	类型	大小
rtwtypes	2021/6/30 18:30	C/C++ Header	7 KB
rtwtypeschksum	2021/6/30 18:30	Microsoft Acces...	2 KB
wl_PM_750_control_dsp	2021/6/30 17:50	Windows 批处理...	1 KB
wl_PM_750_control_dsp	2021/6/30 18:30	C Source	15 KB
wl_PM_750_control_dsp	2021/6/30 18:30	C/C++ Header	8 KB
wl_PM_750_control_dsp	2021/6/30 17:50	Makefile	13 KB
wl_PM_750_control_dsp	2021/6/30 18:30	Object File	8 KB

图 9-2-5　控制算法 C 代码文件

(3) 创建 CCS 基础配置工程

创建一个不含算法的基础工程文件，进行时钟、GPIO、中断、PWM 等基础配置，如图 9-2-6 所示。

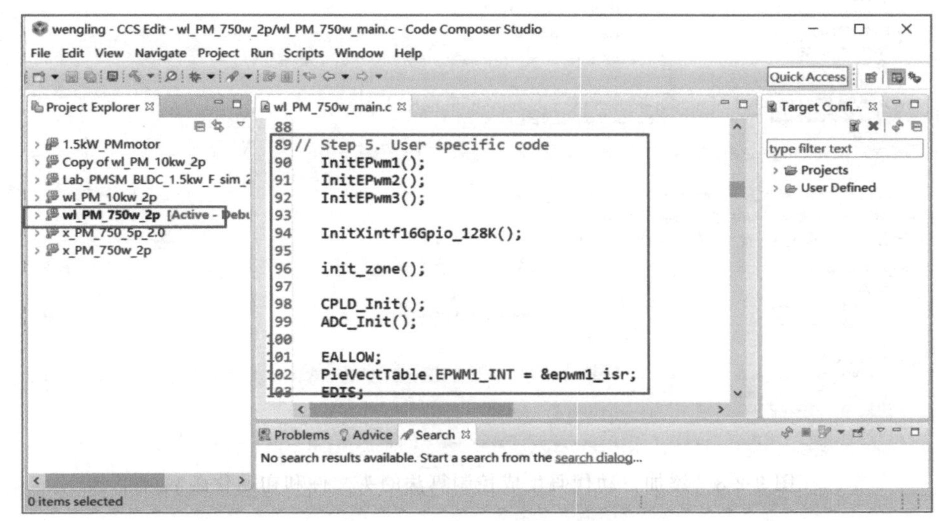

图 9-2-6　CCS 工程初始化基础配置

(4) 复制自动生成的. c 和. h 文件到工程

将自动代码生成的. c 和. h 文件复制到 CCS 的基础工程下，如图 9-2-7 所示。

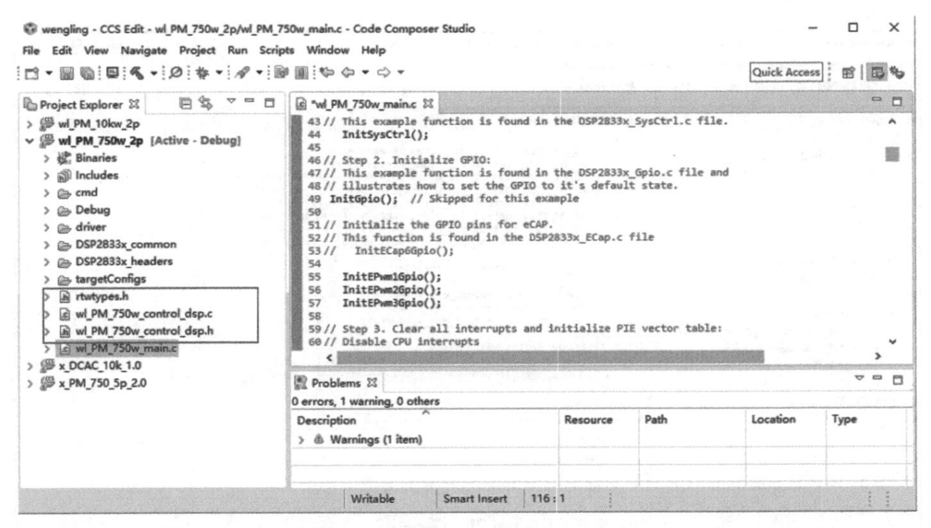

图 9-2-7　添加自动代码生成文件

(5) CCS 中添加算法模块

在主函数中，添加自动代码生成算法的头文件和初始化函数，如图 9-2-8 所示。

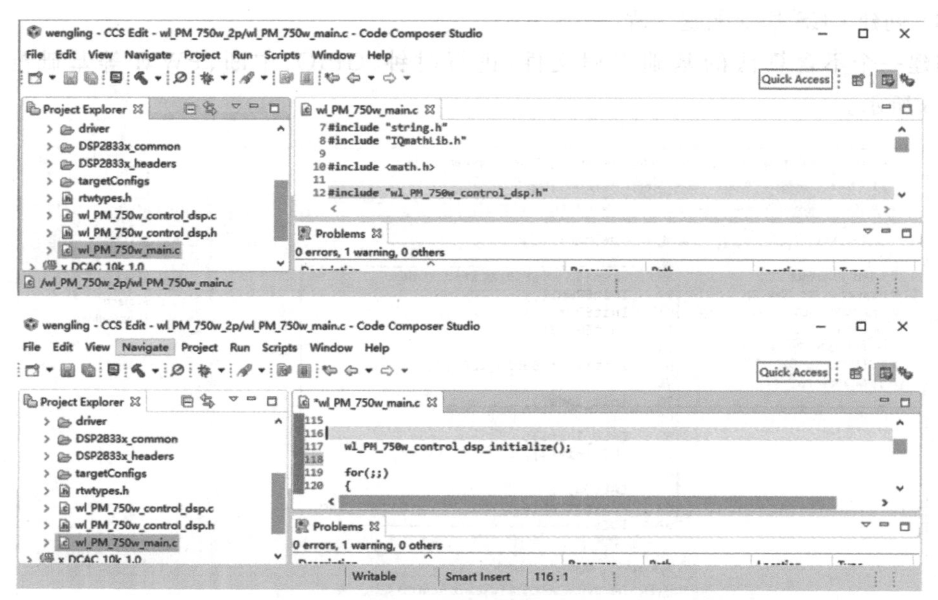

图 9-2-8　添加自动代码生成控制算法的头文件和初始化函数

(6) CCS 工程中引用算法程序

将控制算法执行函数 wl_PM_750w_control_dsp_step()添加到中断控制中，如图 9-2-9 所示，将 DSP 的 AD 采样值赋值给控制算法输入变量，控制算法程序生成的调制波赋值给 PWM 比较寄存器。

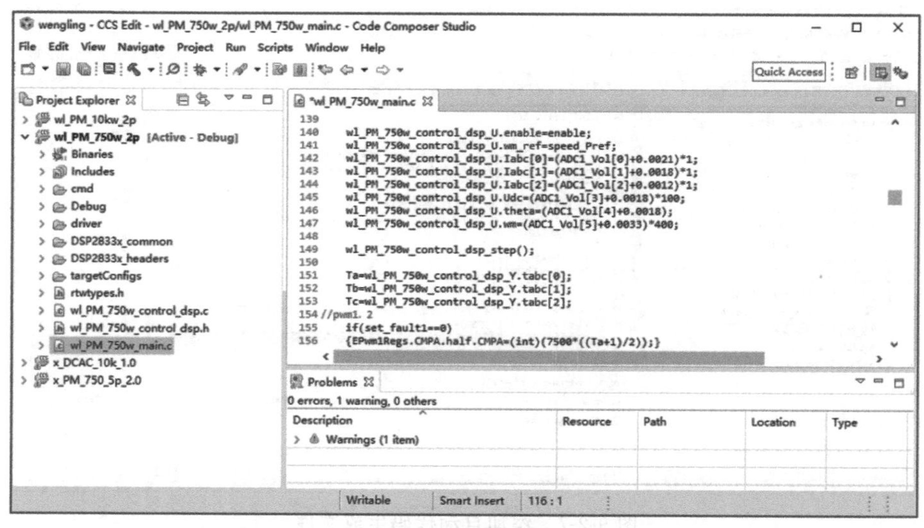

图 9-2-9　控制算法执行函数输入/输出配置

(7) 运行 CCS 工程

编译下载运行 CCS 工程，使能控制器，在线实时改变变量，验证算法可靠性，如图 9-2-10 所示。

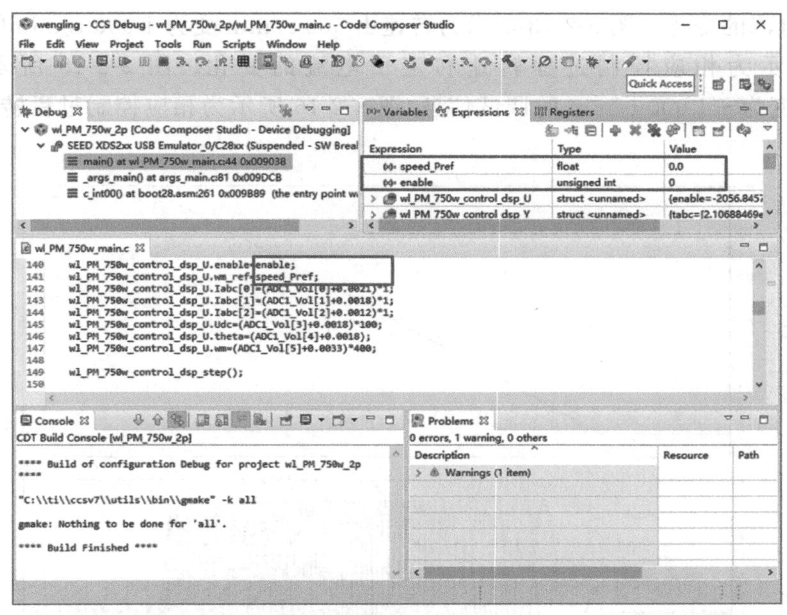

图 9-2-10 运行 CCS 工程

9.2.3 PMSM 控制全实物实验

编译控制算法加载到 DSP 后，就可以开始进行全实物实验验证控制效果。首先运行控制程序，然后启动直流电源给三相变换器直流侧供电，再通过 CCS 调试界面进行永磁同步电机的控制调试。图 9-2-11 所示为给定 500 r/min 的调试信息，图 9-2-12 所示为启动过程

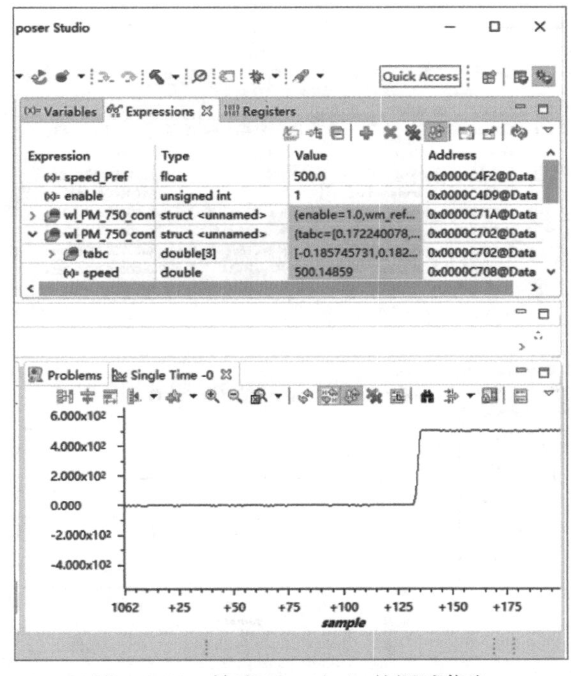

图 9-2-11 转速 500 r/min 的调试信息

转速和定子电流的变化。图 9-2-13 所示为转速由 500 r/min 变为 1 000 r/min 的调试信息，图 9-2-14 所示为相应控制过程转速和定子电流的变化。图 9-2-15 所示为转速由 1 000 r/min 变为−1 000 r/min 的调试信息，图 9-2-16 所示为相应控制过程转速和定子电流的变化。

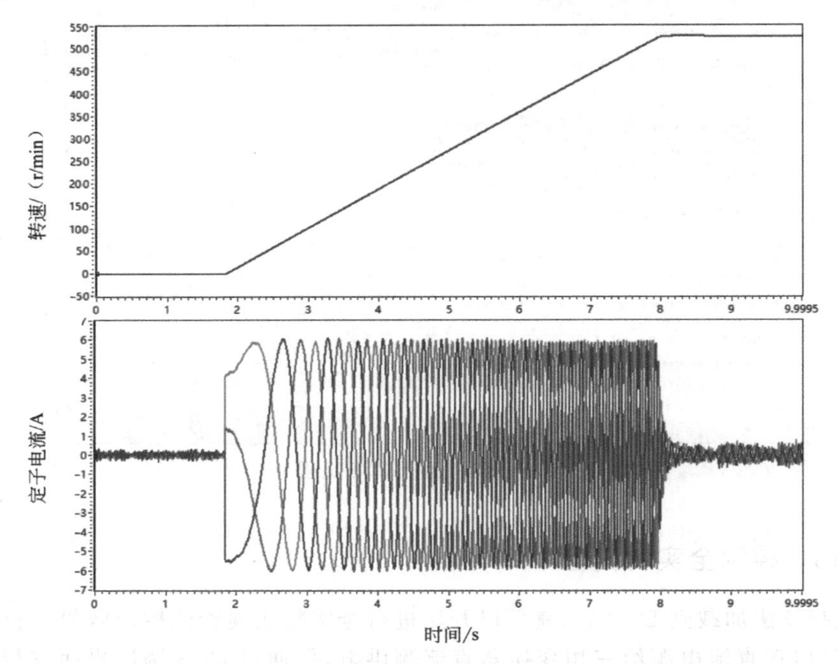

图 9-2-12　启动过程转速和定子电流波形

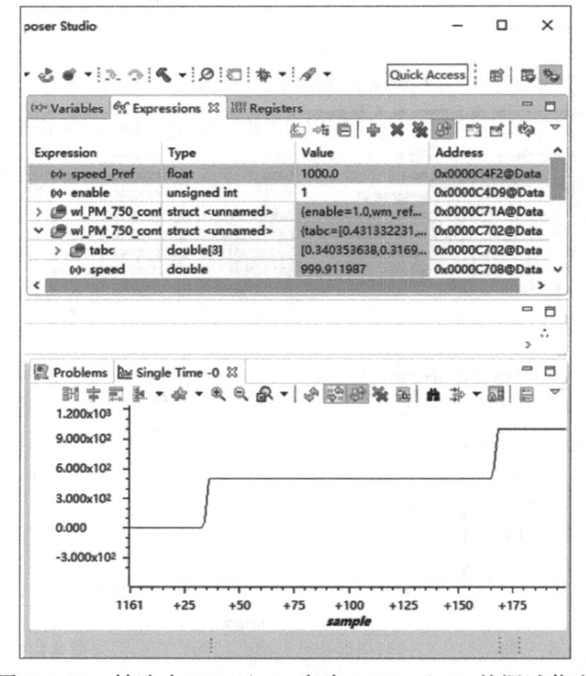

图 9-2-13　转速由 500 r/min 变为 1 000 r/min 的调试信息

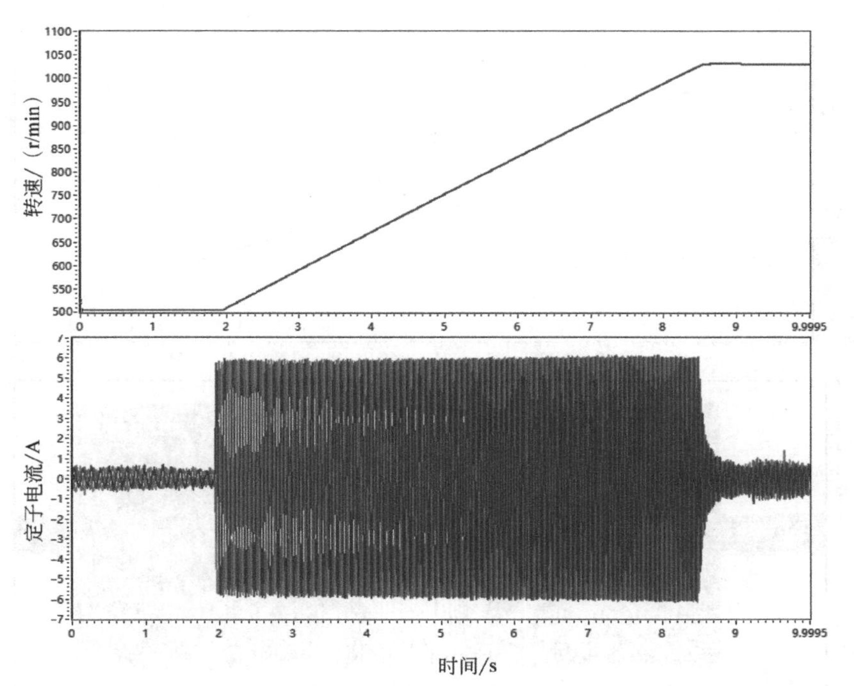

图 9-2-14　转速由 500 r/min 变为 1 000 r/min，调速过程波形

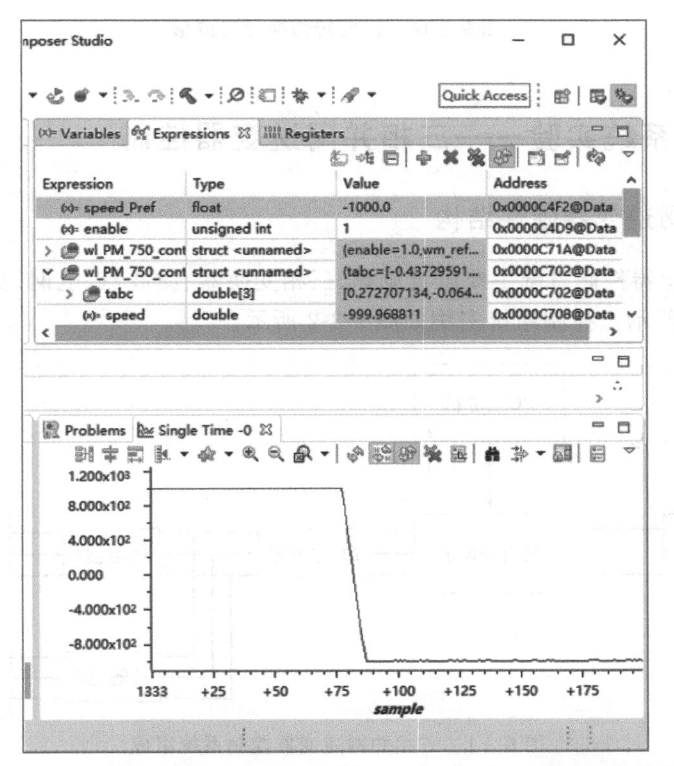

图 9-2-15　转速由 1 000 r/min 变为－1 000 r/min，正反转切换控制

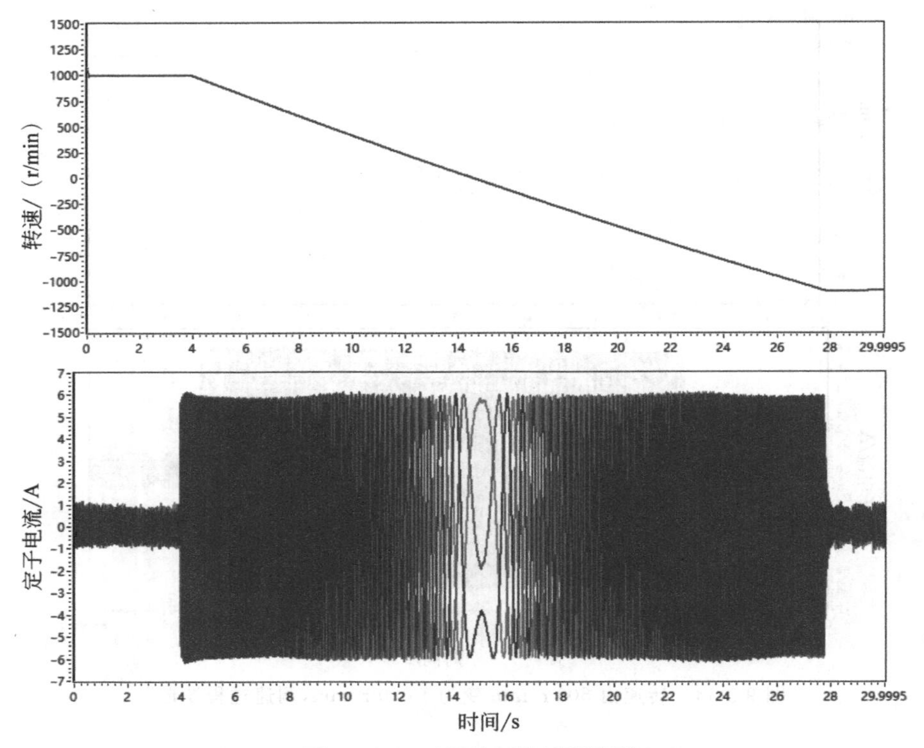

图 9-2-16 正反转切换过程波形

9.3 全实物系统实验——三相并网逆变器控制

9.3.1 三相并网逆变器硬件结构

三相并网逆变器控制系统主要由直流源、三相变换器、滤波器、电网、负载和 PC 上位机组成，如图 9-3-1 所示。控制系统实物如图 9-3-2 所示。

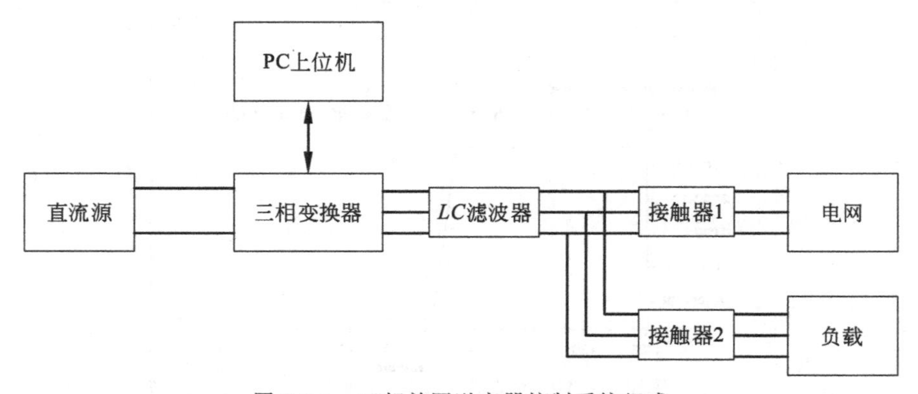

图 9-3-1 三相并网逆变器控制系统组成

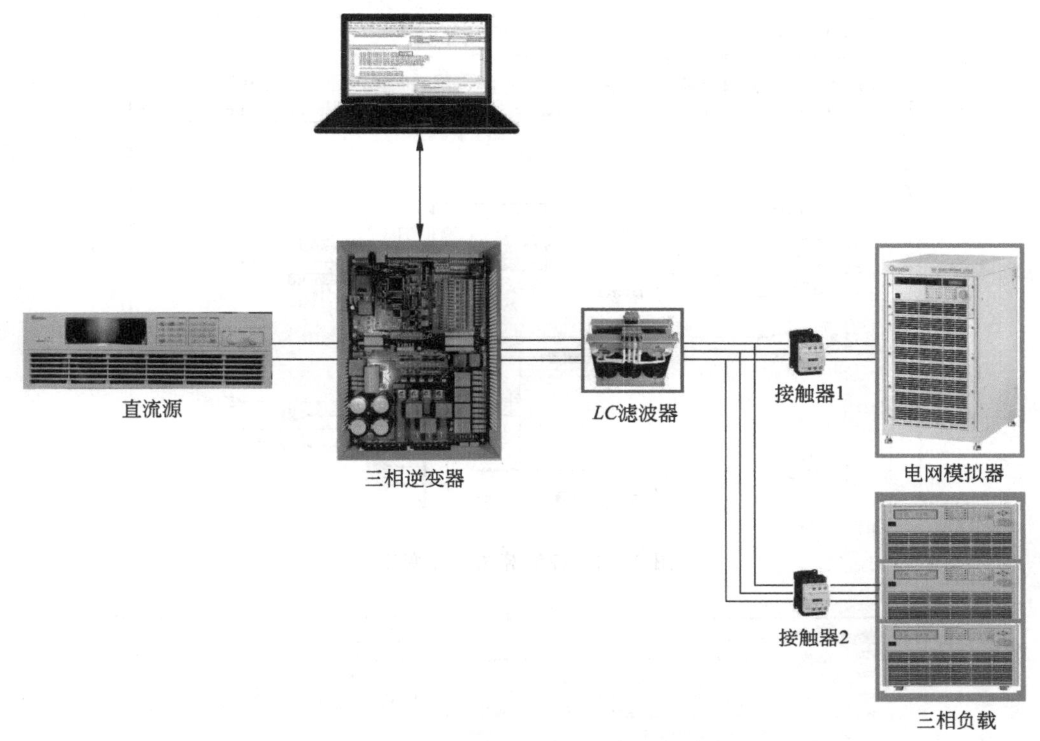

图 9-3-2　三相并网逆变器控制系统实物

9.3.2　三相并网逆变器控制部分加载到 DSP 控制器的过程

(1) 新建一个文件夹 DSP_PCS_HIL，将三相并网逆变器控制部分的 Simulink 文件 DCAC_G_control_dsp_2014a. slx 放置在该文件夹下，如图 9-3-3 所示。

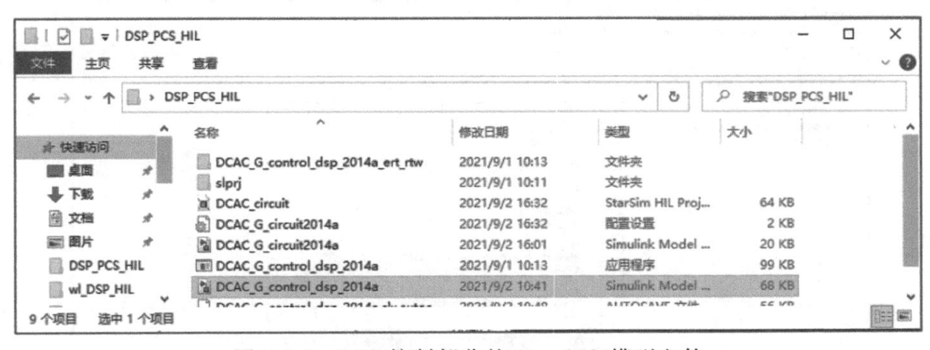

图 9-3-3　DSP 控制部分的 Simulink 模型文件

(2) 打开三相并网逆变器控制部分 Simulink 文件，将输入信号乘以相应变比，如图 9-3-4 所示，将检测信号转换为实际信号大小。为了自动生成可执行代码，需要配置解算器，参见 5.1.3 节。最后单击 按钮，生成三相并网逆变器控制部分的 C 代码文件，如图 9-3-5 所示。

(3) 创建 CCS 基础配置工程。

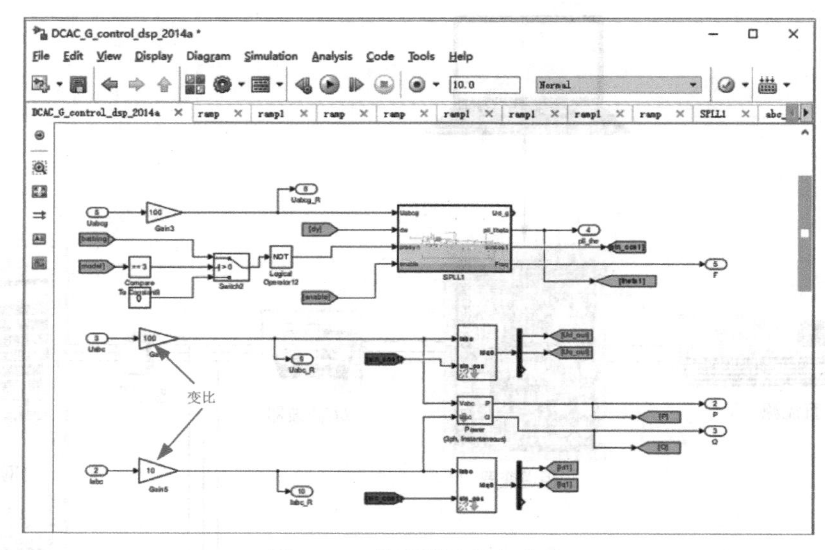

图 9-3-4　控制算法添加变比

名称	修改日期	类型	大小
codeInfo	2021/9/1 10:13	Microsoft Acces...	6 KB
compileInfo	2021/9/1 10:13	Microsoft Acces...	1 KB
DCAC_G_control_dsp_2014a	2021/9/1 10:13	Windows 批处理...	1 KB
DCAC_G_control_dsp_2014a	2021/9/1 10:13	C Source	82 KB
DCAC_G_control_dsp_2014a	2021/9/1 10:13	C/C++ Header	12 KB
DCAC_G_control_dsp_2014a	2021/9/1 10:13	Makefile	13 KB
DCAC_G_control_dsp_2014a	2021/9/1 10:13	Object File	35 KB
DCAC_G_control_dsp_2014a_ref.rsp	2021/9/1 10:13	RSP 文件	0 KB

图 9-3-5　控制算法 C 代码文件

创建一个不含算法的 CCS 基础工程文件，进行时钟、GPIO、中断以及 PWM 等基础配置，如图 9-3-6 所示。

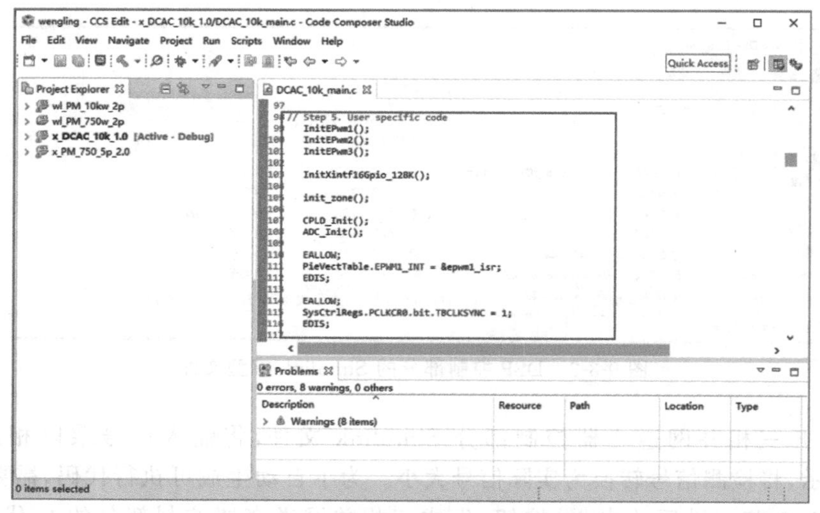

图 9-3-6　控制算法初始化

（4）复制自动生成的.c 和.h 文件到工程。将自动代码生成的.c 和.h 文件复制到 CCS 的基础工程下，如图 9-3-7 所示。

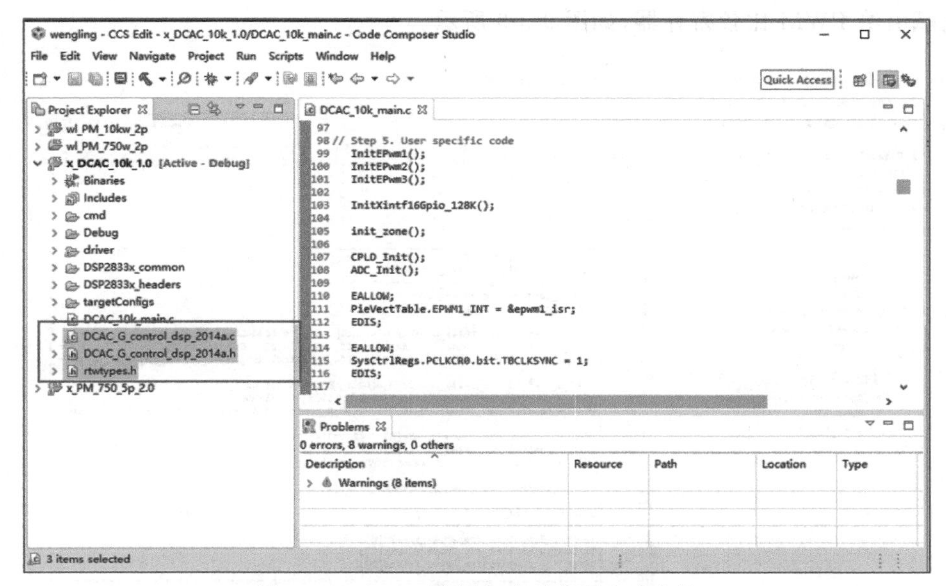

图 9-3-7　CCS 工程添加自动代码生成文件

（5）CCS 中添加算法模块。在主函数中，添加自动代码生成算法的头文件和初始化函数，如图 9-3-8 所示。

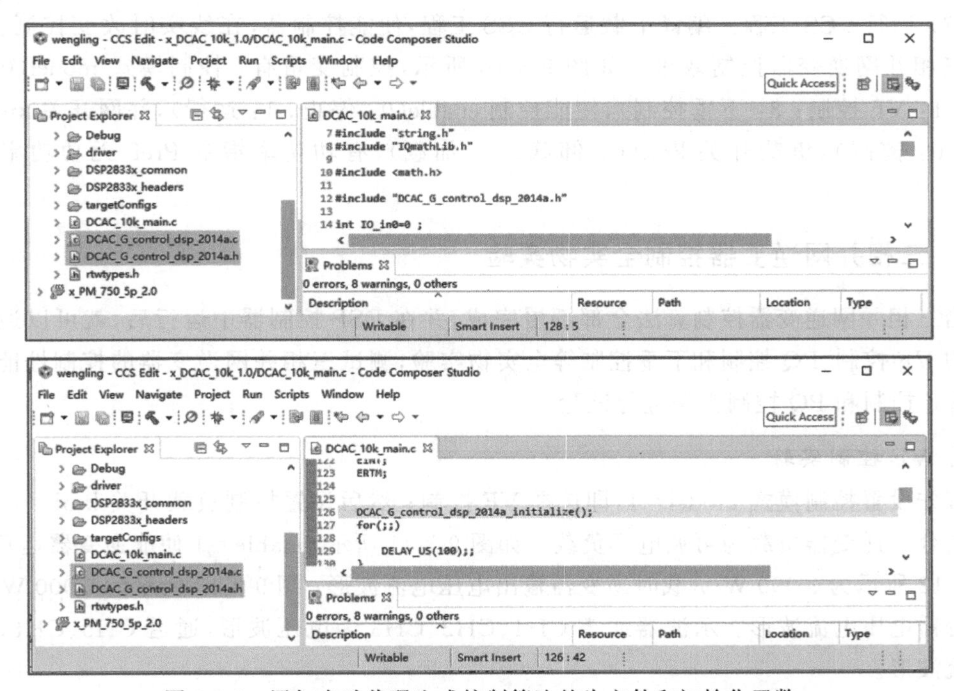

图 9-3-8　添加自动代码生成控制算法的头文件和初始化函数

(6) CCS 工程中引用算法程序。将控制算法执行函数 DCAC_G_control_dsp_2014a_step()添加到中断控制中，将 DSP 的 AD 采样值赋值给算法输入变量，控制算法程序生成的调制波赋值给 PWM 比较寄存器，如图 9-3-9 所示。

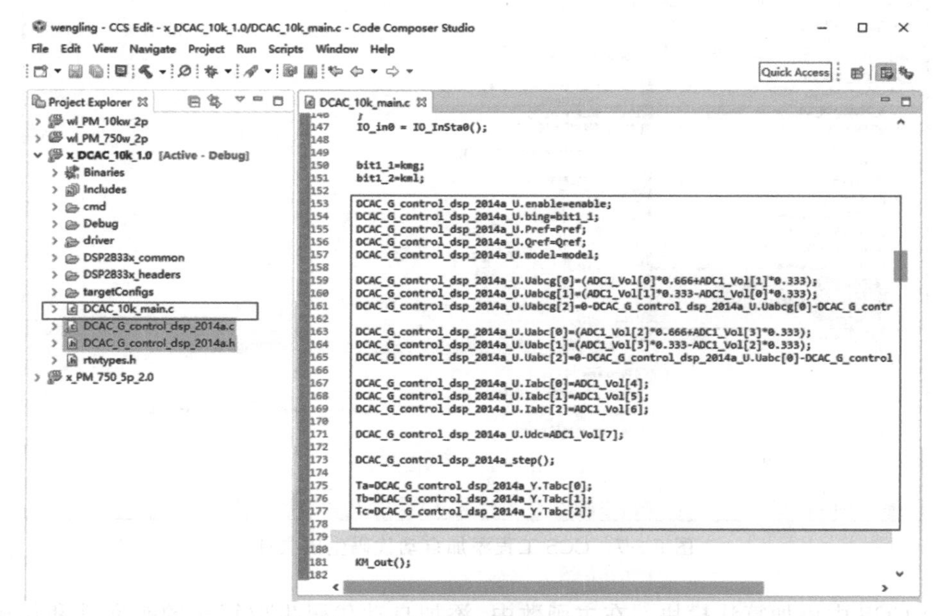

图 9-3-9　配置控制算法的输入/输出

(7) 运行 CCS 工程。编译下载运行 CCS 工程，使能控制器，在线实时改变控制变量，验证三相并网逆变器控制效果。如图 9-3-10 所示，控制变量有：控制模式 model(0：PQ 控制；1：VF 控制；3：下垂控制)，使能控制 enable(0：停止；1：运行)，并网开关 kmg(1：并网；0：离网)，负载开关 kml(0：卸载；1：加载)，有功功率指令 Pref，无功功率指令 Qref。

9.3.3　三相并网逆变器控制全实物实验

当三相并网逆变器控制算法全部部署完成，并在 DSP 控制器中运行后，就可以通过逆变器的 VF 控制、PQ 控制和下垂控制等全实物实验，测试三相并网逆变器的控制性能。本节以 VF 控制和 PQ 控制为例进行试验。

1. VF 控制实验

首先设置控制模式 model＝1，即选择 VF 控制；然后设置控制负载开关 kml＝1，负载开关闭合。逆变器负载为可调电子负载。如图 9-3-11 所示，enable＝1 使能逆变器运行；如图 9-3-12 所示为 3 000 W 负载时逆变器输出电压电流波形；图 9-3-13 所示为 5 000 W 负载时逆变器电压电流波形。示波器通道 CH1、CH2、CH3 为电压波形，通道 CH5、CH6、CH7 为电流波形。

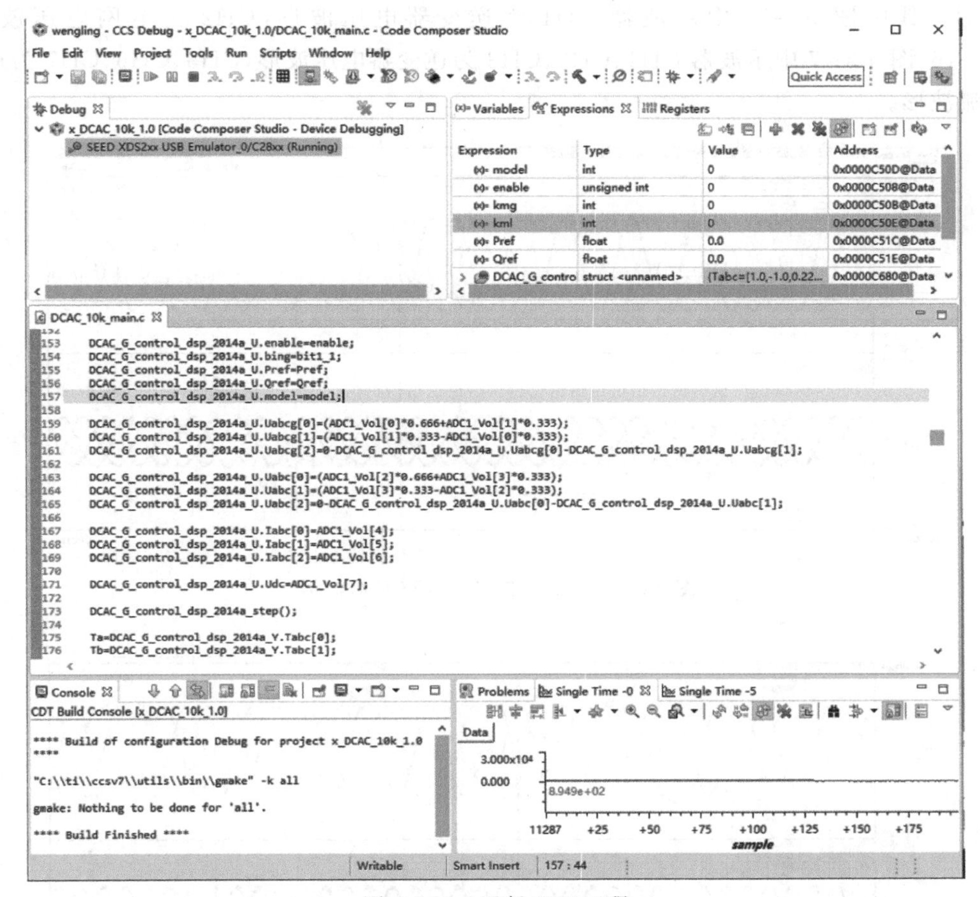

图 9-3-10 运行 CCS 工程

Variables Expressions Registers

Expression	Type	Value	Address
model	int	1	0x0000C50D@Data
enable	unsigned int	1	0x0000C508@Data
kmg	int	0	0x0000C50B@Data
kml	int	0	0x0000C50E@Data
Pref	float	0.0	0x0000C51C@Data
Qref	float	0.0	0x0000C51E@Data
DCAC_G_contro	struct <unnamed>	{Tabc=[0.790930331...	0x0000C680@Data
Add new expre			

图 9-3-11 VF 控制，使能逆变器运行

2. PQ 控制实验

首先设置控制模式 model=0，即选择 PQ 控制；然后闭合并网开关，即令 kmg=1；最后给定有功功率指令 Pref 和无功功率指令 Qref。如图 9-3-14 所示，enable=1 为使能逆变器运行；如图 9-3-15 所示为逆变器与电网预同步一相电压波形；图 9-3-16 所示为有功功率 Pref 由 2 500 W 变为 5 000 W 的波形；图 9-3-17 所示为有功功率 Pref 由 2 500 W 变为 0 W

的波形。其中图 9-3-15 中示波器 CH1 为逆变器电压波形，CH2 为电网电压波形。图 9-3-16、图 9-3-17 中示波器 CH1、CH2、CH3 为逆变器电压波形，CH5、CH6、CH7 为逆变器电流波形。

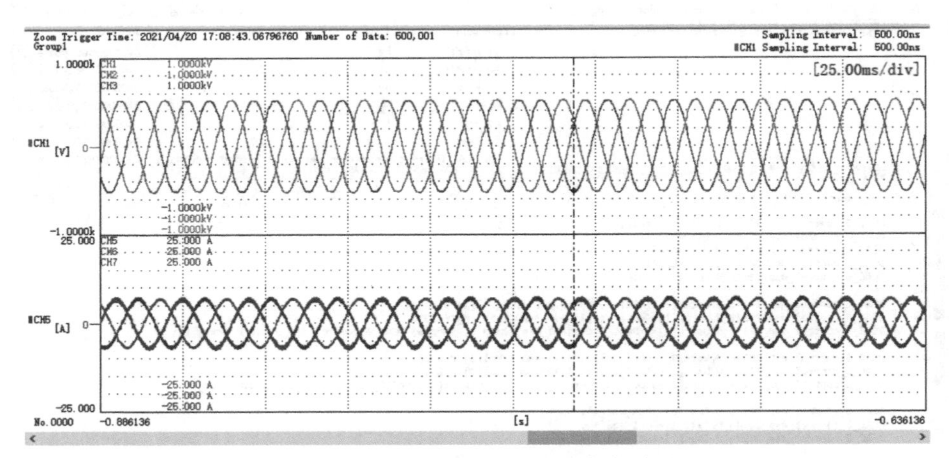

图 9-3-12　VF 控制，3 000 W 负载波形

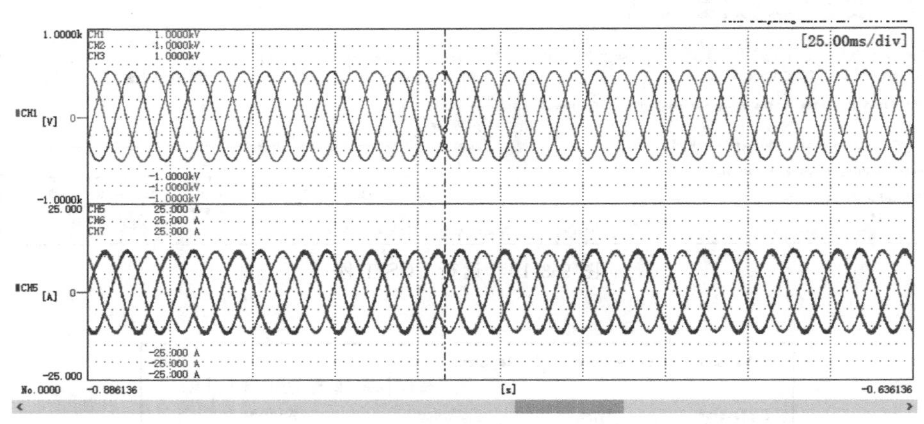

图 9-3-13　VF 控制，5 000 W 负载波形

(x)= Variables | Expressions | Registers

Expression	Type	Value	Address
(x)= model	int	0	0x0000C50D@Data
(x)= enable	unsigned int	1	0x0000C508@Data
(x)= kmg	int	1	0x0000C50B@Data
(x)= kml	int	0	0x0000C50E@Data
(x)= Pref	float	5000.0	0x0000C51C@Data
(x)= Qref	float	0.0	0x0000C51E@Data
> DCAC_G_contro	struct <unnamed>	{Tabc=[0.751864254...	0x0000C680@Data
Add new expre			

图 9-3-14　PQ 控制，使能逆变器运行

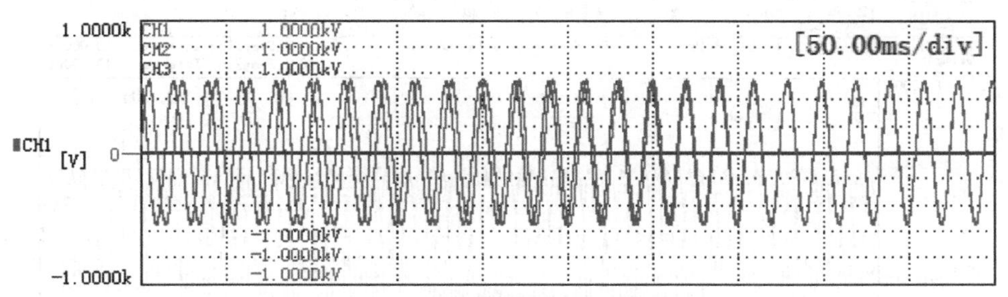

图 9-3-15 PQ 控制,逆变器与电网预同步波形

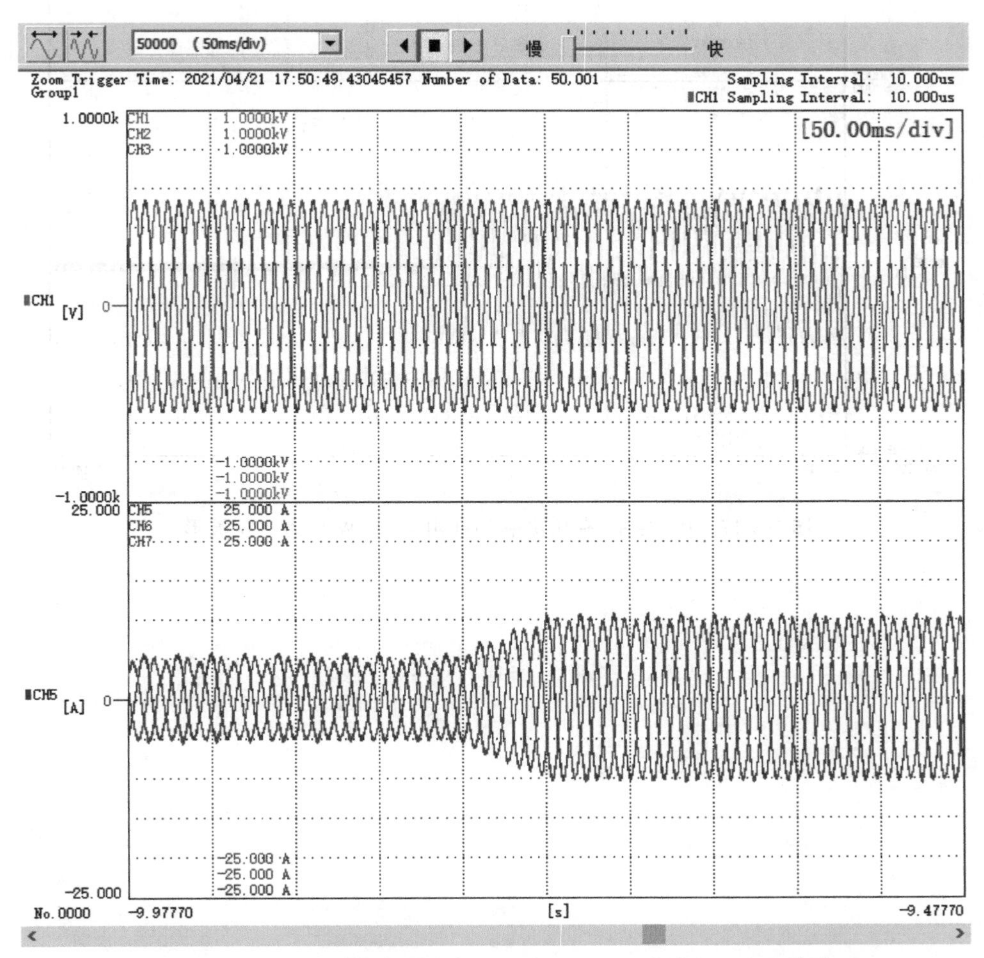

图 9-3-16 PQ 控制,有功功率 Pref 由 2 500 W 变为 5 000 W 波形

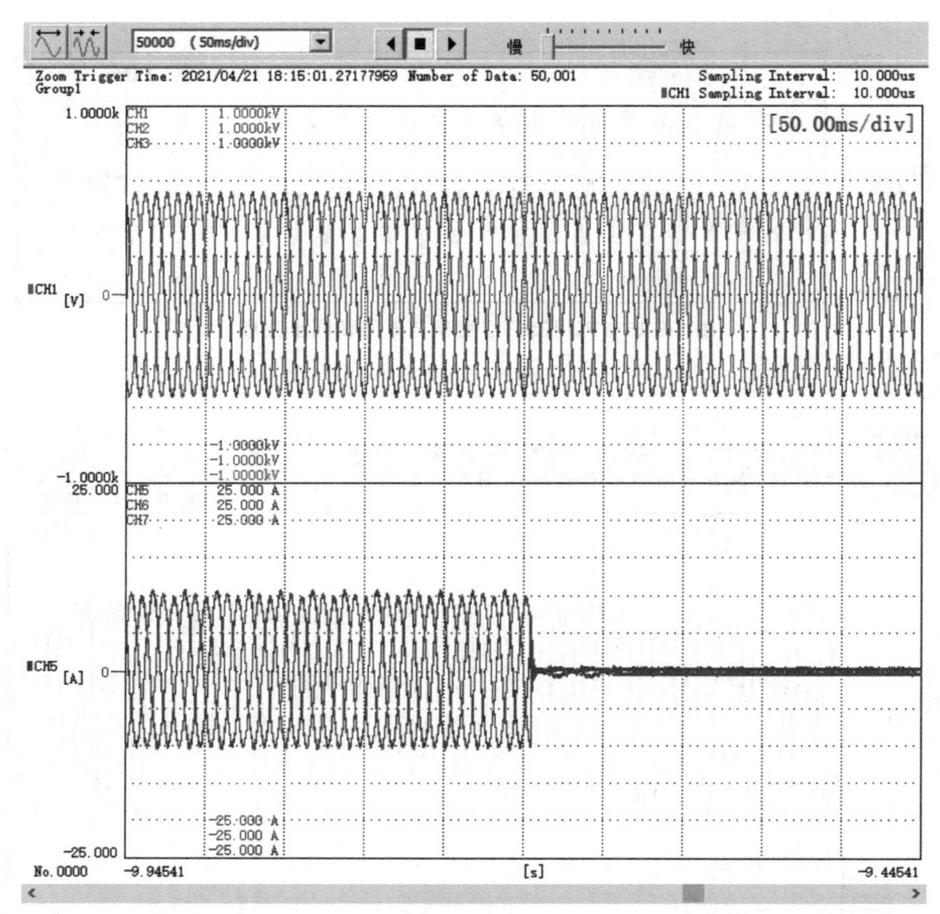

图 9-3-17　PQ 控制，有功功率 Pref 由 2 500 W 变为 0 W 波形

参 考 文 献

[1] PEJOVIC P，MAKSIMOVIC D. A method for fast time-domain simulation of networks with switches [J]. IEEE Transactions on Power Electronics，1994，9(4)：449-456.

[2] 张新丰，陈慧，孟宗良，等. 控制器 V 型开发模式实验教学探索[J]. 实验室研究与探索，2012，31(2)：131-134.

[3] 毕大强，郭瑞光，陈洪涛. 基于 PXI 的永磁同步电机 RCP 教学实验平台设计[J]. 实验技术与管理，2018，35(12)：92-96.

[4] 毕大强，郭瑞光，陈洪涛. 电力电子与电力传动 DSP-HIL 教学实验平台设计[J]. 实验技术与管理，2019，36(1)：226-229.

[5] 刘杰. 基于模型的设计及其嵌入式实现[M]. 北京：北京航空航天大学出版社，2010.

[6] 刘杰. 基于模型的设计——DSP 篇[M]. 北京：北京航空航天大学出版社，2011.

[7] 张兴，张崇巍. PWM 整流器及其控制[M]. 北京：机械工业出版社，2014.

[8] 王成元，夏加宽，孙宜标. 现代电机控制技术[M]. 北京：机械工业出版社，2014.

[9] 孙忠潇. Simulink 仿真及自动代码生成技术入门到精通[M]. 北京：北京航空航天大学出版社，2015.